BIOINSPIRED SUPERWETTING INTERFACES

仿生超浸润界面

李昶 李明 赵润 编著

化学工业出版社
·北京·

内 容 简 介

本书全面介绍了仿生超浸润领域的发展历史与研究进展,相关基础界面浸润理论、界面黏附理论与相关液滴行为理论知识;详细介绍了在空气或水下环境中表现出特殊浸润性及黏附状态的自然界面、人造仿生智能界面;书中还展开介绍了超浸润微纳米界面的仿生制备方法、在各学科领域的应用研究及实际应用成果;介绍了近年来发展迅速的刺激响应超浸润智能界面、超浸润界面在能源等新兴领域的最新研究进展,并总结了该领域当前的成果、挑战及未来可能的发展方向。

为让更多的人了解仿生超浸润领域的发展情况和奥秘,本书注重可读性、趣味性、学术性的统一与融合。本书可供材料、化学化工、机械、生物科技等专业领域,尤其是仿生、表界面浸润与黏附、微纳米结构制备等研究领域的人员参考,亦可作为高等院校相关专业的教材,还可作为仿生爱好者的科普读物。

图书在版编目(CIP)数据

仿生超浸润界面/李昶,李明,赵润编著. —北京:化学工业出版社,2022.10
ISBN 978-7-122-42010-7

Ⅰ.①仿… Ⅱ.①李…②李…③赵… Ⅲ.①仿生材料-研究 Ⅳ.①TB39

中国版本图书馆CIP数据核字(2022)第148300号

责任编辑:王清颢　　　　　　　　文字编辑:白华霞
责任校对:刘曦阳　　　　　　　　装帧设计:王晓宇

出版发行:化学工业出版社(北京市东城区青年湖南街13号　邮政编码100011)
印　　装:涿州市般润文化传播有限公司
710mm×1000mm　1/16　印张16½　字数296千字　2023年1月北京第1版第1次印刷

购书咨询:010-64518888　　　　　　售后服务:010-64518899
网　　址:http://www.cip.com.cn
凡购买本书,如有缺损质量问题,本社销售中心负责调换。

定　　价:168.00元　　　　　　　　　　　　　　　　　版权所有　违者必究

编写人员名单

主要编写人员　李　昶　李　明　赵　润
　　　　　　　倪中石　管晴雯

其他参编人员　Eduardo Saiz　　王玉萍
　　　　　　　夏振海　李维军

前言 PREFACE

从古至今，自然界奇妙的生物和现象——出淤泥而不染的荷花、翩翩起舞的蝴蝶、娇艳欲滴的红玫瑰、涉水而行的水黾等，都受到文学家、科学家、医学家等各个领域的学者的广泛关注。人们在为大自然的鬼斧神工而赞叹的同时，也一直在思考和研究这些现象背后蕴藏着怎样的科学道理。

为了解释自然界中的有趣现象并利用其原理，一个新兴的领域——仿生超浸润领域应运而生。该领域自 21 世纪以来在全世界范围内迅速发展，属新型交叉科学领域，涉及化学、物理、生物、材料、医学等多个学科。据统计，全球每年有上千篇相关研究发表在国内外高水平期刊上。与诸多前沿研究领域不同的是：该领域基础研究的深入和突破，促使其产业化应用进程不断提速，相关微纳米超浸润科技被迅速推广及工业化，并已有诸多成功应用案例；相关研究、科技涉及的知识十分有趣且易懂，一些应用还涉及日常生活，如自清洁玻璃、防水防污衣物、超疏水防冰涂层、可穿戴设备等，即使是非专业人士也可以轻易地理解、获取其中的关注点并拓宽视野。

师法自然，借鉴生物界面在微纳米尺度上对于物质、能量具有独特的操控能力的自然现象，揭示生命体系界面超浸润的机理和奥秘，为超浸润界面材料的研发提供科学依据，开拓一系列材料制备新方法和技术，构筑众多仿生超浸润体系，常常可解决一些结构材料、功能材料在实际使用时面临的问题。通过模仿生物界面，在材料表面构筑微纳米超浸润结构，可规避传统材料的缺陷和/或实现材料的多功能化，相关技术具有广阔的发展前景，可对资源、能源、环境、健康等产生积极而深远的影响。

仿生超浸润领域在过去的重要性、现在的影响力和未来的可期、可用、可为，充分说明该领域具有无限潜力和生机活力。只有观大势、明大势，才能应势而动、顺势而为。正是基于对仿生超浸润领域发展光明前景的展望和期待，笔者决心编写此书，从略显艰深晦涩的专业理论，到通俗奇妙的自然现象，从深入浅出的科学背景介绍，到新兴前沿的材料应用研究，希望为读者带来一些科学、文化、前瞻的启发。

本书介绍了仿生超浸润领域的发展历史与研究进展，系统阐述了相关基础界面浸润理论、界面黏附理论与相关液滴行为理论知识，详细介绍了在空气或水下环境中表现出特殊浸润性及黏附状态的自然界面、人造仿生智能界面。书中还展开介绍了超浸润微纳米界面的仿生制备方法、在各学科领域的应用研究及实际应用成果，特别介绍了近年来发展迅速的刺激响应超浸润智能界面、超浸润界面在能源等新兴领域的最新研究进展，并总结了该领域当前的成果、挑战及未来可能的发展方向。

本书融可读性、趣味性、学术性于一体，可供仿生、表界面浸润与黏附、微纳米结构制备等研究领域人员参考，亦可作为仿生爱好者的科普读物；本书涉及跨领域知识，还适合作为高等院校材料类专业、化学化工类专业、机械专业、生物科技类专业、水利及流体等相关专业本科生或研究生的进阶教材，部分章节的内容适合电子、医学、环境等相关领域特定二级学科学生学习了解。

由于编者水平有限，书中难免会有疏漏之处，敬请读者批评指正。

编 者

2022 年 2 月

目录 CONTENTS

第 1 章　绪论　　001

1.1　仿生超浸润领域背景及发展简史　　002
1.2　超浸润界面研究的意义　　004
1.3　仿生超浸润界面名词解释　　005
1.4　本书内容总括　　006
课后习题　　006
参考文献　　007

第 2 章　界面浸润基础理论　　012

2.1　亲液性和疏液性的定义　　013
2.2　超浸润　　014
2.3　液滴与表面之间的浸润接触模型　　015
　　2.3.1　杨氏模型　　015
　　2.3.2　Wenzel 模型　　016
　　2.3.3　Cassie-Baxter 模型　　017
　　2.3.4　Transition 模型　　018
2.4　水-油-固三相体系中的浸润情形　　019
2.5　接触角滞后现象　　021
2.6　本章小结　　023

| 课后习题 | 023 |
| 参考文献 | 024 |

第3章 界面黏附基础理论与液滴行为　　030

3.1 表面张力、润湿与黏附功　　031
3.2 黏附理论　　033
　　3.2.1 机械互锁理论　　033
　　3.2.2 经典吸附理论　　034
　　3.2.3 毛细-黏性附着模型、抽吸模型　　036
　　3.2.4 静电理论、化学键理论　　037
　　3.2.5 黏附理论小结　　038
3.3 浸润性、黏附力与液滴行为的关系　　039
3.4 微纳米结构上的液滴受力、行为　　040
　　3.4.1 微纳米沟槽与毛细力　　040
　　3.4.2 锥度结构与拉普拉斯压差　　041
　　3.4.3 异质结构与表面能梯度　　042
　　3.4.4 倒刺、斜角、凹角结构与黏滞力差　　043
　　3.4.5 动能诱导液滴合并与定向移动　　044
3.5 本章小结　　045
课后习题　　045
基础知识参考书目　　047
参考文献　　047

第4章 界面浸润及黏附相关性能表征　　050

4.1 静态接触角测量　　051
4.2 液体界面张力测试　　052
4.3 固体表面能测试　　053

4.4 接触角滞后测试　054
　　4.4.1 前进角、后退角测试　054
　　4.4.2 滚动角测试　055
　　4.4.3 其他表征接触角滞后的方法　056
4.5 黏附力测试　057
4.6 本章小结　057
课后习题　058
参考文献　059

第 5 章　自然界超浸润界面　061

5.1 超疏水低黏附表面　063
　　5.1.1 荷叶　063
　　5.1.2 猪笼草　064
　　5.1.3 蚊子复眼　065
5.2 超疏油（超双疏）表面　065
　　5.2.1 枯草芽孢杆菌　067
　　5.2.2 叶蝉　067
　　5.2.3 跳虫　067
5.3 超疏水高黏附表面　068
　　5.3.1 红玫瑰花瓣　068
　　5.3.2 花生叶　069
　　5.3.3 槐叶萍　069
　　5.3.4 壁虎脚掌　070
5.4 各向异性表面　071
　　5.4.1 蝴蝶翅膀　072
　　5.4.2 水黾足部　073
　　5.4.3 水稻叶　073
　　5.4.4 黑麦草叶　074
　　5.4.5 沙漠甲虫　075

5.4.6　蜘蛛丝　　　　　　　　　　　　　076
　　　5.4.7　仙人掌　　　　　　　　　　　　　076
　　　5.4.8　南洋杉叶　　　　　　　　　　　　078
　5.5　超亲水表面　　　　　　　　　　　　　　078
　5.6　水下超疏油界面　　　　　　　　　　　　080
　　　5.6.1　荷叶下表面　　　　　　　　　　　080
　　　5.6.2　鲀鱼表皮　　　　　　　　　　　　081
　　　5.6.3　蛤蜊内壳　　　　　　　　　　　　081
　　　5.6.4　鱼鳞　　　　　　　　　　　　　　082
　　　5.6.5　虾壳　　　　　　　　　　　　　　083
　　　5.6.6　海藻　　　　　　　　　　　　　　083
　5.7　本章小结　　　　　　　　　　　　　　　084
　课后习题　　　　　　　　　　　　　　　　　　084
　参考文献　　　　　　　　　　　　　　　　　　087

第6章　超浸润界面的仿生制备技术　　　　　　093

　6.1　"自下而上"法　　　　　　　　　　　　　094
　　　6.1.1　水热生长　　　　　　　　　　　　094
　　　6.1.2　化学气相沉积　　　　　　　　　　095
　　　6.1.3　原子转移自由基聚合　　　　　　　096
　　　6.1.4　表面氟化处理　　　　　　　　　　096
　　　6.1.5　涂布法　　　　　　　　　　　　　097
　　　6.1.6　物理气相沉积法　　　　　　　　　098
　　　6.1.7　电化学沉积法　　　　　　　　　　099
　　　6.1.8　静电纺丝法　　　　　　　　　　　100
　　　6.1.9　逐层自组装　　　　　　　　　　　100
　6.2　"自上而下"法　　　　　　　　　　　　　101
　　　6.2.1　机械磨损　　　　　　　　　　　　101
　　　6.2.2　化学刻蚀法　　　　　　　　　　　102

6.2.3 等离子体处理　103
6.2.4 溶胶-凝胶法　104
6.2.5 呼吸图法　104

6.3 整体模仿成型　105
6.3.1 软复型法　105
6.3.2 3D打印　106

6.4 本章小结与补充说明　108

本章习题　109

参考文献　111

第7章　仿生超浸润材料及其应用　119

7.1 自清洁　120
7.1.1 空气中自清洁　120
7.1.2 水下自清洁　121

7.2 液滴操控　122
7.2.1 空气中液滴操控　122
7.2.2 水下油滴操控　123

7.3 集水　124

7.4 防覆冰　128

7.5 油水分离　130
7.5.1 超疏水-超亲油材料　131
7.5.2 水下超疏油材料　131
7.5.3 捕油　134

7.6 防油涂层　134
7.6.1 超双疏表面　134
7.6.2 水下超疏油界面　135

7.7 耐腐蚀、化学屏蔽　136

7.8 防堵塞　137

7.9 抗生物黏附、抗菌　　　　　　　　　　　　138
7.10 漂流　　　　　　　　　　　　　　　　　141
 7.10.1 载重漂浮　　　　　　　　　　　　141
 7.10.2 流动减阻　　　　　　　　　　　　143
7.11 液体透镜　　　　　　　　　　　　　　　144
课后习题　　　　　　　　　　　　　　　　　145
参考文献　　　　　　　　　　　　　　　　　147

第 8 章　可切换浸润或黏附的智能响应界面　　156

8.1 拉伸响应表面　　　　　　　　　　　　　157
 8.1.1 各向同性表面　　　　　　　　　　　159
 8.1.2 各向异性表面　　　　　　　　　　　159
8.2 磁响应界面　　　　　　　　　　　　　　161
 8.2.1 空气环境　　　　　　　　　　　　　161
 8.2.2 水下环境　　　　　　　　　　　　　164
8.3 温度响应界面　　　　　　　　　　　　　165
 8.3.1 空气环境　　　　　　　　　　　　　166
 8.3.2 水下环境　　　　　　　　　　　　　169
8.4 电响应界面　　　　　　　　　　　　　　171
 8.4.1 空气环境　　　　　　　　　　　　　172
 8.4.2 水下环境　　　　　　　　　　　　　176
8.5 光响应界面　　　　　　　　　　　　　　180
 8.5.1 空气环境　　　　　　　　　　　　　180
 8.5.2 水下环境　　　　　　　　　　　　　183
8.6 pH 值响应界面　　　　　　　　　　　　　186
 8.6.1 水下油浸润性切换　　　　　　　　　186
 8.6.2 水下油黏附性切换　　　　　　　　　187
8.7 其他响应　　　　　　　　　　　　　　　189

8.7.1　结构诱导（水下环境） 189
8.7.2　密度响应（水下环境） 190
8.7.3　路易斯酸碱作用（水下环境） 191
8.7.4　湿度响应（空气环境） 192
8.7.5　气流响应（空气环境） 194

8.8　双响应、多响应 194
8.8.1　双响应 195
8.8.2　多响应 196

8.9　本章小结 198

课后习题 198

参考文献 199

第9章　超浸润相关领域的新发展　209

9.1　水能收集 210
9.1.1　压电纳米发电机 211
9.1.2　摩擦生电纳米发电机 211
9.1.3　基于材料表面能的能量转化 213

9.2　热管理 213
9.2.1　冷凝传热 214
9.2.2　太阳能蒸汽产生技术 214

9.3　量子限域离子超流体 216
9.3.1　超流体的概念及发展 216
9.3.2　在电池领域的应用 218
9.3.3　离子通道盐差发电 220

9.4　两亲性超分子 222
9.4.1　自组装刺激响应纳米材料 222
9.4.2　制备多孔材料 225
9.4.3　合成纳米孔/离子通道 226
9.4.4　在无机材料表面的组装 228

  9.4.5 两亲超分子的药物释放应用 230
  课后习题 232
  参考文献 233

第10章 总结与展望 238

课后习题参考答案 243

第 1 章 绪论

1.1 仿生超浸润领域背景及发展简史
1.2 超浸润界面研究的意义
1.3 仿生超浸润界面名词解释
1.4 本书内容总括
课后习题
参考文献

浸润研究最早可追溯到 1805 年，英国科学家提出杨氏方程并定义了接触角（contact angle，CA），用于描述表面与液体的接触状态。步入 21 世纪，随着荷叶自清洁效应（lotus effect）等被进一步揭示和推广，仿生超浸润界面领域的研究以我国为首在世界范围内兴起。

1.1 仿生超浸润领域背景及发展简史

浸润在众多生物表面和工业过程中起着至关重要的作用[1,2]。界面浸润领域的发展是全世界范围内科学家们共同努力的成果，有关浸润性的研究最早可以追溯到 200 多年前，而相关的仿生研究至今仍是热门且在迅速发展。英国物理学家托马斯·杨（Thomas Young）是浸润研究的先驱，1805 年他首次提出使用液体接触角来定义表面浸润性[3]。19 世纪初，奥利维尔（Ollivier）首先报道了由烟灰、石蒜粉和三氧化二砷组成的高度疏水表面，其水接触角（water contact angle，WCA）接近 180°[4]。紧接着朗缪尔（Langmuir）在 1920 年报道了第一个利用吸收的单层有机化合物来改变固体表面的摩擦和浸润性能的高度疏水表面，该发现使得化学改性被广泛用于控制表面浸润性[5]。而在 19 世纪 30～40 年代的研究建立起了表面科学的理论框架，并且影响至今。1936 年，罗伯特·文策尔（Robert Wenzel）解释了固体表面粗糙度与接触角之间的关系，并进一步说明了粗糙度如何增强表面疏水性[6]。1944 年，卡西（Cassie）和巴克斯特（Baxter）将该理论进一步扩展到多孔和粗糙表面，并且提出了复合浸润模型理论，该理论认为表面可以在水和固体之间截留空气[7-9]。1944～1945 年，福格（Fogg）、卡西和巴克斯特分别报道了小麦叶片和鸭羽毛的接触角约为 150°[8,9]。上述发现引起了后来科学家们对超亲水表面（WCA < 5°）和超疏水表面（WCA > 150°）的广泛研究。步入 21 世纪，研究者们通过揭示自然界中生物表面特殊浸润性的机理，利用仿生设计、制备获取所需的特殊浸润性表面。以我国科学家为代表的众多研究人员在仿生超浸润领域做出了杰出贡献，引领了该研究领域在全世界范围内的蓬勃发展。

对自然界超疏水自清洁效应的描述最早出现在我国北宋诗人周敦颐的名句中："予独爱莲之出淤泥而不染"。然而，其背后的科学奥秘，即荷叶上表面的微观结构，直到1997年才开始被重视、研究[10]。2002年，Jiang等进一步揭示了微纳米层次结构是荷叶上表面高表观接触角（WCA）和各向同性低黏附的重要原因[11]。这项工作首次确定了微纳米多尺度结构在表面超疏水性中起至关重要的作用；具备该结构，即使是亲水物质构成的表面也可不被润湿。次年，Feng等使用纳米结构聚合物材料仿生制备了超疏水表面，也让更多人了解到"荷叶效应"及其奥秘，吸引了众多研究者进入该领域[12]。从那时起，通过更好地理解多尺度微纳米结构对超疏水性的影响，即特定微纳米粗糙结构如何增强固体-空气复合界面的稳定性[13,14]，研究人员也开始使用陶瓷、碳材料、玻璃、聚合物/高分子、金属/合金、复合材料等制造超疏水性界面[15-17]。基于空气中超疏水表面的设计，研究人员开始研究空气中超疏油表面的设计和制造。由于有机液体的表面张力较低，需要表面有更低的表面能，因此理论上超疏油更难实现[13,18-22]。空气中另一种特殊的浸润状态是超亲水性，该种情况下水滴可以在材料表面迅速扩散并形成薄膜以完全浸润表面。典型的生物超亲水表面是人眼的角膜，它能够使眼泪迅速扩散并消除光散射的影响[23]。

除了在空气中的浸润体系，近年来对水下环境中的浸润研究也有所发展。Wang等在1997年首次发现了在空气中超亲水的鱼鳞在水下表现出超疏油特性[24]。Liu等指出这种现象主要是由于鱼鳞表面的微纳米结构和亲水性化合物的结合所引起的[19,20]。该研究首次将浸润性研究从水-空气-固体体系扩展到油-水-固体三相系统，而且还证明了材料表面的拒液性可以通过在固体表面结构中引入另一种不混溶的液体层来实现[25]。除了在表面构造微纳米结构外，科学家们发现在表面上引入紧密分布的亲、疏水基团（如羟基、环氧基）可实现无结构的表面超浸润性[26]。

对生物系统浸润的探索引发了仿生研究，而随着浸润性理论的发展，人们越来越关注表面黏附如何影响液滴浸润相关行为[27-29]。2006年，Zheng等发现蝴蝶翅膀可以将超疏水性与定向黏附相结合而实现各向异性的超疏水性，这与荷叶的各向同性超疏水性不同[30]。2008年，Feng等研究了一种常见红玫瑰的花瓣，发现其虽然与荷叶表现出相似的水接触角，但却有着不同的黏附状态：液滴牢牢地黏附在红玫瑰花瓣上（"花瓣"效应，petal effect）[31]。受这些具有特殊附着力的天然表面的启发，近年来越来越多的研究集中在如何利用黏附来控制表面的液滴行为上。通过优化界面的微纳米结构和化学组成，可以实现固-液-气或固-油-水三相接触线（triple/three phase contact line，TPCL）的变化，从而调节界面的浸润性和附着力[27,32-48]。

超浸润界面领域的发展也带动了材料大领域的发展与思想革新。2000年，Jiang 等提出"二元协同纳米界面材料"概念，即不同于传统的单一体相材料，而是在材料的宏观表面构造二元协同界面。该设计思路指出，不一定追求合成全新的体相材料，当采取特定的表面加工后，使材料界面拥有两种不同性质的表面相区，两相构建的界面为纳米尺度，特定条件下具有协同的相互作用，以致在宏观表面上呈现出超常规的界面物理性质。这一思想促使了诸多材料研究人员投入表界面的研究。例如，上文提及的浸润各向异性材料或梯度浸润性材料符合这一思想。基于相似思想，在不同条件下也可使同一材料表面表现出相反性质：2010 年至今，研究人员开发了多种能够通过不同刺激响应而切换浸润性或黏附性的智能界面[49-56]。

1.2 超浸润界面研究的意义

界面浸润研究受到越来越多的结构材料或功能材料研究人员的关注。一方面，湿气或液滴可能会影响许多材料或结构的力学性能。例如，在潮湿环境中，材料更容易产生疲劳失效的现象。因此，结构材料研究人员希望评估并尽量减少湿度因素对材料力学性能的影响。他们关心材料的浸润性，尝试使用排斥液体甚至是超疏液的材料。另一方面，新兴材料研究人员致力于研究如何操纵材料表面的液体行为，现已经开发出了许多新的功能材料并广泛应用于如自清洁、油水分离、防覆冰/防雾气、抗生物黏附、抗菌杀菌、抗腐蚀、能量转换等跨化学、生物、医药、环境、能源领域[57-59]。

1.3 仿生超浸润界面名词解释

（1）仿生　属于综合性的跨领域概念。早期的仿生主要包括材料、制造技术等，通过吸取自然界生物的经验，制造开发全新的材料或技术。如今，不同领域对于仿生有着不同的定义和理解。应当指出，单一的学科领域如生物、化学、材料、机械等无法对仿生下达完整定义，应当基于仿生研究领域的相关成果、一线研究工作者的经历、仿生领域内代表性学者的观点、综合上述学科跨领域意见等对仿生给出完整定义。据此，本书认为，最新的仿生概念（bio-inspired）不仅包括早期所指模仿生物开发全新材料、技术的范畴（类似英文 bionic 的概念），也应当包括如下情况：对自然界中相关生物的研究得出的成果能够被借鉴，能启发现有材料、技术改进；针对一些领域，直接借助或使用生物材料对原有材料、科技进行改进。模拟自然界生物的宏观结构、微纳米结构等属于仿生（即结构仿生，英文多用 biomimetic 形容），模拟相关生物特殊的性能/功能也属于仿生（即功能仿生，英文用 bio-inspired 一词涵盖）。

（2）超浸润　传统的超浸润指超疏水、超亲水两大极端浸润性，当液体研究对象为其他组成液体（如油）时，则指针对相应液体的超亲液或超疏液（super-wettability）。近 10 年来，随着仿生超浸润领域研究发展，研究人员也开发出了更多有趣、实用的仿生微纳米材料，如离子通道、浸润性梯度/浸润各向异性材料、刺激响应可变浸润性智能材料等二元协同纳米界面材料。这些材料在本书中都属于最新的超浸润（superwetting）范畴。上述内容及相关概念具体的定义将在第 2 章等后续章节中详细展开介绍。

（3）界面　在物理化学等基础领域，界面（interface）是指物质相与相的分界面，其中固体或液体与气相的界面被称为表面（surface）。基于这种理解，界面是更大范围的概念，包含表面的范围。然而在研究领域，中英文表述时常存在差异，如英文 surface 一词的意思较多且较为复杂。在一些材料研究领域，宏观上看 surface 一词多用于表示材料的最外层，中文可译为外表；而 interface 多用于特指如复合材料内部的界面等情况，当研究其中一相材料，论述提及此界面时，很多英语使用者还是习惯用该相的表面/surface 进行表示。这种情况下，surface 所表示的研究范围往往更大，习惯上也可用 surface 表示相关研究领域。早期超浸润研究范围主要为空气环境下，因此 surface/表面和 interface/界面用词及含义无明显差异。而自 2010 年起水下相关研究兴起，物理化学等基础领域用词和实际仿生超浸润研究领域用词可能存在不同含义。本书此处特此说明，便于读者对相关报道和后续章节中有关用词进行理解。

1.4 本书内容总括

本书将系统地介绍仿生超浸润界面相关基础知识、研究进展等。后续章节将陆续阐释基础浸润理论、黏附理论，详细介绍在空气或水下环境中表现出特殊的浸润或黏附状态的自然界面、仿生人工界面，还包括超浸润界面的仿生制备方法、应用，将特别介绍 2010 年以来迅速发展的刺激响应超浸润智能界面，提及 2018 年以来超浸润界面在能量转化等新兴领域的最新进展，并进行总结展望，阐明当前的挑战以及该领域的未来发展方向。

———————— 课后习题

1.（不定项选择题）下列有关我国对于仿生超浸润领域贡献的说法中，恰当的是（　　）。

A. 我国古代北宋诗人记载描述了莲"出淤泥而不染"

B. 我国科学家揭示了微纳米结构是荷叶超疏水自清洁的重要原因之一

C. 我国科学家先后发现并揭秘了鱼鳞的水下超疏油特性，开启并引领了水下超浸润研究

D. 我国科学家发现蝴蝶翅膀、玫瑰花瓣、荷叶三者表现出相似的水接触角但不同的黏附状态

2.（单项选择题）下列有关仿生超浸润领域的标志性事件中，不恰当的

一项是（　　）。

　　A. 1805 年，Tomas Young 给出的杨氏方程首次用接触角作为衡量浸润性的指标

　　B. 1920 年，Langmuir 的发现使得化学改性被广泛用于控制表面浸润性

　　C. 20 世纪 30～40 年代，Wenzel、Cassie 等人的研究建立起了表面科学的理论框架并影响至今

　　D. 1944～1945 年，Cassie 等人提出复合浸润模型，首次阐释了表面粗糙度对浸润性的影响

　　3.（不定项选择题）下列有关超浸润的说法中，恰当的是（　　）。

　　A. 化学性质亲水的物质组成的表面，如具备特殊的微纳米结构，也可表现出超疏水性

　　B. 即使不具备微纳米结构，也可通过设计特定的表面化学组成与分布实现超浸润性质

　　C. 人眼相关结构具有超疏水性，能使眼泪低阻自发传播并消除光散射的影响

　　D. 展现超疏水高黏附的"花瓣"效应适用于红玫瑰花瓣、黄玫瑰花瓣、蓝玫瑰花瓣

　　4.（开放讨论）当今技术已可实现在诸多材料上构建超浸润界面，如陶瓷、碳材料、玻璃、聚合物/高分子、金属、复合材料等。选取你感兴趣的材料，查阅相关文献，了解在此类材料上构建超浸润界面主要有哪些策略。

　　5.（开放讨论）《新华字典》经常基于习惯、现实情况等对一些文字读音等进行修订。类似地，表界面研究领域有学者认为，表面、界面的定义应当严格遵循、沿用物理化学基础领域制定的经典定义，如有新的定义应当启用新的概念，便于专业人士理解区分；也有学者认为，有关基础概念的定义可以被修改、更新、扩大，以符合实际需要，与时俱进，便于知识的传播。你怎么看？

　　6.（开放讨论）从本章对于仿生超浸润领域发展历史的介绍中，尝试猜测哪些因素会对液体在固体表面上的浸润相关性质产生影响，并给出猜测思路。

参考文献

[1] Wang S，Liu K，Yao X，et al.Bioinspired surfaces with superwettability：new insight on theory，design，and applications[J].Chemical Reviews，2015，115（16）：8230-8293.

[2] Chi J, Zhang X, Wang Y, et al.Bio-inspired wettability patterns for biomedical applications[J]. Materials Horizons, 2020, 8 (1): 124-144.

[3] Young T Ⅲ. An essay on the cohesion of fluids[J].Philosophical Transactions of the Royal Society of London, 1805 (95): 65-87.

[4] Ollivier H.Studies on capillaritis[J].Ann. Chim. Phys., 1907, 10: 289-321.

[5] Langmuir I.The mechanism of the surface phenomena of flotation[J].Transactions of the Faraday Society, 1920, 15: 62-74.

[6] Wenzel R N.Resistance of solid surfaces to wetting by water[J].Industrial & Engineering Chemistry, 1936, 28 (8): 988-994.

[7] Cassie A, Baxter S.Wettability of porous surfaces[J].Transactions of the Faraday Society, 1944, 40: 546-551.

[8] Cassie A, Baxter S.Large contact angles of plant and animal surfaces[J].Nature, 1945, 155 (3923): 21-22.

[9] Fogg G.Diurnal fluctuation in a physical property of leaf cuticle[J].Nature, 1944, 154 (3912): 515-515.

[10] Barthlott W, Neinhuis C.Purity of the sacred lotus, or escape from contamination in biological surfaces[J].Planta, 1997, 202 (1): 1-8.

[11] Feng L, Li S, Jiang L, et al.Super-hydrophobic surfaces: from natural to artificial[J].Advanced Materials, 2002, 14 (24): 1857-1860.

[12] Feng L, Song Y, Zhai J, et al.Creation of a superhydrophobic surface from an amphiphilic polymer[J].Angewandte Chemie International Edition, 2003, 42 (7): 800-802.

[13] Tuteja A, Choi W, Ma M, et al.Designing superoleophobic surfaces[J].Science, 2007, 318 (5856): 1618-1622.

[14] Liu T, Kim C J.Turning a surface superrepellent even to completely wetting liquids[J].Science, 2014, 346 (6213): 1096-1100.

[15] Deng X, Mammen L, Butt H J, et al.Candle soot as a template for a transparent robust superamphiphobic coating[J].Science, 2012, 335 (6064): 67-70.

[16] Feng X, Jiang L.Design and creation of superwetting/antiwetting surfaces[J].Advanced Materials, 2006, 18 (23): 3063-3078.

[17] Li X-M, Reinhoudt D, Crego-Calama M.What do we need for a superhydrophobic surface? A review on the recent progress in the preparation of superhydrophobic surfaces[J].Chemical Society Reviews, 2007, 36 (8): 1350-1368.

[18] Darmanin T, Guittard F.Molecular design of conductive polymers to modulate superoleophobic properties[J].Journal of the American Chemical Society, 2009, 131 (22): 7928-7933.

[19] Liu M, Wang S, Wei Z, et al.Bioinspired design of a superoleophobic and low adhesive water/solid interface[J].Advanced Materials, 2009, 21 (6): 665-669.

[20] Lin L, Liu M, Chen L, et al.Bio-inspired hierarchical macromolecule-nanoclay hydrogels for robust underwater superoleophobicity[J].Advanced Materials, 2010, 22 (43): 4826-4830.

[21] Zhang J, Seeger S.Superoleophobic coatings with ultralow sliding angles based on silicone nanofilaments[J].Angewandte Chemie International Edition, 2011, 50 (29): 6652-6656.

[22] Tuteja A, Choi W, Mabry J M, et al.Robust omniphobic surfaces[J].Proceedings of the National Academy of Sciences, 2008, 105 (47): 18200-18205.

[23] Lemp M A, Holly F J, Iwata S, et al.The precorneal tear film: I. Factors in spreading and maintaining a continuous tear film over the corneal surface[J].Archives of Ophthalmology, 1970, 83 (1): 89-94.

[24] Wang R, Hashimoto K, Fujishima A, et al.Light-induced amphiphilic surfaces[J].Nature, 1997, 388 (6641): 431-432.

[25] Wong T-S, Kang S H, Tang S K, et al.Bioinspired self-repairing slippery surfaces with pressure-stable omniphobicity[J].Nature, 2011, 477 (7365): 443-447.

[26] Zhu Z, Tian Y, Chen Y, et al.Superamphiphilic silicon wafer surfaces and applications for uniform polymer film fabrication[J].Angewandte Chemie, 2017, 129 (21): 5814-5818.

[27] Bhushan B. Biomimetics: bioinspired hierarchical-structured surfaces for green science and technology[M]. Heidelberg: Springer, 2016.

[28] Chen H, Zhang P, Zhang L, et al.Continuous directional water transport on the peristome surface of Nepenthes alata[J].Nature, 2016, 532 (7597): 85-89.

[29] Iturri J, Xue L, Kappl M, et al.Torrent frog-inspired adhesives: attachment to flooded surfaces[J].Advanced Functional Materials, 2015, 25 (10): 1499-1505.

[30] Zheng Y, Gao X, Jiang L.Directional adhesion of superhydrophobic butterfly wings[J].Soft Matter, 2007, 3 (2): 178-182.

[31] Feng L, Zhang Y, Xi J, et al.Petal effect: a superhydrophobic state with high adhesive force[J].Langmuir, 2008, 24 (8): 4114-4119.

[32] Su B, Wang S, Song Y, et al.A miniature droplet reactor built on nanoparticle-derived superhydrophobic pedestals[J].Nano Research, 2011, 4 (3): 266-273.

[33] Abdelaziz R, Disci-Zayed D, Hedayati M K, et al.Green chemistry and nanofabrication in a levitated Leidenfrost drop[J].Nature Communications, 2013, 4: 2400.

[34] Xia F, Jiang L.Bio-inspired, smart, multiscale interfacial materials[J].Advanced Materials, 2008, 20 (15): 2842-2858.

[35] Wang S, Liu H, Liu D, et al.Enthalpy-driven three-state switching of a superhydrophilic/superhydrophobic surface[J].Angewandte Chemie International Edition, 2007, 46 (21): 3915-3917.

[36] Sun T, Wang G, Feng L, et al.Reversible switching between superhydrophilicity and superhydrophobicity[J].Angewandte Chemie International Edition, 2004, 43 (3): 357-360.

[37] Sun T, Qing G, Su B, et al.Functional biointerface materials inspired from nature[J].Chemical Society Reviews, 2011, 40 (5): 2909-2921.

[38] Zhang J, Wang J, Zhao Y, et al.How does the leaf margin make the lotus surface dry as the lotus leaf floats on water?[J].Soft Matter, 2008, 4 (11): 2232-2237.

[39] Hensel R, Helbig R, Aland S, et al.Tunable nano-replication to explore the omniphobic characteristics of springtail skin[J].NPG Asia Materials, 2013, 5 (2): e37.

[40] Azimi G, Dhiman R, Kwon H-M, et al.Hydrophobicity of rare-earth oxide ceramics[J].Nature Materials, 2013, 12 (4): 315-320.

[41] Liu X, Zhou J, Xue Z, et al.Clam's shell inspired high-energy inorganic coatings with underwater low adhesive superoleophobicity[J].Advanced Materials, 2012, 24 (25): 3401-3405.

[42] Neinhuis C, Barthlott W.Characterization and distribution of water-repellent, self-cleaning plant surfaces[J].Annals of Botany, 1997, 79 (6): 667-677.

[43] Nosonovsky M, Rohatgi P K. Biomimetics in materials science: self-healing, self-lubricating, and self-cleaning materials[M]. Springer Science & Business Media, 2011.

[44] Wu Y, Su B, Jiang L, et al. "Liquid-Liquid-Solid" -type superoleophobic surfaces to pattern polymeric semiconductors towards high-quality organic field-effect transistors[J].Advanced Materials, 2013, 25 (45): 6526-6533.

[45] Huang Y, Zhou J, Su B, et al.Colloidal photonic crystals with narrow stopbands assembled from low-adhesive superhydrophobic substrates[J].Journal of the American Chemical Society, 2012, 134 (41): 17053-17058.

[46] Su B, Wang S, Ma J, et al. "Clinging-Microdroplet" patterning upon high-adhesion, pillar-structured silicon substrates[J].Advanced Functional Materials, 2011, 21 (17): 3297-3307.

[47] Jiang X, Feng J, Huang L, et al.Bioinspired 1D superparamagnetic magnetite arrays with magnetic field perception[J].Advanced Materials, 2016, 28 (32): 6952-6958.

[48] Deng X, Paven M, Papadopoulos P, et al.Solvent-Free synthesis of microparticles on superamphiphobic surfaces[J].Angewandte Chemie International Edition, 2013, 52 (43): 11286-11289.

[49] Yao X, Hu Y, Grinthal A, et al.Adaptive fluid-infused porous films with tunable transparency and wettability[J].Nature Materials, 2013, 12 (6): 529-534.

[50] Cheng Z, Lai H, Du Y, et al.pH-induced reversible wetting transition between the underwater superoleophilicity and superoleophobicity[J].ACS Applied Materials & Interfaces, 2014, 6 (1): 636-641.

[51] Yao X, Ju J, Yang S, et al.Temperature-driven switching of water adhesion on organogel surface[J].Advanced Materials, 2014, 26 (12): 1895-1900.

[52] Yong J, Chen F, Yang Q, et al.Photoinduced switchable underwater superoleophobicity-superoleophilicity on laser modified titanium surfaces[J].Journal of Materials Chemistry A, 2015, 3 (20): 10703-10709.

[53] Wang W, Timonen J V, Carlson A, et al.Multifunctional ferrofluid-infused surfaces with reconfigurable multiscale topography[J].Nature, 2018, 559 (7712): 77-82.

[54] Yan Y, Guo Z, Zhang X, et al.Electrowetting-induced stiction switch of a microstructured wire surface for unidirectional droplet and bubble motion[J].Advanced Functional Materials, 2018, 28 (49): 1800775.

[55] Ben S, Zhou T, Ma H, et al.Multifunctional magnetocontrollable superwettable-microcilia surface for directional droplet manipulation[J].Advanced Science, 2019, 6 (17): 1900834.

[56] Li J, Ha N S, Van Dam R M.Ionic-surfactant-mediated electro-dewetting for digital microfluidics[J].Nature, 2019, 572 (7770): 507-510.

[57] Li M, Li C, Blackman B R, et al.Energy conversion based on bio-inspired superwetting

interfaces[J].Matter，2021，4（11）：3400-3414.
[58] Li C，Li M，Ni Z，et al.Stimuli-responsive surfaces for switchable wettability and adhesion[J]. Journal of the Royal Society Interface，2021，18（179）：20210162.
[59] Li M，Li C，Blackman B R，et al.Mimicking nature to control bio-material surface wetting and adhesion[J].International Materials Reviews，2021：1-24.

第 2 章
界面浸润基础理论

2.1 亲液性和疏液性的定义
2.2 超浸润
2.3 液滴与表面之间的浸润接触模型
2.4 水－油－固三相体系中的浸润情形
2.5 接触角滞后现象
2.6 本章小结
课后习题
参考文献

浸润性是固体表面的重要性质之一，由材料表面的化学组成和微观形貌共同决定。通常情况下，滴落在固体表面的液滴无法实现完全铺展或维持球形，而是与固体表面成一角度，即接触角（contact angle，CA，θ）。极限情况下液滴与固体表面接触时，能保持球形或完全在固体表面上铺展而形成一层薄薄的液膜，表现出极端的超浸润性（超疏液、超亲液）。因而接触角可以直观反映材料表面的润湿程度，是衡量表面浸润相关性质的重要参数之一。

2.1 亲液性和疏液性的定义

在气、液、固三相交点处作气-液界面的切线，此切线在液体一侧与固-液交界线之间的夹角即为接触角（详见 2.3.1 小节）[1,2]。当将较小的液滴放在固体表面上时，会出现以下现象：首先液滴接触基底并形成三相接触线（TPCL）；然后 TPCL 逐渐扩大，达到一定长度后停止，液滴呈现近似球形。通常，接触角 $\theta < 90°$ 的固体表面被认为是亲液性的，接触角 $\theta > 90°$ 的固体表面被认为是疏液性的（亲液性和疏液性之间接触角 90° 的极限值源自杨氏方程[3]）。

然而，通过考虑水滴的实际化学和结构状态，Berg 等[4]认为亲水性和疏水性之间的新极限可能是接触角 65°。从物理化学的角度来看，在表面和体相的水，其结构和反应性有很大不同，并且随着固体表面性质的变化而变化。Volger[5]认为水的结构应该是疏水性和亲水性的一种表现形式和定量定义。例如：具有开放氢键网络的相对密度较低的水区域可以抑制疏水表面的形成，而具有坍塌的氢键网络的相对密度较大的水区域往往会抑制亲水表面的形成。Yoon 等[6]通过表面张力仪和其他辅助技术，在几十纳米尺度上测量了水化学势的局部变化。如图 2.1 所示，在两个接触角大于 65° 的疏水表面之间，纯水的黏附张力小于 30dyn/cm（1dyn/cm=10^{-3}N/m），表明在几十纳米距离内有长程吸引力。相比之下，在两个接触角小于 65° 的亲水表面之间，尽管纯水的黏附张力也小于 30dyn/cm，但显示出排斥力。Chandler 等[7]进一步从理论上证明了靠近疏水表面的水中氢键的消耗会导致疏水表面的干燥和纳米尺度的长程力。通过测量一系列聚合物表面的内在和表观接触角，Jiang 等[8]得出亲水性和疏水性的极限值可能在 62.7° 左右。

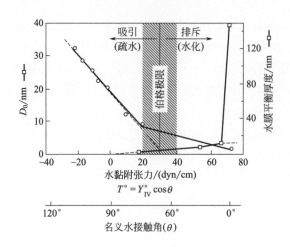

图 2.1　基于疏水力测量的伯格极限图[5]

基于上述研究，65°左右似乎是光滑固体表面亲水性和疏水性之间固有 CA 的新极限。65°作为界限的标准角比 90°的数学角具有更多的化学和物理意义，如对生物污垢涂层等界面材料的设计产生广泛而有益的影响[9,10]。当然，这仍然需要从实验观察和理论解释两个角度对该领域做进一步的研究。

与疏水和亲水表面相比，由于油相的复杂性和多样性，科研人员在疏油和亲油表面的研究没有付出过多努力。在普遍的理解中，油接触角 $\theta < 90°$ 的固体表面被认为是亲油的，而油接触角 $\theta > 90°$ 的固体表面是疏油的。

2.2 超浸润

在极端情况下，液滴会在固体表面完全铺展（$\theta = 0°$）或保持球形（$\theta \approx 180°$），表现出特殊的润湿性。通常，接触角 $\theta < 5°$ 的固体表面被认为是超亲液的，接触角 $\theta > 150°$ 的固体表面被认为是超疏液的[11]。21 世纪初，"荷叶"效应的发现加速了研究人员对材料超疏水性的研究及广泛应用。根据一般定义，超疏水/油表面是指水/油在空气中的接触角大于 150°的表面，而超亲水/油表面是指水/油在空气中的接触角小于 5°的表面。当处于水-固-油三相系统时，水中超疏油界面是油在水中的接触角大于150°的界面，而油中超疏水界面是水在油中的接触角大于150°的界面。有趣的是，由于排斥相液体的引入，一些在空气中表现出亲油性的表面可以在水中表现出超疏油性，而一些在空气中表现出亲水性的表面可以在油中表现出超疏水性。

2.3 液滴与表面之间的浸润接触模型

2.3.1 杨氏模型

1805年，英国物理学家托马斯·杨[3]首次描述了作用在理想平面上的液滴上的力。他认为液滴的接触角（θ）主要取决于固-气（γ_{SV}）、固-液（γ_{SL}）和液-气（γ_{LV}）界面之间的界面张力。

$$\gamma_{SV} = \gamma_{SL} + \gamma_{LV} \text{ 或 } \cos\theta = \frac{\gamma_{SV} - \gamma_{SL}}{\gamma_{LV}} \quad (2.1)$$

式中，γ_{SV} 为固体表面在液体饱和蒸气压下的表面张力；γ_{SL} 为固-液间的界面张力；γ_{LV} 为液体在它自身饱和蒸气压下的表面张力；θ 为液、固、气三相平衡时的接触角（图2.2），该接触角也被称为本征接触角。

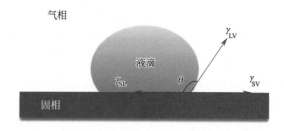

图2.2 空气中杨氏浸润模型

注意：方程式(2.1)主要适用于理想的光滑表面。由杨氏方程易知，一般理想状态下，空气中超疏水的表面具有较低的表面能，若要达到超疏油状态则需要有更低的表面能。

2.3.2 Wenzel 模型

1936 年，Wenzel[12] 为了解释粗糙表面的超润湿性，通过引入表面粗糙度因子 r 对杨氏方程进行了修正。假设 θ^* 为粗糙固体表面上的表观接触角，它可以通过沿表面平行方向的接触线的小位移 dx 来评估（图 2.3）。因此总自由能差 dF 可写为：

$$\mathrm{d}F = r(\gamma_{\mathrm{SL}} - \gamma_{\mathrm{SV}})\mathrm{d}x + \gamma_{\mathrm{LV}}\cos\theta^* \qquad (2.2)$$

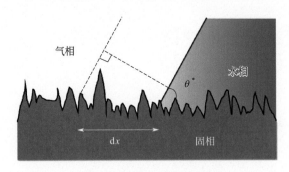

图 2.3 液滴与粗糙表面的接触边缘示意

当 F 为最小值时，系统将达到热力学平衡。因此，当 r 等于 1 时，平衡条件产生杨氏方程，并可推导出 r 大于 1 的 Wenzel 方程：

$$\cos\theta^* = r\cos\theta \qquad (2.3)$$

式中，r 为粗糙度因子，它是实际粗糙表面面积与投影面积的比值；θ 为液滴在平坦基底上的本征接触角。

在这种状态下，液体在润湿表面时会完全填充粗糙表面中的凹槽（图 2.4）。由于 r 恒大于 1，所以液滴（水、油或其他液体）在亲液光滑基底上所呈现的接触角 θ 小于 90°，而且 θ^* 也将随着 r 的增加而减小。相反，对于疏液光滑基底，其所显示的接触角 θ 将大于 90°，而且 θ^* 也将随着 r 的增加而增加。换言之，通过改变材料表面的粗糙度可以使吸湿材料变得更吸湿，使防潮材料变得更防潮。即：粗糙的微结构具有放大固体表面上的润湿性的功能。

Johnson 和 Dettre[13] 通过模拟理想正弦表面上液滴的接触角表明，液滴在表面可能的黏滞会随 r 以及固体表明最大斜率的减小而减小；同时研究表明粗糙度使得液滴有可能具有多个亚稳态的平衡位置。他们进一步测试了具有不同粗糙度的碳氟蜡表面前进和后退接触角之间的差异，定性地证实了

Wenzel 方程的推论。而对于具有高粗糙度或高孔隙率（$r \gg 1$）的表面，Wenzel 等式中右侧的绝对值可能大于 1。当面临这种情况的时候，Wenzel 模型将不再有效。

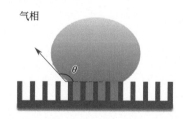

图 2.4　空气中 Wenzel 浸润模型

2.3.3　Cassie-Baxter 模型

1944 年，Cassie 和 Baxter[14] 得出了一个可以描述具有不同异质性程度的复合光滑表面的接触角方程：

$$\cos\theta^* = \sum f_i \cos\theta_i \tag{2.4}$$

式中，f_i 为是接触角为 θ_i 且 $\Sigma f_i = 1$ 的表面的部分面积。

假定固体表面由物质 1 和物质 2 组成，则这两种物质以极细小部分的形式很好地分布，总自由能差 dF 可描述为[15]：

$$\mathrm{d}F = f_1(\gamma_{\mathrm{SL}} - \gamma_{\mathrm{SV}})_1 \mathrm{d}x + f_2(\gamma_{\mathrm{SL}} - \gamma_{\mathrm{SV}})_2 \mathrm{d}x + \gamma_{\mathrm{LV}} \mathrm{d}x \cos\theta^* \tag{2.5}$$

与该体系的最低自由能相对应的角度由 Cassie-Baxter 方程给出：

$$\cos\theta^* = f_1 \cos\theta_1 + f_2 \cos\theta_2 \tag{2.6}$$

式中，f_1 和 f_2 分别为这两部分的面积分数；θ_1 和 θ_2 分别为这两种材料上液滴的相应本征接触角。

假定液体仅通过粗糙部分的顶部与固体接触，并且假定在液体下方截留了气穴，从而形成了复合表面（图 2.5）。在这种复合状态下，可以认为表面的空气部分完全不润湿。因此可以将空气层上的液体接触角假定为 180°。在这种情况下，θ^* 在固体-空气异质表面上可以表示为：

$$\cos\theta^* = f\cos\theta + (1-f)\cos 180° = f\cos\theta + f - 1 \tag{2.7}$$

式中，θ 为固体表面的本征接触角；f 和 $(1-f)$ 分别表示固-液和气-液界面的面积分数。

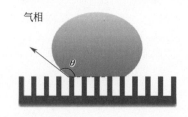

图 2.5　空气中 Cassie-Baxter 浸润模型

由式（2.7）可知，粗糙表面的表观接触角会随着固液接触面积的减少而增加。

尽管 Wenzel 和 Cassie-Baxter 方程最初都是作为半经验公式提出的，但是研究者们也从热力学角度对它们进行了严格的推导[16-19]。它们的润湿状态在超疏水性的研究中均得到了验证，同时发现属于 Wenzel 模型的表面通常显示出对液滴非常高的附着力，而属于 Cassie-Baxter 模型的表面通常显示出对液滴非常低的附着力[20-26]。

2.3.4　Transition 模型

虽然 Wenzel 和 Cassie-Baxter 模型都可以成功地描述接触角和表面粗糙度之间的关系，但是，它们均存在局限性。在这里，必须指出 Wenzel 和 Cassie-Baxter 的理论仅对均匀表面有效。早在 1945 年，Pease[27] 就曾讨论过接触角测量是评估润湿性的一维问题。McCarthy 等[28] 从实验的角度证明了 Wenzel 和 Cassie 的理论不能应用于化学和形貌异质的表面。对于异质表面，接触角行为需通过三相接触线上的液体和固体之间的相互作用来确定，而不是通过接触面积来确定。

实际上，液滴在粗糙材料表面的浸润情况十分复杂，整个体系往往是处于 Wenzel-Cassie 共存的亚稳状态（图 2.6），其中一部分表面会被液体浸润，而另一部分则是由空气填充在结构中[18,20,22,25,26,29-33]。在这样的表面上，水滴会存在一定能垒阻止两种状态间相互转化，当超疏水状态从 Cassie 态向 Wenzel 态转化时，液滴会浸润固体表面的微结构，引起液体与表面间黏附力增加[34-36]。最近，研究者们通过研究 Wenzel 状态与 Cassie-Baxter 状态之间的共存和过渡情况，提出了一些改进性模型。这些新模型为设计和预测具有特殊润湿性的功能表面提供了新的途径[32,37,48]。比如，Patankar[37] 发现粗糙度使液滴可能具有一个以上的亚稳态平衡位置，并且液滴可以从一种亚稳态平衡状态转移至另一种平衡状态，前提是可以克服能垒。所得的 Cassie 构型对应于开放状态下的最低能量状态，也称为亚稳复合状态，而 Wenzel 构型则表示湿式疏水状态下的最低能量状态。Cassie 和 Wenzel 构型都是局部能量最小状态，液滴的形成方式取决于这两种状态中的低能量态。如果 $\theta_C^* > \theta_W^*$，则形成开放状态的液滴将比 Wenzel 状态的能量更高。根据能垒原理，Cassie 和 Wenzel 构型之间可能会发生过渡。Hoffmann 等[49]进一步提供了这些转变作为不同粗糙度参数的函数。Marmur[50,51]还通过将 Wenzel 和 Cassie-Baxter 方程置于适当的数学热力学角度来讨论这些转变。Zeng 等[41]通过分子动力学模拟证明了这两种状态可以共存于纳米柱表面上。为了定量预测表观的前进和后退接触角以及接触角滞后，在实验和数值模拟的基础上，一种改进的 Cassie-Baxter 模型已被提出，该模型指出三相接触线在整个界面上位移时遇到的固体基质的不同面积分数应该是确定表观前进和后退接触角时最重要的因素。

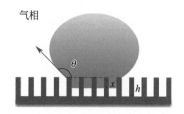

图 2.6　空气中过渡浸润模型

2.4 水-油-固三相体系中的浸润情形

上述四种典型的润湿状态（Young's，Wenzel's，Cassie-Baxter's 和 Transition state）也适用于平坦或粗糙固体基质上的油滴。近年来，固体材料在水介质中的油浸润性受到了越来越多的研究[52-59]。因此可以将空气中的典型浸润状态推广到水下，即 underwater Young's model，underwater Wenzel's model，underwater Cassie-Baxter's model 和 underwater transition model（图 2.7）。在这种情况下，这些模型和方程式中的液体是指相应的油，环境相为水。

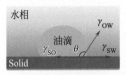

(a) 水下Young状态　　(b) 水下Wenzel状态　(c) 水下Cassie-Baxter状态　(d) 水下过渡态

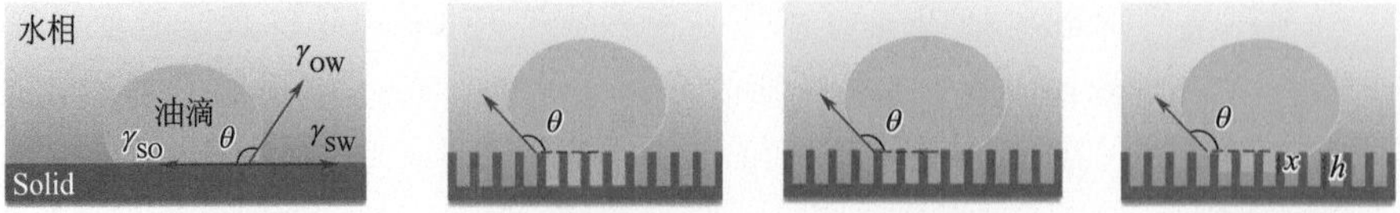

图2.7　水－油－固三相体系中的浸润模型

水中平滑固体表面上的油滴处于 underwater Young state，从而形成固-水-油三相界面[图2.7（a）][52,60]。水中油滴的接触角 θ_{OW}（在平滑基底上）满足下式：

$$\cos\theta_{OW} = \frac{\gamma_{SO} - \gamma_{SW}}{\gamma_{OW}} \tag{2.8}$$

式中，γ_{SO}，γ_{SW} 和 γ_{OW} 分别为固-油、固-水和油-水界面的界面张力。

考虑到在空气中这种平滑的固体表面上有水或油滴的情况，可以用杨氏方程式分别解释空气中的本征水接触角 θ_W 或本征油接触角 θ_O：

$$\cos\theta_W = \frac{\gamma_{SW} - \gamma_{SG}}{\gamma_{WG}} \tag{2.9}$$

$$\cos\theta_O = \frac{\gamma_{SO} - \gamma_{SG}}{\gamma_{OG}} \tag{2.10}$$

式中，γ_{SG}，γ_{WG} 和 γ_{OG} 分别为固体-空气、水-空气和油-空气界面的界面张力。

从式（2.9）和式（2.10），可得到 $\gamma_{SW} = \gamma_{WG}\cos\theta_W + \gamma_{SG}$ 和 $\gamma_{SO} = \gamma_{OG}\cos\theta_O + \gamma_{SG}$。然后，可以将式（2.8）更改如下：

$$\cos\theta_{OW} = \frac{\gamma_{OG}\cos\theta_O - \gamma_{WG}\cos\theta_W}{\gamma_{OW}} \tag{2.11}$$

从式（2.11）可知，对于亲水性表面，它也会表现出在空气中的亲油性，因为油的表面张力远低于水（$\theta_O < \theta_W < 90°$）[52,54,61-71]，因此 $\cos\theta_O$ 和 $\cos\theta_W$ 的值均为正。由于油——有机液体的表面张力远低于水的表面张力（$\gamma_{OG} \ll \gamma_{WG}$），因此 $\gamma_{OG}\cos\theta_O - \gamma_{WG}\cos\theta_W$ 的值通常为负。由式（2.11）可知，空气中大多数亲水性表面在水中具有疏油性[52,72,73]。在与粗糙的层次微观结构结合后，可能在固体-水-油系统中形成 underwater Wenzel wetting state，underwater Cassie state and underwater transition state，水下油滴润湿了

基体并充满了粗糙表面微观结构的凹槽。Wenzel 方程可表示为：

$$\cos\theta_{OW}^{*} = r\cos\theta_{OW} \tag{2.12}$$

式中，r 为粗糙度因子，是实际的粗糙表面积与油滴接触的表面的投影面积之比；θ_{OW}^{*}，θ_{OW} 分别为设置在粗糙基底和平滑基底（均在水介质中）上的水下油滴的接触角。

除此之外，还存在其他属于水下 Wenzel 浸润状态的特殊情况［图 2.7 (b)］。如果将超疏水性表面浸入水中，则空气会被困在表面粗糙结构内，通常会在固体基底和周围的水之间形成气穴[74]。当水下油滴进一步进入时放置在此类基材上的油会由于毛细作用和压力而沿气穴散布，并完全润湿粗糙的微结构，尽管微结构会排斥水[75]。

在水下 Cassie-Baxter 状态下［图 2.7 (c)］，表面微结构之间的整个间隙都被水浸湿，从而在油滴下方形成了被困的水层[14,52,60]。实际上，水下油滴位于固体 - 水复合基材上，仅接触粗糙微观结构的顶部。截留的水层是一种极强的拒油介质，会导致超高的油接触角。水下 Cassie 状态下油滴的表观接触角 θ_{OW}^{*} 可以通过水下 Cassie-Baxter 方程来描述：

$$\cos\theta_{OW}^{*} = f\cos\theta_{OW} + f + 1 \tag{2.13}$$

式中，f 为与油接触的表面分数；θ_{OW} 是水下本征油接触角（水下杨氏接触角）。

在水下过渡状态中［图 2.7 (d)］，即在水下 Wenzel 状态和 Cassie 状态之间，水下油滴可能会部分渗透到粗糙表面微结构的谷中。

2.5 接触角滞后现象

杨氏方程中预测的接触角假设固体表面是平坦的、均质的[3,76,77]。随着液滴在表面上扩散，它应当达到这种静态的平衡接触角，该接触角由固体的热力学平衡状态定义。在固 - 液 - 气三相体系，移动的固 - 液 - 气三相接触线上形成的瞬时接触角称为动态接触角，主要取决于接触线的移动速度。然而，实际的固体表面可能会受到各种条件（例如粗糙度、不均匀的化学成分和污染）的影响，因此测量的静态接触角可能会表现出一些滞后（CAH）。如图 2.8 所示，其上限被定义为前进接触角（θ_{Adv}），而下限被定义为后退接触角（θ_{Rec}）。一般定义，液-固界面取代气-固界面所达到的接触角称为前进接触角；气-固界面取代液-固界面后达到的接触角称为后退接触角。通常 θ_{Adv} 的值总是大于 θ_{Rec} 的值，它们的差值（$\theta_{Adv} - \theta_{Rec}$）就是接触角滞后。这个差值决定了液滴从倾斜的固体表面滚落的难易程度。滞后越大，液滴滚落的可能性就越小。滑动角（SA，α）是指一定体积的液滴从固体表面滚落所需的最小倾角，可以直观地反映 CAH（超疏结构上由于液滴状态可被更形象地描述为滚动，因此也可称其为滚动角）。滑动角与前进接触角和后退接触角之间的关系可以由 Furmidge 公式[78]给出：

$$mg\sin\alpha = \gamma_{LG}w(\cos\theta_{Rec} - \cos\theta_{Adv}) \quad (2.14)$$

式中，m 为液滴质量；g 为重力加速度；γ_{LG} 为液-气界面张力；w 为固-液接触面直径。从公式（2.14）可以得出结论：一般情况下，接触角滞后越小，滚动角越小。

近期主流理论认为 CAH 在本质上是由液滴与表面之间的黏附引起的。对于超疏液表面（接触角大于 150°）的接触角滞后效应，现已证实有四种典型状态具有 CAH 效应，即 Wenzel 状态（包括"花瓣"状态），Cassie-Baxter 状态（包括"荷叶"状态），Wenzel 和 Cassie 之间的过渡状态，以及"壁虎"状态（图 2.9）[29]。

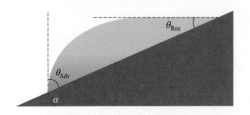

图 2.8　接触角滞后现象

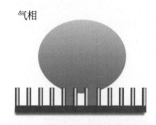

图 2.9　空气中"壁虎"高黏附模型

在 Wenzel 的状态下，液滴会被表面钉住（图 2.4），从而会导致较高的接触角滞后。其中，"玫瑰花瓣"状态即为 Wenzel 状态的一种特例。但在 Cassie 的状态下，由于液滴和表面凹槽之间存在空气层（图 2.5），液滴很容易滚落，接触角滞后效应也较弱，其中"荷叶"状态被视为 Cassie 状态的一种特例。在这两种状态之中，滚动角仅能反映 Cassie 状态的接触角滞后，却不能反映 Wenzel 状态的接触角滞后。即使某些表面整体处于 Cassie 状态，单个微米级或纳米级结构也会出现接触角滞后现象[79,80]。实际上当液滴接触大多数实际样品时，通常会处于 Wenzel 状态和 Cassie 状态之间的过渡状态（图 2.6）。对于这种状态可以通过测量前进角（θ_{Adv}）与后退角（θ_{Rec}）之间的差值来确定接触角的滞后性[38]。此外，另一个不同于 Cassie-Baxter 状态的是高黏附的"壁虎"状态（Gecko 状态），仿生领域研究人员通过阵列排布聚苯乙烯（PS）纳米管模仿其超疏水表面[81]。在 Cassie-Baxter 状态下，外部大气与表面凹槽中的气穴之间是连通的（打开状态）。但是，在"壁虎"状态下，有两种"被困"在 PS 纳米管中的气穴：完全封闭的气穴和与大气相连的开放气穴。其中截留的空气会导致较高的接触角，纳米管中密封空气的负压会产生黏附力。为了准确地研究该种状态下的接触角滞后及黏附相关性能，需使用高灵敏度的微机电平衡系统来量化水滴与这些新型超疏水表面之间的黏附力，而不是测量前进/后退的接触角（$\theta_{\text{Adv}} - \theta_{\text{Rec}}$）或 SA。

2.6 本章小结

本章简要介绍了基础的浸润性相关理论，涵盖了界面在空气中和水下的研究；重点介绍了固体表面相关性质对接触角、固-液接触状态的影响，有助于理解一些基础的浸润现象。关于黏附作用相关的理论，及微纳米超浸润界面上更为复杂的浸润现象、液滴行为，将在第 3 章展开介绍。对于本章所提及的接触角、滚动角等重要浸润性物理量指标的表征手段，将在第 4 章重点提及。

——————— 课后习题

1.（单选题）下列有关杨氏方程的说法中，不恰当的一项是（　　）。
A. 杨氏方程为 1805 年托马斯·杨提出的，是浸润领域的奠基
B. 杨氏方程首次给出了接触角与界面张力的关系表达式
C. 根据杨氏方程，超疏水的定义为接触角大于 150°
D. 杨氏方程主要适用于理想的光滑表面
2.（不定项选择题）下列有关浸润模型的说法中，恰当的是（　　）。

A. 根据杨氏方程，亲液和疏液的界限为接触角 90°
B. Wenzel 模型、Cassie-Baxter 模型展示了不同条件下接触角和表面粗糙度之间的关系
C. Wenzel 模型的表面通常显示出对液滴非常低的附着力
D. Cassie-Baxter 模型的表面通常显示出对液滴非常高的附着力

3.（不定项选择题）下列有关超浸润的说法中，不恰当的是（　　）。
A. 空气环境中，水接触角大于 150° 的表面通常被认为是超疏水表面
B. 在水下环境，油接触角大于 150° 的界面通常被认为是超疏油界面
C. 在空气中表现出超亲油性的表面可以在水下表现出超疏油性
D. 完全适用杨氏方程的理想表面可能存在空气中超疏油且超亲水的情况

4.（填空题）_____是一定体积的液滴从固体表面滑落/滚落所需的最小倾角；_____是前进角与后退角的差值。这两者都可作为界面黏附性能的相关指标，此外还可以通过_____直观展现黏附性能。

5.（简答题）为何接触角 90° 早期被广泛认为是亲液和疏液的界限，而近来很多学者指出应当将接触角 65° 左右作为亲水和疏水界限？

6.（简答题）如何理解要将传统的空气环境中的浸润模型拓展至应用于水下环境？

7.（简答题）如何理解有些表面在空气中超疏水超亲油而在水下超疏油，但是有些表面可在空气中和水下都表现出超疏水超疏油？

8.（论述题）请画出空气环境中的 Wenzel 模型、Cassie 模型、过渡模型、壁虎模型的示意图，给出简要文字解释模型，并指出液滴与固体接触时的黏附状态。

9.（开放讨论）Wenzel 模型和 Cassie 模型都将表面粗糙度作为影响界面浸润的因素。请结合书本知识、参考文献，或查阅其他相关资料，尝试思考并探讨这一做法有何进步性和局限性。

10.（开放讨论）本章提及了"荷叶""花瓣""壁虎"等超浸润模型，书中可找出模型对应的参考文献，搜索引擎也可直接检索相关关键词。请浏览相关参考文献或网络报道，感受自然界奇妙的界面、界面现象，感受仿生领域研究人员有关仿生结构设计、功能模拟优化的智慧。

参考文献

[1] Ibach H. Physics of surfaces and interfaces[M]. Heidelberg: Springer. 2006.
[2] Erbil H Y. Surface chemistry of solid and liquid interfaces[M]. Oxford, Malden Carlton: Blackwell Pub, 2006.

[3] Young T Ⅲ. An essay on the cohesion of fluids[J].Philosophical Transactions of the Royal Society of London, 1805 (95): 65-87.

[4] Berg J M, Eriksson L T, Claesson P M, et al.Three-component Langmuir-Blodgett films with a controllable degree of polarity[J].Langmuir, 1994, 10 (4): 1225-1234.

[5] Vogler E A.Structure and reactivity of water at biomaterial surfaces[J].Advances in Colloid and Interface Science, 1998, 74 (1-3): 69-117.

[6] Yoon R H, Flinn D H, Rabinovich Y I.Hydrophobic interactions between dissimilar surfaces[J]. Journal of Colloid and Interface Science, 1997, 185 (2): 363-370.

[7] Patel A J, Varilly P, Chandler D.Fluctuations of water near extended hydrophobic and hydrophilic surfaces[J].The Journal of Physical Chemistry B, 2010, 114 (4): 1632-1637.

[8] Guo C, Wang S, Liu H, et al.Wettability alteration of polymer surfaces produced by scraping[J]. Journal of Adhesion Science and Technology, 2008, 22 (3-4): 395-402.

[9] Rosenhahn A, Ederth T, Pettitt M E.Advanced nanostructures for the control of biofouling: the FP6 EU integrated project AMBIO[J].Biointerphases, 2008, 3 (1): IR1-IR5.

[10] Rosenhahn A, Schilp S, Kreuzer H J, et al.The role of "inert" surface chemistry in marine biofouling prevention[J].Physical Chemistry Chemical Physics, 2010, 12 (17): 4275-4286.

[11] Li C, Li M, Ni Z, et al.Stimuli-responsive surfaces for switchable wettability and adhesion[J]. Journal of the Royal Society Interface, 2021, 18 (179): 20210162.

[12] Wenzel R N.Resistance of solid surfaces to wetting by water[J].Industrial & Engineering Chemistry, 1936, 28 (8): 988-994.

[13] Dettre R H, Johnson Jr R E. Contact angle hysteresis. Ⅱ. Contact angle measurements on rough surfaces[J]. Advances in Chemistry Series, 1964, 43: 136-144.

[14] Cassie A, Baxter S.Wettability of porous surfaces[J].Transactions of the Faraday society, 1944, 40: 546-551.

[15] Quéré D.Rough ideas on wetting[J].Physica A: Statistical Mechanics and its Applications, 2002, 313 (1-2): 32-46.

[16] Good R J.A thermodynamic derivation of Wenzel's modification of Young's equation for contact angles; together with a theory of Hysteresis1[J].Journal of the American Chemical Society, 1952, 74 (20): 5041-5042.

[17] Whyman G, Bormashenko E, Stein T.The rigorous derivation of Young, Cassie-Baxter and Wenzel equations and the analysis of the contact angle hysteresis phenomenon[J].Chemical Physics Letters, 2008, 450 (4-6): 355-359.

[18] Bormashenko E.Young, Boruvka-Neumann, Wenzel and Cassie-Baxter equations as the transversality conditions for the variational problem of wetting[J].Colloids and Surfaces A: Physicochemical and Engineering Aspects, 2009, 345 (1-3): 163-165.

[19] Bormashenko E.Wetting of flat and rough curved surfaces[J].The Journal of Physical Chemistry C, 2009, 113 (40): 17275-17277.

[20] Xia F, Jiang L.Bio-inspired, smart, multiscale interfacial materials[J].Advanced Materials, 2008, 20 (15): 2842-2858.

[21] Zhang Y, Chen Y, Shi L, et al.Recent progress of double-structural and functional materials

with special wettability[J].Journal of Materials Chemistry, 2012, 22 (3): 799-815.

[22] Li J, Jing Z, Zha F, et al.Facile spray-coating process for the fabrication of tunable adhesive superhydrophobic surfaces with heterogeneous chemical compositions used for selective transportation of microdroplets with different volumes[J].ACS Applied Materials & Interfaces, 2014, 6 (11): 8868-8877.

[23] Liu M, Jiang L.Switchable adhesion on liquid/solid interfaces[J].Advanced Functional Materials, 2010, 20 (21): 3753-3764.

[24] Li J, Liu X, Ye Y, et al.Fabrication of superhydrophobic CuO surfaces with tunable water adhesion[J].The Journal of Physical Chemistry C, 2011, 115 (11): 4726-4729.

[25] Cheng Z, Du M, Lai H, et al.From petal effect to lotus effect: A facile solution immersion process for the fabrication of super-hydrophobic surfaces with controlled adhesion[J].Nanoscale, 2013, 5 (7): 2776-2783.

[26] Yong J, Yang Q, Chen F, et al.Superhydrophobic PDMS surfaces with three-dimensional (3D) pattern-dependent controllable adhesion[J].Applied surface science, 2014, 288: 579-583.

[27] Pease D C.The significance of the contact angle in relation to the solid surface[J].The Journal of Physical Chemistry, 1945, 49 (2): 107-110.

[28] Gao L, McCarthy T J.How Wenzel and Cassie were wrong[J].Langmuir, 2007, 23 (7): 3762-3765.

[29] Wang S, Jiang L.Definition of superhydrophobic states[J].Advanced Materials, 2007, 19 (21): 3423-3424.

[30] Lee S M, Kwon T H.Effects of intrinsic hydrophobicity on wettability of polymer replicas of a superhydrophobic lotus leaf[J].Journal of Micromechanics and Microengineering, 2007, 17 (4): 687.

[31] Tian S, Li L, Sun W, et al.Robust adhesion of flower-like few-layer graphene nanoclusters[J]. Scientific Reports, 2012, 2: 511.

[32] Erbil H Y, Cansoy C E.Range of applicability of the Wenzel and Cassie – Baxter equations for superhydrophobic surfaces[J].Langmuir, 2009, 25 (24): 14135-14145.

[33] Li K, Zeng X, Li H, et al.Study on the wetting behavior and theoretical models of polydimethylsiloxane/silica coating[J].Applied Surface Science, 2013, 279: 458-463.

[34] Grewal H S, Cho I J, Oh J E, et al.Effect of topography on the wetting of nanoscale patterns: experimental and modeling studies[J].Nanoscale, 2014, 6 (24): 15321-15332.

[35] Hensel R, Finn A, Helbig R, et al.In situ experiments to reveal the role of surface feature sidewalls in the Cassie-Wenzel transition[J].Langmuir, 2014, 30 (50): 15162-15170.

[36] Søgaard E, Andersen N K, Smistrup K, et al.Study of transitions between wetting states on microcavity arrays by optical transmission microscopy[J].Langmuir, 2014, 30 (43): 12960-12968.

[37] Patankar N A.Transition between superhydrophobic states on rough surfaces[J].Langmuir, 2004, 20 (17): 7097-7102.

[38] Lafuma A, Quéré D.Superhydrophobic states[J].Nature Materials, 2003, 2 (7): 457-460.

[39] Bartolo D, Bouamrirene F, Verneuil E, et al.Bouncing or sticky droplets: Impalement

transitions on superhydrophobic micropatterned surfaces[J].EPL（Europhysics Letters），2006，74（2）：299.

[40] Jung Y C，Bhushan B.Dynamic effects induced transition of droplets on biomimetic superhydrophobic surfaces[J].Langmuir，2009，25（16）：9208-9218.

[41] Koishi T，Yasuoka K，Fujikawa S，et al.Coexistence and transition between Cassie and Wenzel state on pillared hydrophobic surface[J].Proceedings of the National Academy of Sciences，2009，106（21）：8435-8440.

[42] Bormashenko E，Pogreb R，Whyman G，et al.Cassie－wenzel wetting transition in vibrating drops deposited on rough surfaces：Is the dynamic cassie－wenzel wetting transition a 2d or 1d affair?[J].Langmuir，2007，23（12）：6501-6503.

[43] Lundgren M，Allan N L，Cosgrove T.Modeling of wetting：A study of nanowetting at rough and heterogeneous surfaces[J].Langmuir，2007，23（3）：1187-1194.

[44] Tsai P，Lammertink R G，Wessling M，et al.Evaporation-triggered wetting transition for water droplets upon hydrophobic microstructures[J].Physical Review Letters，2010，104（11）：116102.

[45] Bormashenko E，Pogreb R，Whyman G，et al.Vibration-induced Cassie-Wenzel wetting transition on rough surfaces[J].Applied Physics Letters，2007，90（20）：201917.

[46] Vrancken R J，Kusumaatmaja H，Hermans K，et al.Fully reversible transition from Wenzel to Cassie-Baxter states on corrugated superhydrophobic surfaces[J].Langmuir，2010，26（5）：3335-3341.

[47] Bormashenko E，Bormashenko Y，Stein T，et al.Environmental scanning electron microscopy study of the fine structure of the triple line and Cassie－Wenzel wetting transition for sessile drops deposited on rough polymer substrates[J].Langmuir，2007，23（8）：4378-4382.

[48] Ran C，Ding G，Liu W，et al.Wetting on nanoporous alumina surface：Transition between Wenzel and Cassie states controlled by surface structure[J].Langmuir，2008，24（18）：9952-9955.

[49] Barbieri L，Wagner E，Hoffmann P.Water wetting transition parameters of perfluorinated substrates with periodically distributed flat-top microscale obstacles[J].Langmuir，2007，23（4）：1723-1734.

[50] Marmur A.The lotus effect：Superhydrophobicity and metastability[J].Langmuir，2004，20（9）：3517-3519.

[51] Marmur A.Wetting on hydrophobic rough surfaces：to be heterogeneous or not to be?[J].Langmuir，2003，19（20）：8343-8348.

[52] Liu M，Wang S，Wei Z，et al.Bioinspired design of a superoleophobic and low adhesive water/solid interface[J].Advanced Materials,2009,21（6）：665-669.

[53] Wu D，Wu S Z，Chen Q D，et al.Facile creation of hierarchical PDMS microstructures with extreme underwater superoleophobicity for anti-oil application in microfluidic channels[J].Lab on a Chip，2011，11（22）：3873-3879.

[54] Lin L，Liu M，Chen L，et al.Bio-inspired hierarchical macromolecule-nanoclay hydrogels for robust underwater superoleophobicity[J].Advanced Materials，2010，22（43）：4826-4830.

[55] Huang Y, Liu M, Wang J, et al.Controllable underwater oil-adhesion-interface films assembled from nonspherical particles[J].Advanced Functional Materials, 2011, 21 (23): 4436-4441.

[56] Zhang F, Zhang W B, Shi Z, et al.Nanowire-haired inorganic membranes with superhydrophilicity and underwater ultralow adhesive superoleophobicity for high-efficiency oil/water separation[J].Advanced Materials, 2013, 25 (30): 4192-4198.

[57] Gao X, Xu L P, Xue Z, et al.Dual-scaled porous nitrocellulose membranes with underwater superoleophobicity for highly efficient oil/water separation[J].Advanced Materials, 2014, 26 (11): 1771-1775.

[58] He K, Duan H, Chen G Y, et al.Cleaning of oil fouling with water enabled by zwitterionic polyelectrolyte coatings: overcoming the imperative challenge of oil-water separation membranes[J].ACS Nano, 2015, 9 (9): 9188-9198.

[59] Cai Y, Lu Q, Guo X, et al.Salt-tolerant superoleophobicity on alginate gel surfaces inspired by seaweed (saccharina japonica) [J].Advanced Materials, 2015, 27 (28): 4162-4168.

[60] Yong J, Chen F, Yang Q, et al.Bioinspired underwater superoleophobic surface with ultralow oil-adhesion achieved by femtosecond laser microfabrication[J].Journal of Materials Chemistry A, 2014, 2 (23): 8790-8795.

[61] Tuteja A, Choi W, Ma M, et al.Designing superoleophobic surfaces[J].Science, 2007, 318 (5856): 1618-1622.

[62] Zhao H, Law K Y, Sambhy V.Fabrication, surface properties, and origin of superoleophobicity for a model textured surface[J].Langmuir, 2011, 27 (10): 5927-5935.

[63] Jin H, Kettunen M, Laiho A, et al.Superhydrophobic and superoleophobic nanocellulose aerogel membranes as bioinspired cargo carriers on water and oil[J].Langmuir, 2011, 27 (5): 1930-1934.

[64] Im M, Im H, Lee J-H, et al.A robust superhydrophobic and superoleophobic surface with inverse-trapezoidal microstructures on a large transparent flexible substrate[J].Soft Matter, 2010, 6 (7): 1401-1404.

[65] Hsieh C T, Wu F L, Chen W Y. Superhydrophobicity and superoleophobicity from hierarchical silica sphere stacking layers[J].Materials Chemistry and Physics, 2010, 121 (1-2): 14-21.

[66] Cheng Q, Li M, Zheng Y, et al.Janus interface materials: superhydrophobic air/solid interface and superoleophobic water/solid interface inspired by a lotus leaf[J].Soft Matter, 2011, 7 (13): 5948-5951.

[67] Darmanin T, Guittard F, Amigoni S, et al.Superoleophobic behavior of fluorinated conductive polymer films combining electropolymerization and lithography[J].Soft Matter, 2011, 7 (3): 1053-1057.

[68] Darmanin T, Guittard F.Molecular design of conductive polymers to modulate superoleophobic properties[J].Journal of the American Chemical Society, 2009, 131 (22): 7928-7933.

[69] Steele A, Bayer I, Loth E.Inherently superoleophobic nanocomposite coatings by spray atomization[J].Nano Letters, 2009, 9 (1): 501-505.

[70] Tuteja A, Choi W, Mabry J M, et al.Robust omniphobic surfaces[J].Proceedings of the National Academy of Sciences, 2008, 105 (47): 18200-18205.

[71] Zhang J, Seeger S.Superoleophobic coatings with ultralow sliding angles based on silicone nanofilaments[J].Angewandte Chemie International Edition, 2011, 50 (29): 6652-6656.

[72] Wang B, Liang W, Guo Z, et al.Biomimetic super-lyophobic and super-lyophilic materials applied for oil/water separation: a new strategy beyond nature[J].Chemical Society Reviews, 2015, 44 (1): 336-361.

[73] Xue Z, Liu M, Jiang L.Recent developments in polymeric superoleophobic surfaces[J].Journal of Polymer Science Part B: Polymer Physics, 2012, 50 (17): 1209-1224.

[74] Barthlott W, Schimmel T, Wiersch S, et al.The Salvinia paradox: superhydrophobic surfaces with hydrophilic pins for air retention under water[J].Advanced Materials, 2010, 22 (21): 2325-2328.

[75] Yong J, Chen F, Yang Q, et al.Photoinduced switchable underwater superoleophobicity-superoleophilicity on laser modified titanium surfaces[J].Journal of Materials Chemistry A, 2015, 3 (20): 10703-10709.

[76] Adamson A W, Gast A P. Physical chemistry of surfaces[M]. New York: Interscience Publishers, 1967.

[77] Genzer J, Efimenko K.Recent developments in superhydrophobic surfaces and their relevance to marine fouling: a review[J].Biofouling, 2006, 22 (5): 339-360.

[78] Furmidge C.Studies at phase interfaces. Ⅰ. The sliding of liquid drops on solid surfaces and a theory for spray retention[J].Journal of Colloid Science, 1962, 17 (4): 309-324.

[79] Feng L, Li S, Li Y, et al.Super-hydrophobic surfaces: from natural to artificial[J].Advanced Materials, 2002, 14 (24): 1857-1860.

[80] Gao L, Mccarthy T J.The "lotus effect" explained: two reasons why two length scales of topography are important[J].Langmuir, 2006, 22 (7): 2966-2967.

[81] Jin M, Feng X, Feng L, et al.Superhydrophobic aligned polystyrene nanotube films with high adhesive force[J].Advanced Materials, 2005, 17 (16): 1977-1981.

第 3 章
界面黏附基础理论与液滴行为

3.1 表面张力、润湿与黏附功
3.2 黏附理论
3.3 浸润性、黏附力与液滴行为的关系
3.4 微纳米结构上的液滴受力、行为
3.5 本章小结
课后习题
基础知识参考书目
参考文献

液滴在界面上的行为不仅和接触角有关，还受到黏附作用的影响。例如在第 2 章提及，即使在超疏水表面上，高黏附力的微纳米结构也可以阻碍液滴运动使液滴在表面滞留。因此，了解黏附力与浸润性的关系，分析黏附机理及液滴在界面上的黏附状态、受力，有助于进一步理解更复杂的超浸润微纳米结构上的液滴行为。

3.1 表面张力、润湿与黏附功

表面张力是分子间作用力的宏观表现，其本质是物体的主体对其表层的分子间引力。处于单一相液体体相的分子受到其周围各方向的分子间作用力是平衡的，可以相互抵消，因此液体内部分子移动自由且无需做功；而表层分子受到源自液体内部分子的作用力远大于外侧气体或蒸汽分子的作用力，因此有向内部迁移的趋势，表现为液体表面缩小或扩大需要做功。

体相分子对表层分子有吸引作用，这种引力使得表层附近分子数减少而分子间距离增大，而增加分子间的距离需要消耗一定的能量，即产生表面自由能。液体润湿固体表面时，固体的表面自由能产生变化，如下式所示：

$$A = \gamma_{LV}\cos\theta = \gamma_{SV} - \gamma_{SL} \tag{3.1}$$

式中，A 为固体表面自由能变化；γ_{LV} 为液体表面张力；θ 为接触角。

由式（3.1）可知，当液体润湿固体时，固体表面自由能减小。

物理化学领域的传统润湿理论介绍了三种润湿过程，即在日常生活中常遇到的沾湿、浸湿和铺展，如图 3.1 所示。液体取代固体表面的气体但不能完全在固体上展开的过程为沾湿；液体在固体表面铺开成薄层的过程为铺展；固体浸于液体中，所有表面气体被液体取代的过程为浸湿。

传统理论所涉及界面在本领域主要包括空气环境或水下环境的亲液界面，而液体在较为疏液的界面上在传统理论中仅被定义为不润湿，其相关现象、机理等缺乏进一步展开分析。因此，本书在介绍相关基础理论时，结合超浸润研究的最新进展，对疏液界面（即传统理论所谓的"不润湿"情况下，如疏水界面）上液滴行为进行了补充并完善了相关理论。本书中（或本领域）所用的"接触、浸润"（也有本领域译者称之为"润湿"）等概念，都涵盖传统润湿理论中的"润湿"和"不润湿"范畴。

浸润过程与黏附作用紧密相关。原有固体表面被液滴浸润后，该处固体表面被固-液界面和液体表面取代。该过程涉及黏附作用，需要做功，该功被定义为黏附功，如下式所示：

$$W_A = \gamma_{LV}(1+\cos\theta) \tag{3.2}$$

式中，W_A 为黏附功。

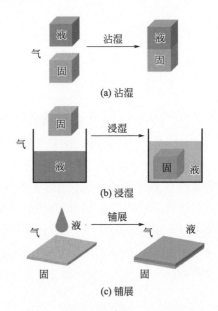

图 3.1 传统浸润理论的三种润湿过程

Zisman[1] 通过推导、总结给出了相关经验公式：

$$W_A = (2+b\gamma_c)\gamma_{LV} - b\gamma_{LV}^2 \tag{3.3}$$

式中，b 为经验常数，在低表面能固体上约为 0.026；γ_c 为临界表面张力，是固体自身性质，主要由固体表面化学组成决定，也与表面微纳米结构有关。

由式（3.3）可推测，黏附作用由液滴的化学组成、固体界面的自身性质决定，也受到环境因素（如温度）的影响。当排除环境因素且液体研究对象确定时，例如，最常见的是在常温下研究水滴在固体材料表面的浸润行为，液滴在固体表面的黏附作用主要受到固体化学性质、表面微纳米结构影响。

3.2 黏附理论

基于表面物理性质、化学性质、粗糙度、微纳米形貌、环境因素等对黏附作用的影响，一些黏附理论的起源与应用涉及诸多学科、领域，如物理化学、无机化学、分子动力学、微纳米材料、机械粘接等。本小节介绍相关黏附理论，聚焦于本领域浸润性研究涉及的液体在固体表面的黏附理论。

3.2.1 机械互锁理论

早期曾有学者指出，表面粗糙度是影响液滴的浸润、黏附等行为的主要因素，其中粗糙度主要通过决定机械接触面积从而影响浸润和黏附情况。事实上，复杂结构界面尤其是微纳米超浸润界面，不能用粗糙度、接触面积等单一指标分析：相同粗糙度数值下可能存在诸多不同的结构，对于液滴的浸润和黏附情况也会产生不同影响。

机械互锁（mechanical interlocking）理论认为由于固体表面粗糙、凹凸不平或有孔隙，液体在固体表面会发生机械互锁，即存在相对运动倾向时液滴会受到机械互锁作用和摩擦作用而被阻碍。将该理论运用于微纳米超浸润界面，则可解释为：液滴分子可部分渗入或完全渗透/覆盖微纳米结构表面，形成"锁-钥"效应，如图3.2所示；竖直方向上液滴难以脱离表面，水平方向上由于摩擦和互锁作用液体在表面进一步运动受阻。

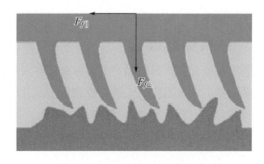

图3.2 机械互锁理论示意[2]

相关作用力可简单表示为[3,4]：

$$F_{f\|} = \mu_f F_{f\perp} \tag{3.4}$$

式中，$F_{f\|}$为水平方向所受的综合摩擦作用力；$F_{f\perp}$为垂直方向上的作用力；μ_f为摩擦系数，与界面的化学组成、微纳米结构等有关。

Jeong 等[5]进一步给出了在微纳米阵列结构上（图3.2），相关机械互锁作用的表达式，垂直方向、水平方向上的作用力可分别表示为：

$$F_{f\perp} = n\left(F_{b,t} + \frac{1}{3}F_{ad} + F_{f1} + F_{f2}\right) \tag{3.5}$$

$$F_{f\|} = n\left[F_x \cos\left(\frac{\pi}{2} - \omega\right) + F_y \cos\omega\right] \tag{3.6}$$

式中，n，ω分别为微纳米阵列结构的阵列数和倾斜角度；F_{f1}，F_{f2}分别代表互锁导致的摩擦力；F_x，F_y分别为沿着x、y两正交组成方向上的外力；$F_{b,t}$和F_{ad}分别代表微纳米结构导致的弯曲作用（顶端）和黏附作用（从顶端到底端间）。

机械互锁理论在一些领域有着广泛应用。例如，该理论可解释粘接领域使用的胶黏剂与被粘物的结合；可以较好适用于一些亲液材料，揭示液滴与其接触面高黏附状态的原因；近年来，常被用于解释水下环境研究中的特殊浸润现象，可用于综合分析环境相与固体表面的机械互锁，研究液滴与固体表面的机械互锁与摩擦作用。当然，该理论在一些情况下也存在局限性。对于很多超疏液材料，常存在液滴无法完全进入微纳米结构中置换空气的现象，液滴与固体的接触程度有限；对于一些柔性/弹性界面材料和流动性较好的液体，微纳米结构可产生形变，液滴可流动或形变，以抵抗或消除机械互锁作用。

3.2.2 经典吸附理论

吸附理论认为，固体表面对于液体分子存在吸附作用，这是黏附现象发生的主要因素。该吸附作用一般是物理吸附或化学吸附，而吸附作用力一般为分子间作用力（范德华力）、氢键、共价键、离子键等。物理吸附是产生黏附作用的普遍性原因，而如果能够使液滴表面分子和固体表面分子相互扩散形成化学键（产生化学吸附），则作用力大大增强。本小节主要讨论由分子间作用力主导的物理吸附，有关静电作用、化学作用等内容将在3.2.4小节介绍。

吸附理论将吸附过程分为如下阶段。第一阶段，液体分子通过布朗运动向固体表面扩散，使二者的极性基团相互靠近，低黏度液体在此过程中占有优势，也可通过加压、升温等改变环境条件的措施加快布朗运动；第二阶段，由于吸引力相互作用，当液滴和固体的分子间距达到 10^{-10}m 时，即可产生分子间作用力，主导吸附作用。其中，分子间作用力包括取向力（极性分子的永久偶极之间正负电荷的相互吸引）、诱导力（极性分子对非极性分子极化产生诱导偶极矩并相互吸引）、色散力（由于电子运动产生瞬时偶极而引发，普遍存在）。氢键作为一种由于电负性的原子共有质子而产生的特殊作用力，其键能比其他次级键大得多而弱于一般的化学键，可视为一种特殊的偶极力。

上述的经典吸附理论在物理化学等领域主要着眼于不同液体的化学性质、环境因素等对吸附作用的影响。根据上述理论，针对同一种液体，也可分析得知固体材料本身对吸附作用也会产生重要影响。Li 等[6]在研究微纳米结构上雾气捕捉性能时，推导给出了微纳米表面吸附水分子的吸附量相关公式：

$$\Gamma = \frac{pK}{1+pK} \times \frac{m'}{S'} \times S_0 \quad (3.7)$$

式中，Γ 为单位质量的材料可吸附的最大质量；K 为吸附常数，与温度等环境因素有关；p 为蒸气压，与环境湿度状况有关；m' 为单个水分子的质量；S' 为单个水分子所占据的体积；S_0 为材料的有效比表面积，与材料的微纳米结构有关。

由公式（3.7）可初步解释微纳米结构对表面黏附液滴的总体影响：微纳米超浸润界面普遍具有较大的比表面积，如该比表面积为可增强吸附作用的有效面积（如具有亲水性），则微纳米结构增大比表面积有利于表面对液滴的黏附。

吸附理论在一定范围内解释了表面对液滴的黏附作用，尤其适用于集水材料、吸水材料等分析，且可以较好地解释空气环境下一些环境因素（如湿度、温度、压力）等对液滴在固体表面黏附造成的影响。然而，其仍存在以下主要缺陷：吸附理论将黏附作用归因于分子间作用力或其他化学键力，但实测的表面黏附作用力数值往往远大于这些作用力的范畴；吸附理论中的单相吸附相关知识可较好地适用于解释空气环境下液滴在固体表面上的黏附行为，而对于水下等液体相环境中液滴在固体表面上的黏附行为（如水下环境中油滴在固体表面的黏附与液滴行为），多相吸附等相关理论难以适用。

3.2.3 毛细-黏性附着模型、抽吸模型

近期，在黏附研究与浸润性研究的交叉领域，黏附被分为"干黏附"与"湿黏附"。广义的"干黏附"指主要基于分子间作用力等而实现的黏附，无需借助液体，常见为壁虎模型。而在特定湿环境中（如高湿度环境、水下环境，固体界面被水膜或水层覆盖），一些超浸润界面可通过"液桥"实现黏附作用，该过程被称为"湿黏附"，例如自然界常见的章鱼（水下环境）、青蛙（高湿环境）等生物的吸盘。基于不同界面的特性及黏附情形，常见湿黏附模型主要有抽吸（suction）模型、毛细-黏性附着（capillarity and viscosity/stefan adhesion）模型等。

抽吸模型把黏附作用归因于液滴离开表面需克服压差作用，如图3.3所示，相应作用力可由下式表示[7,8]：

$$F_{sc} = \Delta P \pi R_{sc}^2 \tag{3.8}$$

式中，ΔP 为压差；F_{sc} 为抽吸作用力；R_{sc} 为抽吸接触的半径；πR_{sc}^2 为近似计算接触面积。

Pang 等[9]根据实验验证和理论推导进一步得出，当柔性固体材料超浸润界面作为微纳米吸盘主导抽吸作用时，在相同液滴和环境条件下，抽吸作用大小主要受材料的弹性模量、泊松比、微纳米吸盘的结构等因素影响。

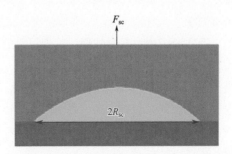

图3.3 抽吸模型示意[2]

毛细-黏性附着模型如图3.4所示，该模型适用条件为固体表面在高湿或水下环境中形成了液膜（即作为湿黏附作用的"液桥"）。基于液桥（液膜）的存在，该模型认为液滴离开界面主要需要克服的黏附作用力为毛细作用力和黏性附着力，可由下式表示[10,11]：

$$F_{cv} = -\pi R_{lf}^2 \gamma \times \frac{\cos\theta_1 + \cos\theta_2}{h_{lf}} - \pi R_{lf} \gamma \tag{3.9}$$

$$F_{cv} = -\frac{3\pi \eta R_{lf}^4}{2h^3} \times \frac{dh_{lf}}{dt} \quad (3.10)$$

式中，R_{lf} 为有效接触液膜的半径；h_{lf} 为液膜的高度；θ_1，θ_2 分别为两处的接触角；γ，η 分别为液滴的表面张力和黏度系数。

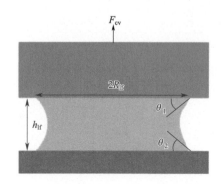

图 3.4　毛细－黏性附着模型示意[2]

通过上述两种模型可知，除液滴的自身性质、固体的微纳米结构与化学性质外，仍然可通过液桥（在水下环境）或搭建液桥（在空气环境）从而控制液滴在固体上的湿黏附，进而操控液滴行为。

3.2.4　静电理论、化学键理论

符合一些特定条件的固 - 液接触情形，静电吸引甚至化学键作用会对固 - 液黏附产生重要影响，该作用可以比普遍存在的分子间作用力高出一至数个数量级。

静电理论起源于无机化学领域，发展经历了传统酸碱理论、双电层理论等。如图 3.5（a）所示，将其综合观点应用于本领域可得：有电负性差异的固 - 液接触，可产生两种符号相反的空间电荷，这种空间电荷形成的电场可产生黏附作用，而固 - 液接触则是电子供给体和受体的组合。按照理论，对于简单的固 - 液接触，只有当相互接触材料存在较大的电负性差异时，静电吸引对于黏附才能产生显著影响。事实上，针对设计复杂且精妙的具有磁响应或电响应等功能的智能超浸润界面，应用该理论往往可解释其他理论无法解释的复杂液滴行为：外加磁场或电场等，可改变材料或液滴表面的电荷分布，或 / 和固 - 液接触空间电荷形成的电场，从而使得液滴表面张力、固 - 液黏附力的大小和方向变化，操控液滴形变或复杂运动等。

化学键理论与静电理论有相似之处，但其适用条件更为苛刻，即产生化学键作用需要满足一定的量子力学条件，这由固体和液体表面的电子、质子的相互作用及分子轨道决定。如图 3.5（b）所示，根据化学键理论可知：当特定化学性质的固 - 液接触足够产生局部化学反应时，可形成化学键，化学键力使液滴黏附在固体表面，这种黏附具有高度选择性。其中，基于不同化学性质的液体、固体表面，化学键力可包括离子键力、共价键力、配位键力。

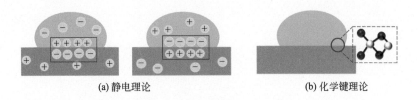

(a) 静电理论　　　　　　　　　　(b) 化学键理论

图 3.5　静电理论及化学键理论示意

3.2.5　黏附理论小结

需要指出的是，多数译者将"adhesion"在本领域译为黏附，而在英文中，"adhesion"这一单词含义模糊，涉及概念广泛，不同领域研究人员在使用时可特指不同概念，如流体在固体表面的吸附/附着行为、与黏附作用相关的引力、基于范德华力的干黏附（dry adhesion）、固 - 液（胶黏剂）- 固的黏结体系等[12-15]。事实上，超浸润界面研究较为新颖、前沿、跨领域，一些现象、理论、概念尚未被完全探索、证明或理解，且原有领域不同的研究人员在中文或英文写作表达时使用的词语、概念其含义往往存在差异。本书遵循本领域的主流观点和表达习惯，但对一些概念进行了整合与更新。

本书尤其是本章节中所指的"黏附"概念，广义定义为：由于界面因素引发，阻碍液滴在界面上各个方向运动或阻碍液滴离开界面的作用。广义定义的黏附作用可根据相应作用的量化指标进一步细化、具体化分类，其量化指标包括接触角滞后、滚动/滑动角或阻碍运动的相应作用力，其中作用力包括最传统定义的黏附力（竖直方向为主，阻碍液滴离开表面的吸附/吸引/黏附作用力，英语多表示为 adhesive force）、黏滞力（阻碍液滴在表面上沿着某一或任一方向运动的作用力，英语多使用 retention 或 retention force）、反抗力（抵抗或排斥液滴某一行为的作用力，英语多表示为 resistance）、摩擦力（认为分析或计算阻力时固 - 液机械摩擦作用影响占主导而定义的作用力，英语表示为 friction）、抽吸力（多指非空气环境如水下环境的间接抽吸作用，英语表示为 suction）、毛细作用力（认为分析或计算阻力时微纳米结构产生的毛细管作用吸住液滴阻碍其运动占主导而定义的作用力，英语表示为 capillary force）等。这些细化的相关作用力对于液滴运动的影响分析在本章有详细介绍。

本书给出并使用广义定义的"黏附"相关概念的现实意义在于暂时规避遗留难题，即：相关领域尚未对黏附现象完全理解，不同黏附理论对于黏附机理也无法形成共识。在实际表征、评估黏附作用时，尤其是对相关作用力进行量化测试时，由于不同超浸润界面可能涉及不同复杂的微观结构，且所谓的"黏附力测试"也存在不同测试方法且诸多复杂因素会影响实验结果，实际测试时及对测试结果的分析表述都会遇到很多问题。例如，无法完全确定测试结果评估的是上一段文字中所提及的哪种力或哪几种力的影响；或针对某一特定结果可确定影响测试结果的具体作用力，但对于不同界面，这些作用力对于实验结果各自的贡献度不一，逻辑上往往无法仅通过所谓的"黏附力数值"进行量化对比、分析、说明问题。然而在现实层面，其测试结果并非没有意义，因为其结果确实可以作为"黏附影响液滴行为"的评价指标。因此，本书呼吁，可使用"黏附"的广义概念并进行多量化指标的测试，而非仅单一分析所谓的"黏附力测试"结果，给出接触角滞后或滚动/滑动角、所谓"黏附力测试"的方法及测试结果等多指标，即可对界面的综合黏附性质进行评估与比较。相关表征测试方法将在本书第 4 章中展开介绍。

综上所述，本小节介绍了不同的黏附理论，各种黏附理论从各自不同的角度对于黏附的本质进行了解释；每种理论都有一定的理论依据与实验结果支撑，但又无法用于解释另一些浸润或黏附现象。事实上，黏附现象、黏附作用、黏附力在微观和宏观的分析上都较为复杂；而在本领域讨论黏附理论及黏附作用对于液滴运动的影响时，应结合各黏附理论，综合考虑各种机理定义下的相关力的作用与贡献。对于微纳米超浸润界面，黏附作用的影响还主要表现为与液滴在固体表面的接触角/浸润性、界面的微纳米结构等有关，相关内容将在 3.3 与 3.4 两节详细介绍。

3.3 浸润性、黏附力与液滴行为的关系

本章介绍黏附作用相关的公式及理论，多涉及第 2 章所介绍的接触角概念。理想平滑表面的本征接触角等于表观接触角，由自身化学结构决定；而现实中真实表面可测的接触角为表观接触角，如第 2 章所述，受到固体表面

化学组成、粗糙度等因素影响，即这些因素影响了表面的浸润性。而由本章前文内容可知，这些因素也会对表面黏附力产生影响。事实上，这些因素会对浸润性、黏附力产生不同程度的复杂影响。真实表面因为有着复杂的表面化学组成与分布、表面微纳米构筑，所以存在多种情况，如存在相同浸润性（接触角）但不同黏附状态的接触情形。Li 等[16]由此将液滴与表面的接触及相应液滴行为归纳为四大类状态，如表 3.1 所列。

表 3.1 不同浸润性及黏附性质表面上的液滴接触状态及行为

示意图	接触状态	浸润性、黏附性质描述	表面液滴倾向/行为
	亲液状态（lyophilicity）	亲液，且极高黏附力	润湿表面甚至铺展
	疏液高黏态（pinning state）	高度疏液甚至超疏，但较高黏附力	呈椭球形，被粘在材料表面（扎钉）
	超疏液低阻态（slippery state）	超疏液，且超低黏附	呈椭球形，微小外力可使其自由运动（滑移）
	各向异性（anisotropy）	多为疏液状态，各方向液滴运动黏滞阻力不同	自发定向运动

注：液指某一特定液体，如水或油。

3.4 微纳米结构上的液滴受力、行为

由第 2 章及本章上文内容可知，相同环境条件下，浸润性、黏附力、液滴行为不仅与液滴自身理化性质、界面的化学结构及粗糙度有关，还受界面具体的微纳米结构影响。超浸润界面具有特殊结构的微纳米结构，会产生特殊的三相接触线、液滴受力及相应的液滴行为倾向，需要具体分析[17]。

3.4.1 微纳米沟槽与毛细力

微纳米沟槽结构在自然界及仿生超浸润界面中十分常见。在微纳米沟槽中的液滴在竖直方向受到毛细压（capillary pressure，P_c）作用，如图 3.6 所

示。由杨 - 拉普拉斯（Young-Laplace）方程[18,19]可知：

$$P_c = 2\gamma_{LV} / R' \tag{3.11}$$

式中，R' 为微纳米沟槽中液滴弯月面的曲率半径。

图 3.6 展示了在竖直和倾斜沟槽中的情形，由几何关系易得，$W_c \sin\omega = 2R'\cos\theta$；由此可推导出液滴在微纳米沟槽的受力公式为[20,21]：

$$P_c = \frac{4\gamma_{LV}\cos\theta}{W_c \sin\omega} \tag{3.12}$$

式中，W_c 为沟槽的水平宽度；ω 为沟槽的倾斜角度。

由式（3.12）可知，在非光滑平面上，接触角或表面形貌的变化可以改变毛细压作用的大小和方向。在垂直方向上，毛细压作用的改变还可以使固 - 液接触状态发生转变，如 Cassie-Baxter 态和 Wenzel 态相互转变，亲水和疏水状态相互转变，高黏附和低黏附状态相互转变等。

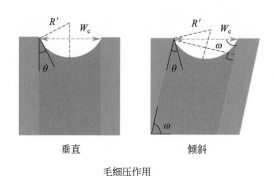

垂直　　　　　　　倾斜

毛细压作用

图 3.6　液体在微纳米沟槽中竖直方向受到的毛细压作用

3.4.2　锥度结构与拉普拉斯压差

在具有锥度、几何梯度的结构上，如锥形结构、刺状或针状结构，液滴受到拉普拉斯压差（Laplace pressure different）作用[22,23]，如图 3.7 所示。拉普拉斯压差作用力（P_L）可表示为[24]：

$$P_L = \gamma_{LV}\left(\frac{1}{R_{1'}} - \frac{1}{R_{2'}}\right)\frac{\sin\beta}{R_1 - R_2} \tag{3.13}$$

式中，$R_{1'}$，$R_{2'}$ 分别为液滴两端在锥度结构上沿着三相接触线的局部曲率；R_1，R_2 分别为局部结构的半径；β 为锥度结构的半顶角。

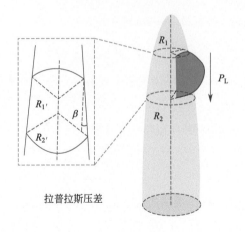

图 3.7 液体在竖直方向锥度结构受到的拉普拉斯压差作用

如微纳米锥度结构处于竖直方向，如图 3.7 所示，拉普拉斯压差倾向于使液滴从顶端向底端移动。与毛细压力相似，竖直方向上的拉普拉斯压差可对固 - 液接触状态和液滴运动倾向产生类似影响。事实上，当表面结构整体对于液滴较为排斥时（如超疏液低阻态），拉普拉斯压差对小液滴的影响较小；反之，当表面结构整体对液滴排斥性弱，在与较大液体接触时锥度结构可能刺入甚至刺穿液滴，阻碍液滴的各向移动。而水平方向上的锥度结构[如珠串纤维、仿生蜘蛛丝纤维（具有周期性纺锤节的纤维）]，如图 3.8 所示，拉普拉斯压差作用会使液滴向节点处汇聚。

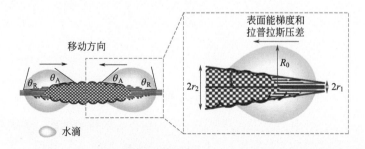

图 3.8 液体在水平方向锥度＋梯度粗糙度结构（例：纺锤节纤维）受到的作用力分析[25]

3.4.3 异质结构与表面能梯度

在异质组成的结构，如双面双性（Janus）结构、梯度浸润性结构、梯度粗糙度结构、非对称各向异性结构等具有表面能梯度（surface energy gradient）的特殊微纳米结构上[25-28]，如图 3.9 所示，液滴受到由于表面能梯度产生的驱动力（F_s），可用下式表示[29]：

$$F_s = \int_{L_1}^{L_2} \gamma(\cos\theta_{Adv} - \cos\theta_{Rec}) dl \quad (3.14)$$

式中，θ_{Adv}，θ_{Rec} 分别为液滴在局部结构上的前进角与后退角，此处可近似认为是接触点 1 和接触点 2 两处的接触角；dl 为液滴与结构接触点 1 和 2 两处的长度积分变量。

由公式（3.14）可知，表面能梯度驱动力倾向于使液滴朝着高表面能的区域移动。例如，在亲水-疏水相间的异质结构界面上，水滴会倾向于从低表面能的疏水区域向高表面能的亲水区域移动。

在竖直方向上的表面能梯度（图 3.9），例如底端结构比顶端结构更为疏水的微纳米阵列表面，液滴倾向于从微纳米结构的底端向顶端移动，甚至运动远离表面或在表面上低黏附/低阻运动。而在水平方向上的表面能梯度，例如上一小节提及的纺锤节纤维结构（图 3.8），其纤维段和纺锤节段具有不同的表面粗糙度，由此产生的表面能驱动力会促使液滴向表面能高的节点处定向移动。

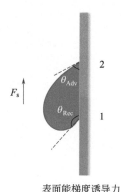

表面能梯度诱导力

图 3.9 液体在竖直异质结构上受到的表面能梯度作用力

3.4.4 倒刺、斜角、凹角结构与黏滞力差

当液滴在表面运动或具有在表面运动的倾向时，由于表面黏附作用，液滴运动受到伴随黏滞阻力的影响，该作用力旨在阻碍液滴运动。该力的作用可估算表示为[30,31]：

$$F_r = w\gamma(\cos\theta_{Rec} - \cos\theta_{Adv}) \quad (3.15)$$

式中，w 为液滴与结构的接触范围；θ_{Rec}，θ_{Adv} 分别为液滴在局部结构上的后退角和前进角。

如图 3.10 所示，液滴在各向同性表面上，如垂直微纳米阵列表面，运动各个方向受到的伴随黏滞阻力相互抵消，该作用力对液滴运动无实质影响；而在一些特殊的各向异性表面，如具有倒刺[32]、斜角阵列[33,34]或/和多级凹角（reentrant）结构[35-37]的微纳米超浸润表面，水平表面上非垂直的倾斜阵列结构会导致液滴在水平面不同运动方向的伴随黏滞阻力存在差异。

当液滴运动方向与倾斜阵列结构的倾斜取向一致时，液滴形成弯月面受阻，固-液接触范围 w 减小，导致液滴受到的伴随黏滞阻力降低，有利于液滴定向移动甚至离开表面；当液滴的运动倾向或运动方向与倾斜阵列结构的倾斜取向相反时，固-液接触范围 w 增大，液滴受到的黏滞作用增强，导致液滴滞留在结构上甚至可能刺入、刺穿结构。液滴朝不同方向运动的伴随黏滞阻力差对液滴行为的影响实际表现为，当有微小外力或有由微纳米超浸润结构导致的微小自发驱动作用时，液滴倾向于朝着与倾斜阵列结构的倾斜取向一致的方向运动。

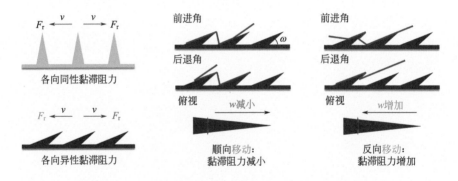

图 3.10　液体在竖直异质结构上受到的表面能梯度作用力

3.4.5　动能诱导液滴合并与定向移动

在 3.4.1～3.4.4 小节中的受力分析大多基于静态分析，涉及超浸润微纳米界面诱发驱动力对液滴的行为倾向的影响。而在动态下对液滴进行分析，在微纳米表面上，针对合并液滴的动能可推导出如下公式[38,39]：

$$E_k = \gamma \pi R^2 \{(2-2^{2/3})(2-2\cos\theta)+[2^{2/3}\psi_b(f)-2(f)]\sin^2\theta\} - 64\pi\mu\sqrt{\gamma R^3/\rho} \quad (3.16)$$

$$\psi(f) = f(r_f \cos\theta_Y + 1) - 1$$

式中，f 为被浸润的面积；r_f 为表面的粗糙度系数，和超浸润界面的微纳米结构有关；γ、ρ、μ 分别为液滴的表面张力、密度、黏度系数；θ 为无微纳米结构时的接触角（主要由化学结构决定，为本征接触角）；θ_Y 为有微纳米结构时的表观接触角；$\psi_b(f)$ 为微小液滴合并后，$\psi(f)$ 函数的数值。由公式（3.16）分析可得结论：分散的极微液滴（重力不是主要因素）趋向于合并，从而获得更大的动能使其摆脱表面黏附[38]。

结合该公式与 3.4.1～3.4.4 小节内容可知，合并过程的动能变化、液滴的移动等与液滴的理化性质、表面的化学性质及微纳米结构有关。特殊的微纳米超浸润表面，如上述小节涉及的特殊结构，为液滴定向移动、合并提供了方向。

3.5 本章小结

在竖直方向上，由本章诸多理论及公式可以看出，表面对于液滴的黏附作用不仅受接触角的影响，还与微纳米结构的各种性质有关。因此，调节表面微纳米结构的化学组成、几何形貌等，可控制液滴在表面的黏附状态，进而影响液滴在表面水平运动或脱离表面运动的行为。在水平方向上，低黏附表面有利于液滴运动，由于表面特性而产生的微小驱动力即可实现液滴自驱动、液滴行为操控，如液滴定向运动、液滴合并等行为。

 —————— 课后习题

1.（不定项选择题）下列现象中，属于铺展的是（　　）。

A. 眼泪在眼眶打转

B. 将石头投入水中

C. 水滴在疏水处理后的玻璃上呈球形滚动

D. 水滴在超亲水处理后的玻璃上自发摊开

2.（不定项选择题）液体在固体上的黏附行为与下列哪些性质相关？（　　）

A. 固体表面的微纳米结构形貌

B. 固体表面的化学组成与分布

C. 液体自身的理化性质

D. 温度、湿度等环境因素

3.（定项选择题）下列有关黏附理论中，说法恰当的三项是（　　）。

A. 机械互锁理论将黏附的本质归于摩擦及其导致的机械互锁

B. 化学吸附理论将黏附的本质归于分子间作用力

C. 静电理论不能很好地解释有关电响应超浸润界面上液滴的黏附行为

D. 化学键理论认为黏附时产生化学键作用需要满足一定的量子力学条件

E. 实际分析黏附行为时，需注意各种理论的结合

4.（单选题）下列有关毛细-黏性附着模型、抽吸模型说法中，表述最不恰当的一项是（　　）。

A. 这两种模型主要基于湿黏附

B. 这两种模型主要适用于水下环境研究，对于空气环境中的研究没有启示

C. 抽吸模型把黏附作用归因于液滴离开表面需克服压差作用

D. 毛细-黏性附着模型认为液滴离开界面主要需克服毛细作用和黏性附着

5.（填空题）干黏附主要基于_____实现黏附，通常无需借助液体，常见为_____模型。湿黏附指在特定湿环境下，一些超浸润界面可借助_____实现黏附作用，如自然界常见的_____等。

6.（填空题）液滴行为不仅与液滴自身理化性质、界面的_____及粗糙度有关，还受界面具体的_____影响。超浸润界面由此具体影响可产生特殊的_____，故分析液滴受力及相应的液滴行为倾向时需要_____。

7.（填空题）仿生蜘蛛丝、仿生仙人掌结构上液滴运动的主要驱动作用包括_____、_____。

8.（简答题）请简要分析微纳米沟槽结构的变化如何使固-液接触状态在 Cassie-Baxter 态和 Wenzel 态之间相互转变。

9.（简答题）水滴在超亲水表面上可自发快速铺展，而在一些超疏水表面上可快速滚动传输。同为液滴的运动，两者有何区别？

10.（简答题）请简要分析为何垂直微纳米阵列表现为各向同性，而在斜角微纳米阵列上液滴有方向性运动的倾向。

11.（论述题）请概括浸润性、黏附力与液滴行为三者之间的关系，并列表分析不同浸润性及黏附性质表面上的液滴接触状态及行为，每种类型需画出示意图。

12.（开放讨论）请基于自身的知识或经历，结合本书及给出的文献，查阅其他相关资料，谈谈你对相关黏附概念（如黏附力、黏附作用、黏附行

为、黏附模型）的理解。

13．（开放讨论）请在本书 3.4 小节中涉及的参考文献中选取一篇你感兴趣的研究型论文，仔细阅读论文"分析与讨论"部分中有关微纳米结构影响液滴行为的受力分析，制作 PPT 进行汇报，PPT 页数要求为 3～5 页，汇报时间控制在 5min 左右。

基础知识参考书目

[1] 孙德林，余先纯. 胶黏剂与粘接技术基础 [M]. 北京：化学工业出版社，2014.
[2] 傅献彩. 物理化学 [M]. 5 版. 北京：高等教育出版社，1990.
[3] 曹锡章，宋天佑，王杏桥，等. 无机化学 [M]. 3 版. 北京：高等教育出版社，2000.

参考文献

[1] Zisman W.Recent advances in wetting and adhesion[J].Adhesion Science and Technology，1975：55-91.

[2] Chen Y，Meng J，Gu Z，et al.Bioinspired multiscale wet adhesive surfaces：structures and controlled adhesion[J].Advanced Functional Materials，2020，30（5）：1905287.

[3] Persson B.Sliding friction[J].Surf. Sci. Rep.，1999，33：83.

[4] Persson B N，Albohr O，Tartaglino U，et al.On the nature of surface roughness with application to contact mechanics，sealing，rubber friction and adhesion[J].Journal of Physics：Condensed Matter，2004，17（1）：R1.

[5] Park H H，Seong M，Sun K，et al.Flexible and shape-reconfigurable hydrogel interlocking adhesives for high adhesion in wet environments based on anisotropic swelling of hydrogel microstructures[J].ACS Macro Letters，2017，6（12）：1325-1330.

[6] Li C，Liu Y，Gao C，et al.Fog harvesting of a bioinspired nanocone-decorated 3D fiber network[J].ACS Applied Materials & Interfaces，2019，11（4）：4507-4513.

[7] Ditsche P，Summers A P.Aquatic versus terrestrial attachment：water makes a difference[J]. Beilstein Journal of Nanotechnology，2014，5（1）：2424-2439.

[8] Wainwright D K，Kleinteich T，Kleinteich A，et al.Stick tight：suction adhesion on irregular surfaces in the northern clingfish[J].Biology Letters，2013，9（3）：20130234.

[9] Baik S，Park Y，Lee T J，et al.A wet-tolerant adhesive patch inspired by protuberances in suction cups of octopi[J].Nature，2017，546（7658）：396-400.

[10] Hanna G，Jon W，Barnes W J.Adhesion and detachment of the toe pads of tree frogs[J].Journal of Experimental Biology，1991，155（1）：103-125.

[11] Slater D M，Vogel M J，Macner A M，et al.Beetle-inspired adhesion by capillary-bridge arrays：pull-off detachment[J].Journal of Adhesion Science and Technology，2014，28（3-4）：273-289.

[12] King D R，Bartlett M D，Gilman C A，et al.Creating gecko-like adhesives for "real world"

surfaces[J].Advanced Materials,2014,26(25):4345-4351.

[13] Lin H,Lizarraga L,Bottomley L A,et al.Effect of water absorption on pollen adhesion[J]. Journal of Colloid and Interface Science,2015,442:133-139.

[14] Lißner M,Alabort E,Erice B,et al.On the dynamic response of adhesively bonded structures[J].International Journal of Impact Engineering,2020,138:103479.

[15] Ma Y,Ma S,Wu Y,et al.Remote control over underwater dynamic attachment/detachment and locomotion[J].Advanced Materials,2018,30(30):1801595.

[16] Li C,Li M,Ni Z,et al.Stimuli-responsive surfaces for switchable wettability and adhesion[J]. Journal of the Royal Society Interface,2021,18(179):20210162.

[17] Li M,Li C,Blackman B R,et al.Mimicking nature to control bio-material surface wetting and adhesion[J].International Materials Reviews,2021:1-24.

[18] Bico J,Quere D.Self-propelling slugs[J].Journal of Fluid Mechanics,2002,467:101-127.

[19] Ishino C,Reyssat M,Reyssat E,et al.Wicking within forests of micropillars[J].EPL (Europhysics Letters),2007,79(5):56005.

[20] Bai H,Ju J,Sun R,et al.Controlled fabrication and water collection ability of bioinspired artificial spider silks[J].Advanced Materials,2011,23(32):3708-3711.

[21] Quéré D.Wetting and roughness[J].Annu. Rev. Mater. Res.,2008,38:71-99.

[22] Ju J,Bai H,Zheng Y,et al.A multi-structural and multi-functional integrated fog collection system in cactus[J].Nature Communications,2012,3(1):1-6.

[23] Lorenceau E,Quéré D.Drops on a conical wire[J].Journal of Fluid Mechanics,2004,510:29-45.

[24] Bai H,Tian X,Zheng Y,et al.Direction controlled driving of tiny water drops on bioinspired artificial spider silks[J].Advanced Materials,2010,22(48):5521-5525.

[25] Zheng Y,Bai H,Huang Z,et al.Directional water collection on wetted spider silk[J].Nature,2010,463(7281):640-643.

[26] Parker A R,Lawrence C R.Water capture by a desert beetle[J].Nature,2001,414(6859):33.

[27] Xue P,Nan J,Wang T,et al.Ordered micro/nanostructures with geometric gradient: from integrated wettability "library" to anisotropic wetting surface[J].Small,2017,13(4):1601807.

[28] Bai H,Wang L,Ju J,et al.Efficient water collection on integrative bioinspired surfaces with star-shaped wettability patterns[J].Advanced Materials,2014,26(29):5025-5030.

[29] Daniel S,Chaudhury M K,Chen J C.Fast drop movements resulting from the phase change on a gradient surface[J].Science,2001,291(5504):633-636.

[30] Gao C,Wang L,Lin Y,et al.Droplets manipulated on photothermal organogel surfaces[J]. Advanced Functional Materials,2018,28(35):1803072.

[31] Chaudhury M K,Whitesides G M.How to make water run uphill[J].Science,1992,256(5063):1539-1541.

[32] Guo P,Zheng Y,Liu C,et al.Directional shedding-off of water on natural/bio-mimetic taper-ratchet array surfaces[J].Soft Matter,2012,8(6):1770-1775.

[33] Li D,Feng S,Xing Y,et al.Directional bouncing of droplets on oblique two-tier conical

structures[J].RSC Advances, 2017, 7 (57): 35771-35775.
- [34] Lin Y, Hu Z, Gao C, et al.Directional droplet spreading transport controlled on tilt-angle pillar arrays[J].Advanced Materials Interfaces, 2018, 5 (22): 1800962.
- [35] Li J, Zhou X, Li J, et al.Topological liquid diode[J].Science Advances, 2017, 3 (10): eaao3530.
- [36] Dziaduszewska M, Zieliński A.Structural and material determinants influencing the behavior of porous ti and its alloys made by additive manufacturing techniques for biomedical applications[J]. Materials, 2021, 14 (4): 712.
- [37] Feng S, Delannoy J, Malod A, et al.Tip-induced flipping of droplets on Janus pillars: From local reconfiguration to global transport[J].Science Advances, 2020, 6 (28): eabb4540.
- [38] Liu C, Ju J, Zheng Y, et al.Asymmetric ratchet effect for directional transport of fog drops on static and dynamic butterfly wings[J].ACS Nano, 2014, 8 (2): 1321-1329.
- [39] Wang F C, Yang F, Zhao Y P. Size effect on the coalescence-induced self-propelled droplet[J]. Applied Physics Letters, 2011, 98 (5): 053112.

第4章
界面浸润及黏附相关性能表征

4.1 静态接触角测量
4.2 液体界面张力测试
4.3 固体表面能测试
4.4 接触角滞后测试
4.5 黏附力测试
4.6 本章小结
课后习题
参考文献

本书第 2、第 3 章分别介绍了浸润、黏附相关性能的基础理论，本章将重点介绍如何通过实验来测量与表征所涉及的相关指标，如接触角、液体界面张力、固体表面能、接触角滞后、黏附力等。

4.1 静态接触角测量

早期物理化学实验常借助毛细管法等间接方法，通过测量与接触角相关的物理量计算出接触角数值。随着仿生超浸润领域及相关高速摄像仪器的发展，现多用光学接触角测量仪（如图 4.1 所示）直接进行接触角测试。该设备获取清晰的固-液接触图像后，可用附带的计算机软件对图像进行分析，直接得出接触角数据。

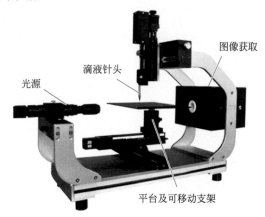

图 4.1　光学接触角测量仪装置

一般情况下，通过将一定体积的液滴滴落至界面来检测 CA 值。需要注意的是，静态 CA 的不同拟合模式也可能影响所测接触角的数值，例如常用的椭圆拟合、圆拟合、切线搜索和 Laplace-Young 拟合可能会导致超疏水 CA 的观测值在 150°～179° 之间变化[1-5]。因此，有时需说明测得的接触角所采用的拟合模式，以清楚地反映固体表面浸润性的真实情况。此外，在比较不同表面的浸润特性时，必须使用相同体积的液滴来测量 CA。考虑到液滴体积和重力可能会对测得的 CA 造成影响，在测量固体表面上的液滴 CA

时，常采用的液滴体积为 2～3μL。但是，实际操作中，有时较难在超疏液低黏附性表面上滴落体积小于 4μL 的液滴[6]。因此，相关实验操作需要细心谨慎，可选取合适材料的针头使液滴容易离开针头并滴落在材料表面。如有需要，可适当增加液滴的体积，但同时可能会导致液滴重力对实验结果产生更明显的影响。为了减少重力引起的水滴变形对接触角测量的影响，Zhang 等[1]提出了一种测量 CA 的方法（图 4.2）：首先将 5μL 水滴滴在某超疏水表面上，显示 CA 约为 154°；然后在室温下蒸发约 40min 后，水滴的体积减小到 0.3μL，最后测得的 CA 实际为 173°。

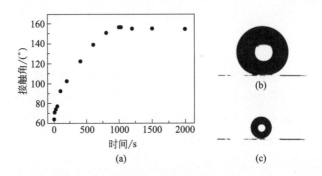

图 4.2　Zhang 等提出的测量 CA 的方法[1]
（a）树枝状金簇表面的动态水接触角测量值与单电位时基模式下 -200mV（vs Ag/AgCl）电化学沉积持续时间的函数关系；（b）树枝状金簇表面上的水滴形状（滴重 5mg）；（c）暴露于周围环境 40min 后（b）的形状

4.2 液体界面张力测试

由于界面张力的存在，液滴在空气或液体环境中可呈现出不同形状。基于上述原理，可通过光学表征，分析液滴的形状，求得相关表/界面张力数值。

测试液滴表面张力常采用悬滴法，如用针头等挤出液滴并连接液滴上端，如图 4.3 所示。液滴偏下部位的形状主要受重力和表面张力影响，结合 Young-Laplace 偏微分方程、重力表达式、几何知识等，在测试条件下可推导出方程：

$$\frac{1}{R_1} + \frac{\sin\phi}{x} = \frac{2}{R} \pm \frac{\Delta\rho g z}{\gamma_{LV}} \tag{4.1}$$

式中，ϕ、x、z 为积分变量，其意义如图 4.3 所示；ρ 为液滴密度；g 为重力加速度常数；R 为曲率半径。

进一步引入液滴边界长度 s，可导出与液滴形状相关的三个一阶微分方程：

$$\begin{cases} \dfrac{\mathrm{d}\phi}{\mathrm{d}s} = -\dfrac{\sin\phi}{x} + \dfrac{2}{R} \pm \dfrac{\Delta\rho g z}{\gamma_{\mathrm{LV}}} \\ \dfrac{\mathrm{d}x}{\mathrm{d}s} = \cos\phi \\ \dfrac{\mathrm{d}z}{\mathrm{d}s} = \sin\phi \end{cases} \quad (4.2)$$

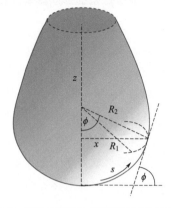

图 4.3 液体表面张力测试原理分析示意图

通过将理论得出的方程与光学表征记录的液滴形状数据拟合，最终可求解表面张力。当与液滴接触的相不是空气而是另一相液体时，也可用类似方法求解相应界面张力。基于上述原理求解表面张力或界面张力的计算量较大，现多结合计算机图像分析软件，将其作为光学接触角测量仪的功能之一。

4.3 固体表面能测试

测量不同液滴在材料表面的接触角后，可通过人工计算或软件拟合得出固体表面能相关数据，即求解固体表面能包含的极性部分（γ_{SV}^p）和色散部分（γ_{SV}^d），将二者相加即可得出固体表面能。求解固体表面能常用 OWRK

（Owens，Wendt，Rabel and Kaelble）模型：

$$\gamma_{SL} = \gamma_{SV} + \gamma_{LV} - 2\sqrt{\gamma_{SV}^d \gamma_{LV}^d} - 2\sqrt{\gamma_{SV}^p \gamma_{LV}^p} \tag{4.3}$$

将杨氏方程代入上述模型公式，可将公式表示为"$y=$ 斜率·$x+$ 截距"的线性形式：

$$\frac{\gamma_{LV}(1+\cos\theta)}{2\sqrt{\gamma_{LV}^d}} = \sqrt{\gamma_{SV}^p} \times \sqrt{\frac{\gamma_{LV}^p}{\gamma_{LV}^d}} + \sqrt{\gamma_{SV}^d} \tag{4.4}$$

式中，γ_{LV}^p 和 γ_{LV}^d 分别为接触角测试液滴表面张力的极性部分和色散部分，对于常见的用于接触角测试的相关液体（如水、二碘甲烷、乙二醇等），该数值为已知量。

计算固体表面能的步骤为：测量某种液体在固体表面的接触角 θ，根据公式（4.4）左侧可计算出"y"项，将查得的该液体表面张力的极性部分和色散部分代入右侧可得"x"项，此为一组数据；采用两种以上液滴重复上述过程，可得多组数据；对数据进行线性拟合，求出线性表达式的斜率和截距，即可得出 γ_{SV}^p 和 γ_{SV}^d 数值。近年来相关仪器设备发展迅速，许多光学接触角测量仪配套的计算机软件基于上述原理和计算步骤，在测得两组及两组以上接触角数据后，可切换成固体表面能模式，直接得出相关数据。

4.4 接触角滞后测试

有相同接触角但不同黏附性质的界面，可进一步用接触角滞后（CAH）来反映其黏附状态。例如，具有 Cassie 状态的自清洁超疏液表面会显示出较高的静态接触角和较低的接触角滞后。研究人员开发了一系列的方法来表征 CAH，包括前进/后退角、滚动角、表面活性剂溶液的接触角测量等。

4.4.1 前进角、后退角测试

实验表征 CAH 时常测量三相接触线发生变化时的临界接触角，即前进角 θ_{Adv} 和后退角 θ_{Rec} [7]。由第 2 章内容可知，用前进角和后退角之差（$\theta_{Adv} - \theta_{Rec}$）

可量化表示接触角滞后效应。如图 4.4 所示，θ_{Adv} 和 θ_{Rec} 可通过向固体表面上的液滴缓慢注入液体或吸取液体的方式进行测量。具体的测量方法为：通过注液器来控制液滴的体积，同时借助高速摄像设备进行连续拍照，当注入液体即增加液滴体积时可测出前进角，吸取液体即减少液滴体积时可测出后退角。需要注意的是：首先，在测定时要把毛细管尖端插入液滴中；其次，因增减液滴法属于动态过程，最好以录像的方式将操作过程录制下来，然后再逐帧分析，抓取最具典型意义的图片进行分析。测试时，需要按基本调整方法将接触角测量仪调整好，向下移动滴液器，使针头恰好接触到试样平面，然后调整焦距和变焦使针头处于画面中心且最清晰的位置。如果操作过程中，三相作用过程变化较快，应当选择较低的分辨率并关闭大图视频，以提高帧频率。单击"录像"按钮，然后旋转滴液器测微头，向固体试样增加液体；液滴体积增加到一定程度后，向逆时针旋转测微头，将液体吸回到针管中。液滴体积减小到一定程度后，单击"停止"按钮停止录像并自动保存。保存录像文件后，可在"视频截取"中分析抓取照片。

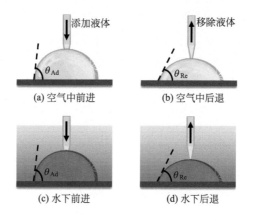

图 4.4　前进角及后退角测量示意（空气中/水下）

4.4.2　滚动角测试

另一个用于表征 CAH 的重要参数是滑动角（滚动角）。在对超疏水或超疏油相关且较低黏附性质材料研究时，滚动角可简便、直观地表征液滴的接触角滞后及界面黏附性。如图 4.5 所示，在高度疏液的界面上测量滚动角时，将界面缓慢倾斜至一定角度，液滴在倾斜界面上刚好发生滚动时，倾斜界面与水平面所形成的临界角度 α 即为滚动角。通常认为 $\alpha < 10°$ 的超疏液表面具有自清洁性能，如荷叶、不粘锅等。相关实验也需借助光学接触角测量仪或高速摄像设备，并对图像进行逐帧分析，以找出临界状态对应的角度 α。

(a) 空气中滑动角　　　　(b) 水下滑动角

图 4.5　滑动角测量示意（空气中/水下）

4.4.3　其他表征接触角滞后的方法

弹跳滴法是另一种表征 CAH 的通用方法：当液滴滴到固体表面而不使其湿润时，它会具备惊人的弹性，并弹跳起来[8-10]。因此，液滴在过湿表面上的弹跳能力也能反映 CAH。

表面活性剂溶液可以用作探针来测量接触角以反映 CAH。McCarthy[7] 和 Ferrari 等[6] 证明了在水中添加表面活性剂分子可以降低某些具有高滞后性的超疏水表面的接触角；但是对于一些低 CAH 的超疏水表面，所测得的接触角数值没有大的差别。McCarthy 等还报道了一种控制超疏水表面与液滴之间高度，并通过多次压缩/抬升来区分 CAH 的方法[11]。

Kwoun 等[12] 利用压电石英谐振器厚度剪切模式（TSM）产生的高频剪切声波来区分具有相似 CA 但具有不同 CAH 的超疏水表面。在 1～100MHz 频率范围内的 TSM 测量下，穿透深度约为数十至数千纳米。对于具有低 CAH 的超疏水表面，水层只能浸润表面的顶部，很难渗透到粗糙结构的空隙中。而且与高 CAH 表面相比，低 CAH 表面的谐波频移要小得多。对于非平面表面（如半径较大的金线）的 CAH 的表征，可以通过移动表面以接触从针上垂下的水滴实现[13]。如果表面几乎没有 CAH，那么水滴只会移到金线的一侧，并伴有轻微形变（图 4.6）。相反地，如果表面存在明显 CAH，那么水滴将黏附在其表面且无法移动。

 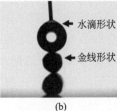 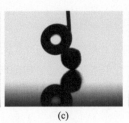 

(a)　　　　(b)　　　　(c)　　　　(d)

图 4.6　表面几乎没有 CAH 的情况[13]

（a）用树枝状金聚集体修饰的扁平金基底上的水滴形状（液滴质量 4mg）；（b）～（d）水滴与超疏水改性金丝接触，并在金丝表面移动（水滴挂在接触角仪的针头上，质量为 4mg）

4.5 黏附力测试

液滴在固体界面上的黏附力可以通过高灵敏度微机电平衡系统进行测定（如今该仪器分辨率可达 1μN，图 4.7）[14-16]。具体操作为：将悬挂有测试液滴的铜盖连接至微天平传感器，控制测试固体表面以恒定速率朝着液滴方向移动，直到其与液滴接触。随后，使基底向下移动并离开液滴，分析整个过程中的附着力的变化曲线，从而得到液滴与表面之间的黏附力[17]。Jiang 等利用该仪器，探索了一系列仿生微纳米超浸润界面的黏附特性[14-16,18-22]，证明了这是一种有效的测量液滴与基材之间的黏附力的方法。

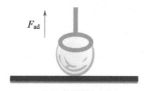 

(a) 空气中黏附力测试　　(b) 水下黏附力测试

图 4.7　黏附力测量示意（空气中/水下）

4.6 本章小结

本章重点介绍了如何表征固体、液体的相关界面浸润与黏附性质等指标。值得一提的是，一些表征手段采用光学仪器与计算机图像或数据分析软件相结合，能够直观、快速地获得所需指标，这将是相关领域表征技术发展的趋势之一。

此外，对于一些精心设计的复杂微纳米结构功能表面的浸润、黏附性质，可通过液滴在界面上的自发行为，或在极微小外力（如微风、低分贝声音振动等）影响下的液滴行为来进行体现。例如，空气环境中相关研究可涉及一些复杂的液滴行为（如液滴的方向性弹跳、液滴变形、液滴喷射与合并等），水下环境中相关研究影响因素复杂且上述相关测试手段可能难以在一些材料界面或特殊环境中获取有效数据。这些情况下，需要借助高速摄像设备，并用图像记录液滴行为，据此具体分析界面的浸润、黏附性质，相关实例将在后续章节提及。

 —————— 课后习题

1.（不定项选择题）下列有关静态接触角测量的说法中，表述恰当的是（　　）。

A. 毛细管等方法可通过测量与接触角相关的物理量，间接计算求得接触角数值

B. 在用滴液法直接测量接触角时，需要记录滴液的体积

C. 在分析滴液法测量接触角所得的图像并得出接触角数据时，有时需注明所用拟合方式

D. 滴落水滴的体积越小，所测得的接触角数值越大，比较不同材料时需控制相同的滴液体积

2.（定项选择题）下列有关表征接触角滞后的说法中，表述不恰当的两项是（　　）。

A. 液滴在一些高度疏液表面上的弹跳能力也能反映这些表面的接触角滞后

B. 滚动角可作为接触角滞后的表征指标，较多适用于高度疏液的界面、超疏液界面

C. 减少液滴时，液滴三相接触线要移动但还没移动的临界接触角测得为前进角

D. 滚动角/滑动角的数值等于前进角与后退角的差值，因此可作为接触角滞后的指标

E. 相关实验需要借助光学接触角测量仪或高速摄像设备，对图像进行分析获得数据

3.（单选题）下列有关黏附力测试的说法中，表述最不恰当的一项是（　　）。

A. 高灵敏度的微机电平衡系统装置容易测试超亲水界面上的黏附力

B. 高灵敏度的微机电平衡系统装置容易测试超疏水界面上的黏附力

C. 高灵敏度的微机电平衡系统装置可测试一般疏水界面上的黏附力

D. 高灵敏度的微机电平衡系统装置可测试一些亲水界面上的黏附力

4. （简答题）请简要画出光学接触角测量仪装置的示意图，并标注装置主要部分的名称或功能。

5. （开放讨论）实践十分重要，在一线动手实验往往能了解到不同于传统理论或书本上的一些经验知识。在阅读本章的内容时，你感觉哪些表述非常实际，哪些表征方法在实际操作过程中可能还需注意和调整？

6. （开放讨论）有科普人士通过在一些超疏水界面上测得的实验数据结果指出，滚动角等于前进角和后退角的差值；有学者认为，一些特定界面上，滚动角与前进角和后退角的差值可能成正比。请结合第2章中相关公式，运用数学知识，尝试进一步分析滚动角 α 与前进角、后退角差值（$\theta_{Adv} - \theta_{Rec}$）之间的相关性，重点分析超疏水界面上两者的关系。

7. （开放讨论）由本章4.2、4.3两节内容可知，测量一些指标可能涉及比较复杂的理论知识、数学推导计算等，而一些实际测试中的操作较为简便，一些计算和拟合都可以通过计算机内部程式完成，实验人员可直接得到数据。因此，基于教学、科研、应用等立场，不同立场下对深入了解复杂的数学计算方法或相关理论知识有不同看法，对此你怎么看？

参考文献

[1] Zhang X，Shi F，Yu X，et al.Polyelectrolyte multilayer as matrix for electrochemical deposition of gold clusters: toward super-hydrophobic surface[J].Journal of the American Chemical Society，2004，126（10）：3064-3065.

[2] Gu Z Z，Uetsuka H，Takahashi K，et al.Structural color and the lotus effect[J].Angewandte Chemie International Edition，2003，42（8）：894-897.

[3] Hosono E，Fujihara S，Honma I，et al.Superhydrophobic perpendicular nanopin film by the bottom-up process[J].Journal of the American Chemical Society，2005，127（39）：13458-13459.

[4] Guo Z，Zhou F，Hao J，et al.Stable biomimetic super-hydrophobic engineering materials[J]. Journal of the American Chemical Society，2005，127（45）：15670-15671.

[5] Gao L，Mccarthy T J.Ionic liquids are useful contact angle probe fluids[J].Journal of the American Chemical Society，2007，129（13）：3804-3805.

[6] Ferrari M，Ravera F，Rao S，et al.Surfactant adsorption at superhydrophobic surfaces[J].Applied Physics Letters，2006，89（5）：053104.

[7] Gao L，Mccarthy T J.Ionic liquids are useful contact angle probe[J]. Journal of the American Chemical Society，2007，129（13）：3804.

[8] Aussillous P, Quéré D.Liquid marbles[J].Nature, 2001, 411 (6840): 924-927.

[9] Richard D, Quéré D.Bouncing water drops[J].EPL (Europhysics Letters), 2000, 50 (6): 769.

[10] Richard D, Clanet C, Quéré D.Contact time of a bouncing drop[J].Nature, 2002, 417 (6891): 811-811.

[11] Gao L, Mccarthy T J.A perfectly hydrophobic surface (θ_A/θ_R= 180/180) [J].Journal of the American Chemical Society, 2006, 128 (28): 9052-9053.

[12] Kwoun S J, Lee R, Cairncross R A, et al.Characterization of superhydrophobic materials using multiresonance acoustic shear wave sensors[J].IEEE Transactions on Ultrasonics, Ferroelectrics, and Frequency Control, 2006, 53 (8): 1400-1403.

[13] Shi F, Wang Z, Zhang X.Combining a layer-by-layer assembling technique with electrochemical deposition of gold aggregates to mimic the legs of water striders[J].Advanced Materials, 2005, 17 (8): 1005-1009.

[14] Liu X, Zhou J, Xue Z, et al.Clam's shell inspired high-energy inorganic coatings with underwater low adhesive superoleophobicity[J].Advanced Materials, 2012, 24 (25): 3401-3405.

[15] Lin L, Liu M, Chen L, et al.Bio-inspired hierarchical macromolecule-nanoclay hydrogels for robust underwater superoleophobicity[J].Advanced Materials, 2010, 22 (43): 4826-4830.

[16] Yan Y, Guo Z, Zhang X, et al.Electrowetting-induced stiction switch of a microstructured wire surface for unidirectional droplet and bubble motion[J].Advanced Functional Materials, 2018, 28 (49): 1800775.

[17] Chen Y, Meng J, Zhu Z, et al.Bio-inspired underwater super oil-repellent coatings for anti-oil pollution[J].Langmuir, 2018, 34 (21): 6063-6069.

[18] Su B, Tian Y, Jiang L.Bioinspired interfaces with superwettability: from materials to chemistry[J].Journal of the American Chemical Society, 2016, 138 (6): 1727-1748.

[19] Xue Z, Liu M, Jiang L.Recent developments in polymeric superoleophobic surfaces[J].Journal of Polymer Science Part B: Polymer Physics, 2012, 50 (17): 1209-1224.

[20] Zhang X, Liu H, Jiang L.Wettability and applications of nanochannels[J].Advanced Materials, 2019, 31 (5): 1804508.

[21] Liu M, Wang S, Wei Z, et al.Bioinspired design of a superoleophobic and low adhesive water/solid interface[J].Advanced Materials, 2009, 21 (6): 665-669.

[22] Meng X, Wang M, Heng L, et al.Underwater mechanically robust oil-repellent materials: Combining conflicting properties using a heterostructure[J].Advanced Materials, 2018, 30 (11): 1706634.

第 5 章
自然界超浸润界面

5.1 超疏水低黏附表面
5.2 超疏油（超双疏）表面
5.3 超疏水高黏附表面
5.4 各向异性表面
5.5 超亲水表面
5.6 水下超疏油界面
5.7 本章小结
课后习题
参考文献

水是生命之源，生态之基。动植物的生活都离不开水，而自然界中一些生物的界面拥有特殊的操控水分子的能力，并且展现出有趣而又独特的浸润现象、黏附能力及液滴行为。相关内容在前文中有所提及，本章将详细介绍自然界中的超浸润界面及其相关现象。

研究发现，这些生物界面有着特殊的微纳米结构或化学组成分布，导致了界面特殊的浸润性与黏附特性。本章涵盖空气中及水下研究，涉及人类、动物界、植物界、微生物界；并按照浸润/黏附性分类介绍自然界超浸润界面实例，包括超疏水低黏附表面［如图5.1（a）、（b）所示］、超疏油/超双疏表面［如图5.1（c）所示］、超疏水高黏附表面［如图5.1（d）、（e）所示］、超浸润各向异性界面［如图5.1（f）、（g）所示］、超亲水表面/水下超疏油界面［例如图5.1（i）～（l）所示］。

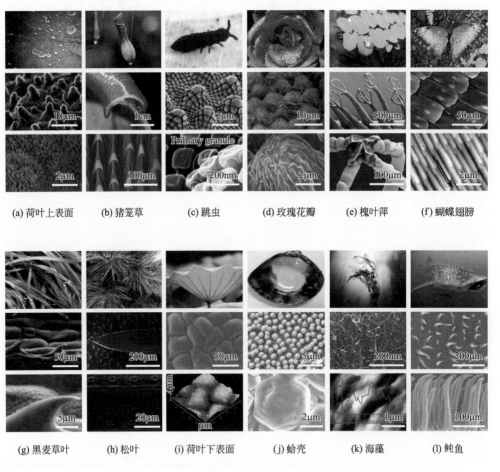

(a) 荷叶上表面　(b) 猪笼草　(c) 跳虫　(d) 玫瑰花瓣　(e) 槐叶萍　(f) 蝴蝶翅膀

(g) 黑麦草叶　(h) 松叶　(i) 荷叶下表面　(j) 蛤壳　(k) 海藻　(l) 鲍鱼

图5.1　动植物超浸润界面及其显微结构展示[1]（仅列举代表性界面，其他详见下文介绍）

5.1 超疏水低黏附表面

超疏水表面上液滴呈现近似球形，可减少固-液接触，通常使表面与水表现出低黏附性质。自然界中生物界面的超疏水低黏附策略包括特殊的微纳米复合结构防止浸润、表面注入润滑物质降低黏附和摩擦、在接触界面引入空气层以降低液滴运动的阻力等。

5.1.1 荷叶

荷叶出淤泥而不染，以自清洁、防污而闻名，是许多文化中纯洁的象征。其不染淤泥背后的科学奥秘在于荷叶表面的超疏水低黏附性质[2]。W. Barthlott 和 C. Neihuis 发现当水滴落在荷叶上时呈近似球体（CA 大约 160°），他们认为这与荷叶表层的蜡质和表面微结构有关。液滴很容易从表面滚落，并同时带走黏附的污垢颗粒，即"荷叶效应"[3,4]。Jiang 等[5,6]发现超疏水荷叶上不仅有微米结构，还有微纳米多层次的复合结构。如图 5.2（a）~（d）所示，在每个微米级突起结构上可观察到有层次的纳米结构。

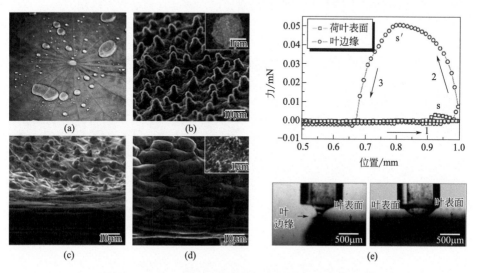

图 5.2 荷叶上表面的表面形貌图和超疏水自清洁特性[6]
图（e）中 S' 表示油滴与表面未接触；S 表示油滴与表面接触

突起结构减少了水与荷叶表层的接触，利用空气层将水隔开；多尺度结构及表面蜡质可有效防止荷叶表面被浸润，也可预防液滴进入微结构。液滴接触该结构时产生的 TPCL 不稳定，因此容易移动。如图 5.2（e）所示，根据曲线结果可通过计算给出层次结构和浸润性之间的理论关系，有力证明自清洁性是由于荷叶上多尺度结构和蜡层的协同作用。

5.1.2 猪笼草

猪笼草（nepenthes）、瓶子草（pitcher plant）等瓶子草科（Sarraceniaceae）植物，有一个瓶状口袋（叶笼），可消化昆虫等小动物来获取营养[7,8]。观察发现，当小昆虫接触进入红瓶猪笼草口袋的唇部等红色区域时，会突然掉入口袋[9]。猪笼草具有这种天赋主要是由于其唇口可分泌润滑物质，且与唇口相连的红色区域（被称为"滑移区"，即"slippery zone"）也富含润滑蜡质。当物体接触其表面时，猪笼草可分泌出润滑物质注入微纳米结构，导致表面油滑，生物或液滴难以保持静止[10-13]。猪笼草的唇口和滑移区具有不同的结构及浸润性，以满足特定需求。如图 5.3 所示，唇口表面具有密布的条纹微槽，其边缘具有弓形的倒钩状结构，可阻碍生物撤退[14,15]；在未充满油滑物质时表现出超亲水性质，水滴会在微槽中定向流动，从结构中被排出，该结构可防止其他液体堆积或倒流入袋；在分泌出大量润滑物质后，该结构可避免润滑物质流失，并且使表面润滑，有助于生物滑入口中[16,17]。小动物在经过唇口后首先接触到红色"滑移区"，该区域的富含润滑蜡质层，有弯月形微阵列结构，表现为超疏水低黏附特性[15,18]。

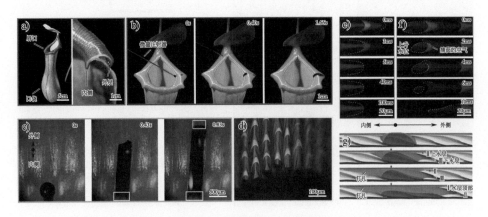

图 5.3 猪笼草的唇口表面形貌和超浸润油滑特性[14]

5.1.3 蚊子复眼

即使在昏暗潮湿的栖息地，蚊子依然具有出色的视力。Jiang 等[19]发现，蚊子复眼具有超疏水防雾功能。该超浸润性主要归功于其特殊的微纳米复合结构，即复眼由密布的六边形小眼组成，其上还有突起结构，如图 5.4 所示。密布的多级结构可产生疏水毛细作用力，保留微纳米结构中陷入的空气防止液体浸润，即使受到一定压力也可使表面液滴保持 Cassie 态，即展现超疏水低黏附性质。即使在潮湿条件中，微小雾滴也难以在复眼表面凝结。

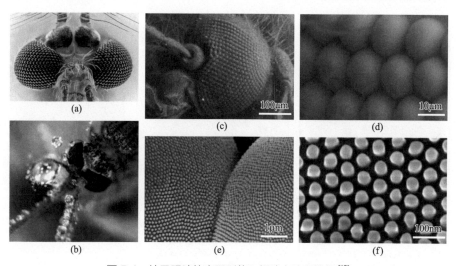

图 5.4 蚊子眼睛的表面形貌和超疏水防雾性能[19]

5.2 超疏油（超双疏）表面

普通的超疏水低黏附表面虽然能够防止被水浸润，但仍可被油类等液滴污染。自然界的生物界面中，还有着不仅能够超疏水还能超疏油的超双疏表面。这些具有超双疏表面的生物通常生活在更为恶劣的脏污环境。超疏油（超双疏）表面要求材料表面能更低，对于材料的化学组成、微纳米结构等要求更苛刻。由于条件更为苛刻，当前在自然界发现的超双疏表面例子较少,主要包括枯草芽孢杆菌[图 5.5(a)]、叶蝉[图 5.5(b)]、各种跳虫[图 5.5(c)~(f)]等[20]。除具有更为特殊的化学组成外,这些表面的相关微纳米结构具有更多复杂的层次或更精细的纳米形貌。

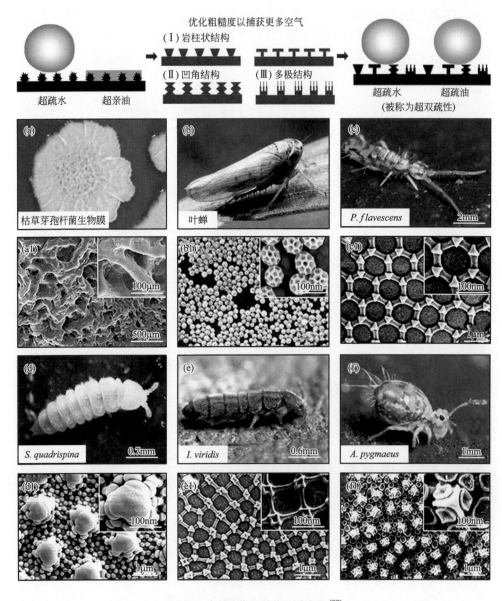

图 5.5　自然界发现的超双疏表面[20]

(a)枯草芽孢杆菌生物膜;(b)叶蝉;(c)~(f)跳虫

5.2.1 枯草芽孢杆菌

枯草芽孢杆菌（*Bacillus subtilis*）是一种具有很强环境适应性的微生物，在环境恶劣、营养物质缺乏的环境下会进入孢子休眠期，可较长时间生存于高温、酸碱等恶劣环境。Aizenberg 等[21]发现，枯草芽孢杆菌的生物膜具有很强的保护机制，即使处于高浓度酒精等低表面张力液体浓度达到所谓的"致死浓度"的环境中，一定时间内仍可以防止液体渗透到其生物膜结构中。该生物膜表面可保持高度疏液状态（水、酒精的接触角为 $115°\sim 150°$）。研究认为，其生物膜表面由特殊的蛋白质分子组成，可防止表面被一些液体浸润；此外，如图 5.5（a）所示，该生物膜表面的微米皱褶、多级凹角结构（reentrant curvatures/structure）也被认为是表面不被润湿的关键。

5.2.2 叶蝉

叶蝉（leafhoppers）常见于农林业作物，繁殖力强，以植物为食并分泌有害物质，可传播植物病毒病。人类往往需要通过增加杀虫剂浓度或剂量以应对叶蝉灾害；长此以往，一些叶蝉甚至会对某种农药产生抗药性，需要更换农药或采用如灯光诱杀等其他手段才可达到灭杀目的。叶蝉能够抵御一些杀虫剂可能与其外皮覆盖物（integuments）的超浸润性有关。Rakitov 和 Gorb[22]发现叶蝉的外皮覆盖物的表面有许多均匀密布的 brochosomes 结构，如图 5.5（b）所示。该结构由直径为 $200\sim 700\text{nm}$ 的具有蜂窝状内壁的空心蛋白质球组成，不仅可防止自身分泌物残留、黏附在外皮表面，也可防止外来液体浸润。叶蝉外皮覆盖物对水、二碘甲烷、乙二醇等液体都表现出超疏液性、排液性，仅不能有效阻挡乙醇。实验证明，其表面复杂结构的分形（fractal）粗糙是其超双疏的关键，旨在最大程度减少表面与液体的接触。

5.2.3 跳虫

跳虫（springtail，collembolan）常生活在腐烂有机物、有害微生物等高度污染的潮湿环境中。跳虫能够抵御恶劣环境的影响，原因在于跳虫皮层的甲壳素（chitin）、蛋白质等化学组成的性质稳定，并且其皮层的特殊结构可阻止有害物质入侵。研究表明，跳虫皮层具有超双疏性质，不仅超疏水，而且可以阻止一些有机液体浸润；将跳虫淹没在水或一些有机液体（如乙醇、油等）中，其皮层表面可形成保护气垫防止浸润，跳虫甚至可以由此呼吸空气，避免窒息[20,23]。如图 5.5（c）～（f）所示，不同的跳虫都具有类似的复杂纳米凹角结构，如多边形凹角、蘑菇状结构等，这些凹角结构是形成气垫、防止油滴浸润的关键。

5.3 超疏水高黏附表面

5.3.1 红玫瑰花瓣

一些种类的玫瑰花瓣具有类似荷叶的超疏水低黏附性质及自清洁能力，然而其他种类则表现出不同的性质[24]。在花园中常常见到，红玫瑰（red rose）的花瓣（petal）上总是沾满晶莹剔透的露珠，这些露珠呈近似球体（超疏水性质）并始终黏附在花瓣表面（高黏附特性）。Feng 等[25]研究表明该种红玫瑰花瓣上 WCA=152.4°，而即使将花瓣倒置，液滴仍然黏附在花瓣上不掉落。这种在界面上表现出超疏水但高黏附的现象被称为花瓣效应（petal effect）[26-28]。如图 5.6 所示，与荷叶结构相似的是，界面上密布的微突起阵列是超疏水的原因之一；然而，相较于荷叶的微纳米结构，该微突起尺度较大且表面有明显的纳米褶皱，这使得液滴容易进入微结构的间隙并使 TPCL 维持较稳定的状态，导致较大的接触角滞后，即玫瑰花瓣的高黏附性质[25,29]。

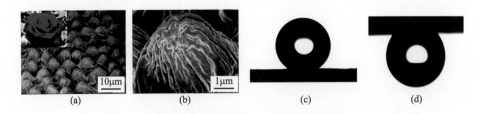

图 5.6 红玫瑰花瓣的表面形貌和超疏水高黏附性质[25]

此外，红玫瑰花瓣的鲜艳色彩也与纳米结构导致的结构色有关[30]。自然界还有一些超浸润结构表面同时具有结构色。例如，在夏季，白杨树的树叶会呈现白色。研究表明，白杨树叶表面具有超疏水结构，该结构同时具有高反射性，可保障白杨树叶不被夏季的烈日灼伤[31]。但结构色与浸润性之间是否有联系有待于跨领域研究者进一步探索。例如，其他颜色的玫瑰花瓣表现普通疏水或超疏水低黏附性质；一些青杨树叶仅表现出普通疏水状态（WCA 约为 110°）。

5.3.2 花生叶

不同的环境下可发现具有不同超浸润特性的生物界面。主要生活在干旱、半干旱区域的花生，其花生叶（peanut leaf）与水生荷叶不同，而与红玫瑰花瓣相似，展现出超疏水高黏附特性［图 5.7（a）］。Liu 等[32] 发现花生叶 WCA > 150°，但液滴在花生叶表面的黏附力可达 70μN；而荷叶具有类似的 WCA，但黏附力却趋近于 0μN。他们研究了花生叶的微纳米结构［图 5.7（b）～（d）］，并认为其超疏水高黏附特性是由于微米尺度下准连续的 TPCL 和纳米尺度下非连续的 TPCL 造成的。更有趣的是，Jiang 等[33] 进一步研究表明该超疏水性质在高湿环境下会被破坏，居然可直接转变为超亲水性。当相对环境湿度（relative humidity，RH）> 99% 时，高蒸气压的水分子与微纳米结构之间的作用力可使液滴凝结，并浸没微纳米结构，使表面展现超亲水状态。

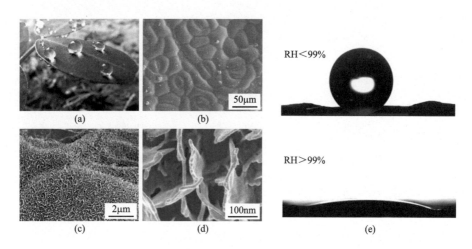

图 5.7 花生叶的表面形貌［（a）～（d）][32] 和超疏水高黏附性质及高湿环境下的超亲水性质（e）[33]

5.3.3 槐叶萍

槐叶萍（salvinia）是一种水生浮萍，由于其表面特殊的微纳米结构、生物化学组成分布及超浸润性，使其能在水面漂浮。研究表明[34-36]，其表面的微观结构为大约 2mm 高的柱状阵列，每个柱状结构的顶部长有触手，使阵列整体结构形如打蛋器，如图 5.8 所示；柱状阵列覆盖有疏水蜡质晶体，而顶端触手则无蜡质。微阵列结构及每个柱状结构的表面疏水性导致整个表面具有超疏水性，而顶部的亲水性导致表面展现出对于水的高黏附性[34,37]。在单一整体结构中具有离散性质的现象也因此被称为"槐叶萍悖论（salvinia paradox）"[38]。

这种超疏水高黏附的策略可赋予表面更多功能。例如，与同为超疏水高黏附的花生叶相反，即使将槐叶萍放入水中，由于顶部亲水而下层及整体疏水，水层仅保持在微纳米顶部以上而不浸没表面结构，该结构表现出良好的保气性（air-retention）和水下超疏水特性[39-41]。这种将超疏水材料放入水中后在材料表面仍保有稳定空气层的现象，被进一步称作"槐叶萍效应（salvinia effect）"[41-43]。

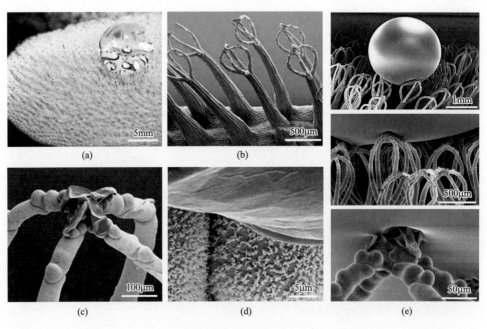

图 5.8 槐叶萍的表面形貌和超疏水高黏附性质[36]

5.3.4 壁虎脚掌

壁虎因其能在墙壁上自由爬行而不摔落闻名。原因在于，壁虎脚掌具有特殊的纳米纤毛结构，在与固体表面接触时产生的范德华力使其可粘在墙壁，甚至倒悬在天花板上。除众所周知的固-固可逆黏合性能外，壁虎脚掌刚毛的特殊结构还表现出超疏水性，并基于相似原理对水具有高黏附性。Autumn 等[44]发现壁虎刚毛的 WCA 约为 160°。Liu 等[45]进一步研究了壁虎脚掌黏附力随浸润状态的变化，如图 5.9 所示。壁虎脚掌可调控与接触物体的黏附力，主要归因于接触条件（如距离、压力、接触面积等）的变化、脚掌刚毛接触物体时表面蛋白质的构象转化等。

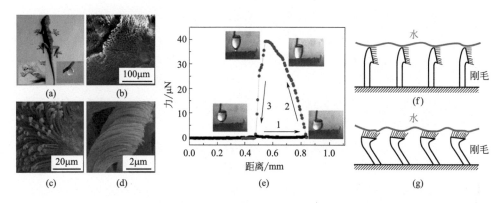

图 5.9 壁虎脚掌的表面形貌图和超疏水高黏附性质[45]

5.4 各向异性表面

一些表面上的微纳米结构或化学组成分布具有取向性，并可产生由粗糙度差异或异质组成导致的浸润性/表面能梯度、几何梯度导致的 Laplace 压差等作用力。这些结构及作用力对于液滴运动的影响表现为：液滴在表面的运动具有方向性，或/和液滴朝不同方向运动时的阻力大小存在显著差异。自然界中，各向异性表面十分常见，很多生物都需要有这种操控液滴运动取向的能力以满足特定生存需求。在各向异性表面上，材料整体的浸润性（接触角）仅影响液滴运动的宏观形式，如一般亲水或疏水的各向异性表面上液滴可定向滑动，超疏水各向异性表面上液滴可定向滚动、跳动，具有取向结构的超亲水通道中的液体可定向流动。

5.4.1 蝴蝶翅膀

下雨时，蝴蝶可不受雨滴的影响而翩翩起舞。蝴蝶在雨中飞翔的奥秘在于其翅膀有独特的微纳米结构及相应的润湿性能[46]。与荷叶无序的各向同性结构不同，蝴蝶翅膀表面存在有取向的微米鳞片、纳米条纹、纳米尖端的层次结构，如图 5.10 所示。研究表明，这种微纳米结构可导致超疏水性（WCA 约为 150°～154°），从而排斥液滴[47,48]。更重要的是，具有方向性的结构导致各向异性黏附，当蝴蝶挥动翅膀时，如果表面有液滴，则液滴会朝向翅膀外侧运动（即图 5.10 中的 RO 方向，RO 方向即为液滴滚落方向），直至离开表面[49,50]。如图 5.10（b）所示，液滴朝向外侧滚离的水滚动角（WSA）为 10°；而在测试液滴沿相反方向的 WSA 时，发现液滴固定在表面上[图 5.10（c）]，即液滴不会向蝴蝶躯干部分滚动[47]。一些理论[47,49,51-53]指出，这种各向异性与蝴蝶翅膀的取向性结构有关，即液滴向外侧运动时 TPCL 不连续，而液滴向内侧运动时，TPCL 近似连续。一些动物的羽毛[54-56]也存在类似蝴蝶翅膀的取向性微纳米结构，如鹅毛、鸭毛等都展现出各向异性黏附，其上液滴的行为具有方向性，使其能在水上游。

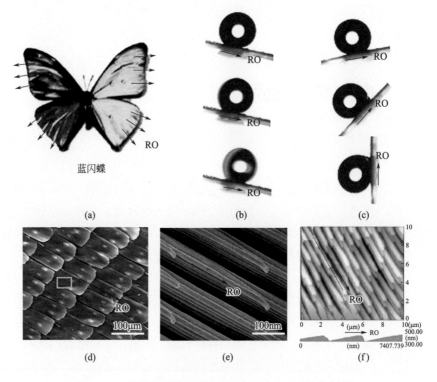

图 5.10　蝴蝶翅膀的表面形貌和超疏水各向异性黏附[47]

5.4.2 水黾足部

水黾以在池塘、沼泽等缓流液面上自由行走而闻名。Bush 等[57]发现水黾主要通过其毛茸茸的足部产生半球形涡流驱动，将动量传递给下面的流体。Jiang 等[58]进一步揭示了水黾能够站在水面上的奥秘在于其足部结构的超疏水作用。如图 5.11 所示，水黾足部长有取向性针状微结构的刚毛，与水面呈约 20° 的倾斜角；每根刚毛上还有着取向性纳米凹槽结构。这种微纳米结构可以有效地捕获、保留空气，在足部和水之间形成气垫，赋予足部强大的防湿能力（WCA 高达 168°）。与蝴蝶翅膀的原理类似，取向性结构也有助于在恶劣条件下防止浸润。事实上，即使在狂风暴雨或洪流中，水黾也能浮于水面，仅一只足部就足以承载水黾自身 15 倍的质量。

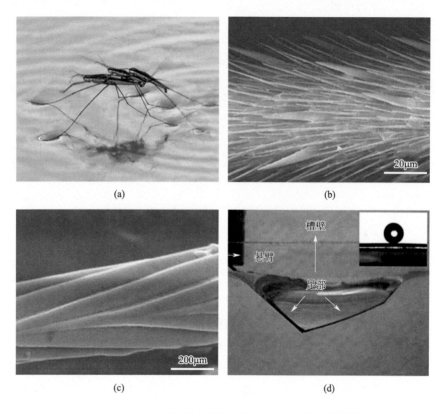

图 5.11 水黾足部的表面形貌和超疏水各向异性防浸润[58]

5.4.3 水稻叶

荷叶是植物界中各向同性超疏水现象的典型代表，液滴可在荷叶表面向各个方向自由滚动。而自然界还有一些植物，为满足生存需求，不仅需要表面超疏水低黏附，还需要操控液滴运动的方向。水稻（rice）是人类最重要的粮食作物之一，主要生长在温带、热带等较高温度的多湿环境下。如图 5.12 所示，水稻叶表面不仅具有微米沟槽结构，还有类似于荷叶表面微纳米结构的纳米突起结构。Jiang 等[59]研究表明，突起沿着叶缘方向近似为一维有序排列，而垂直于叶缘方向则类似于荷叶的随机排列。由于表面的微米沟槽及其纳米结构排列均具有取向性，液滴沿不同方向运动时需克服的能垒存在差异（沿叶缘方向，WSA 为 3°～5°；而垂直于叶缘方向，WSA 为 9°～15°），这导致水稻叶上的液滴更倾向于沿着叶缘方向一维运动，即滚向自身根部或滚离叶子，这是水稻叶操控液滴满足生存需求的前提之一。

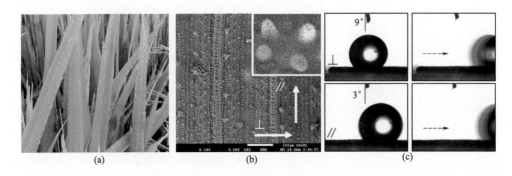

图 5.12 水稻叶的表面形貌和超疏水各向异性[59]

5.4.4 黑麦草叶

黑麦草（ryegrass）是广泛分布在欧洲、亚洲、非洲等地的禾本科草类植物，常用于高尔夫、足球等运动草坪，也常作为牛、马、羊、兔等放牧用牧草。与水稻叶、蝴蝶翅膀相似，黑麦草的叶子也具有超疏水各向异性黏附性。然而，这种各向异性是由不同的微纳米结构所导致的。如图 5.13 所示，Zheng 等[60]在黑麦草叶子表面发现了斜角结构——倾斜的微纳米刺状阵列（即"倒刺"），其中倒刺与平面大约呈 25°角。研究发现，液滴朝向倒刺倾斜方向运动时 WSA 约为 12°，而沿着相反方向运动时，WSA 约为 26°。研究表明[60-62]，对于倒刺等具有斜角结构的水平表面（指微纳米阵列结构与表面基底呈非 90°、非 0° 或非 180° 夹角，表面本身不斜置），其上水滴沿着斜角微纳米结构的倾斜方向运动时将被加速，逆方向运动将受到阻碍，即表现出各向异性黏附。

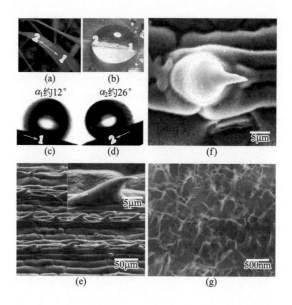

图 5.13　黑麦草的表面形貌和超疏水各向异性黏附[60]

5.4.5　沙漠甲虫

纳米布沙漠（Namib desert）是世界上最古老的干旱沙漠之一。该沙漠常年少雨，生物无法直接被水滋润。白昼炎热干旱，仅在夜间及清晨一段时间内，温度降低（液滴容易凝结），在该沙漠中生存的生物主要靠此时段从空气中汲取水分。纳米布沙漠甲虫（desert beetle，下文简称沙漠甲虫），如图 5.14 所示，其背部是亲水突起和疏水纹理交错的异质表面[63]，被认为是制备仿生集水材料的重要模型之一[64,65]。仿沙漠甲虫背部异质结构表面操控液滴的主要机理是：亲水部分能够从雾气中快速捕捉水分凝结液滴，疏水部分则有助于防止液滴滞留以便输运，亲疏交错结构给液滴传输提供了方向、路径，即液滴被亲水部分捕捉至表面后，由于异质结构产生的浸润性梯度可驱动液滴定向移动。

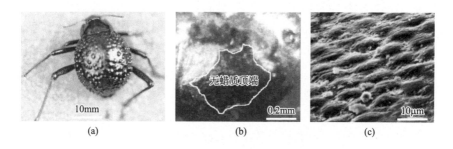

图 5.14　沙漠甲虫表面形貌[63]

5.4.6 蜘蛛丝

蜘蛛网（spider web）有着特殊的拓扑结构，材料本身还含有特殊的生物蛋白成分，因优异的力学性能、生物相容性、医药学功用等被诸多领域的科技人员广泛研究，常见于各领域的仿生研究[66-69]。蜘蛛网亲水可被润湿，Zheng 等[70]通过观察单根蜘蛛丝（spider silk）发现，其被润湿后变成周期性纺锤节纤维，如图 5.15（a）所示。纺锤节具有锥度，能够产生 Laplace 压差，给纤维上的液滴施加驱动力使其向纺锤节的中心移动，有利于液滴传输合并成大液滴以掉落收集，如图 5.15（b）所示。此外，蜘蛛丝的纺锤节部分相较于连接纤维段有着更高的轴向粗糙度，纺锤节部分与水的接触角更小，即表面能更高、更亲水，这也有助于驱动液滴移动、合并。

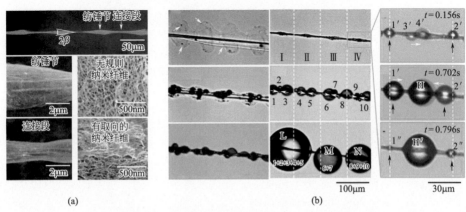

图 5.15　蜘蛛丝的表面形貌和液滴定向输运[70]

5.4.7 仙人掌

仙人掌（cactus）作为可在沙漠环境中生存的代表性植物，受到了广泛的研究。其界面液滴输运甚至可实现集水的奥秘主要在于仙人掌的刺。如图 5.16（a）所示，仙人掌表面长有亲水的锥刺；而宏观尺度上肉眼可见的锥刺，其表面还有着微纳米尺度的锥形倒刺结构。锥形结构可近似看作蜘蛛丝纺锤节结构的一半，也是优异的液滴输运结构单元，可产生 Laplace 压差驱动液滴[71]。此外，龙舌兰（agaves）、狗尾草（bristlegrass）、麦芒（wheat awns）等植物或植物器官上被发现有类似的锥刺或锥针结构，且具有一定程度的集水能力[72,73]。如图 5.16（b）所示，在多尺度的锥刺结构上，小液滴被亲水的倒刺捕捉并由于 Laplace 压差驱动作用而沿着分支输运到大尺度锥刺主道，基于相同原理，主道上的液滴可从大锥刺尖端输运到大锥刺根部。其中，类似水稻叶表面的具有取向的微纳米沟槽结构也起到了引导液滴输运的作用；并且，与蜘蛛丝结构同理，在锥形结构表面的微纳米沟槽所形成的粗糙度梯度，有助于液滴输运。

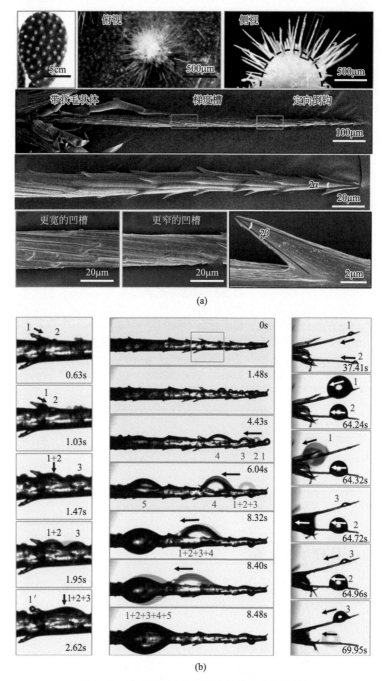

图 5.16 仙人掌的表面形貌和液滴定向输运[71]

5.4.8 南洋杉叶

2021年，Feng等[74]发现南洋杉叶由锯齿结构组成，每片锯齿状小叶片具有双重曲率结构，包括横向曲率和纵向曲率，如图5.17（a）～（c）所示。研究发现，该复杂结构可使乙醇沿锯齿结构取向流动[图5.17（d）]，而水则沿逆锯齿方向流动[图5.17（e）]。如图5.17（f）所示，不同表面张力的流体（即不同比例的乙醇-水混合物）在南洋杉叶上流动时可产生不同方向和大小的位移。该发现为"不改变表面结构、表面化学组成，不借助外力或能量输入，仅通过调控液体性质实现操控液滴输运"的策略提供了全新的仿生依据。

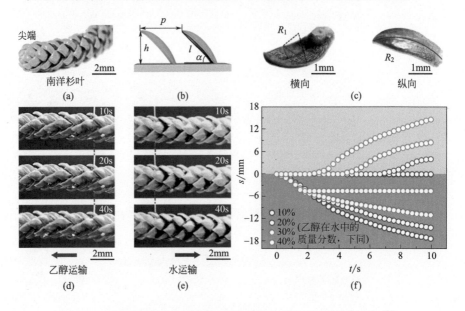

图5.17 南洋杉叶的表面形貌及不同液滴在其上不同的输运方向[74]

5.5 超亲水表面

超亲水表面上液滴与水的黏附力达到理论最大值，液滴虽难以呈球形滚动并脱离表面，但可在表面铺展，在表面上的运动形式可表现为水流。而在自然界，动植物利用超亲水界面使水扩散、流动以适应生存环境，也属于一种操控液滴行为的方式。理论上来说，超亲水要求材料具有很高的表面能以克服表面张力，使液滴自发铺展。有关超亲水生物表面的研究进展与前文提及的另一极端——超疏油表面情况类似，由于条件苛刻，在自然界尤其是空气环境中发现的实例不多。

很久以前，生物领域科学家发现，人类的眼角膜（cornea）前的泪膜（precorneal tear film）可以使眼泪迅速散开，是典型的超亲水生物表面[75]，其不仅可润湿眼球，还可避免光的散射。如图 5.18 所示，角膜前的泪膜自内向外可分为黏液层、水样层和脂质层三部分。其中，黏液层一般厚度在 0.02～0.05mm，主要成分为黏蛋白，与角膜结构连接；水样层是泪膜的主体，厚度一般在 6～10mm，由水、水溶性物质/亲水物质组成，使泪膜具有超亲水及相关功能；脂质层厚度在 0.05～0.5mm，主要作用是保护水样层，避免水样层与外界直接接触。

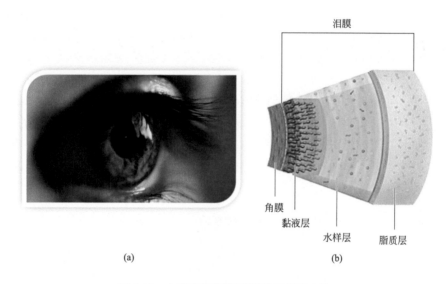

图 5.18　人类的角膜前泪膜结构及超亲水性

此外，前文提及了近年来研究发现红瓶猪笼草叶笼的唇口具有超亲水性。而红瓶猪笼草叶笼的口袋（pitcher）中，超疏水低黏附的红色"滑移区"相连的下半部分为偏绿色的"消化区（digestive zone）"，该区域由亲水性的生物化学物质构成，表现出高度亲水乃至超亲水性，这有利于水分、消化液的扩散，以淹死或杀死昆虫，分解虫体营养物质。自然界其他的超亲水实例主要是一些生活在水中的生物，表现为水下超疏油低油黏附性质，详见 5.6 节。

5.6 水下超疏油界面

超亲水表面在水下环境中可表现为水下超疏油低油黏附的界面性质，本小节主要介绍相关水生生物。对自然界水下超疏油界面深入研究后发现，亲水化学成分和微纳米复合粗糙表面结构是构成水下超疏油界面的关键。

5.6.1 荷叶下表面

研究[76]表明，荷叶"出淤泥而不染"不仅因为其上表面的超疏水性、自清洁效果，还与其下表面具有的水下超疏油性［水下油接触角（OCA）为 $155.0°±1.5°$，1,2-二氯乙烷］以及抗油污黏附功能［水下油滚动角（OSA）为 $12.1°±2.4°$，1,2-二氯乙烷］有关。如图 5.19 所示，荷叶下表面具有层次微纳米粗糙结构，由长 $30\sim50\mu m$、宽 $10\sim30\mu m$、高 $4\mu m$ 的扁平状突起组成，突起表面覆盖有大小为 $200\sim500nm$ 的纳米凹槽。此外，荷叶下表面没有疏水蜡质，而仅由亲水物质组成，使得水分子可嵌入粗糙结构内部，防止油滴浸润，从而实现较稳定的水下超疏油低油黏附特性[76,77]。

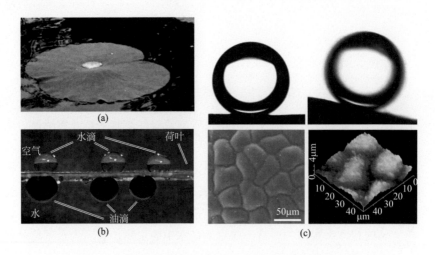

图 5.19 荷叶下表面的形貌及水下超疏油低油黏附性质[76]

5.6.2 鲀鱼表皮

马面鱼（绿鳍马面鲀，*Navodon Septentrionalis*；鲀鱼，filefish）在被油污染的水域中也可自由游动，水中的油滴会从头到尾定向滑过其表皮而不黏附。研究[78,79]表明，这主要是由于该种鲀鱼的表皮不仅包含大量的胶原蛋白等高表面能有机物，还长有具有特定取向的钩状棘刺，如图 5.20 所示。这层紧密排列的定向钩状棘刺会增加鱼皮的表面粗糙度，有助于保持鱼皮的水下超疏油低黏附性质[78]。此外，钩状棘刺可增强油滴单向运动趋势，防止油聚集在鱼的头部，赋予鱼在油污水中定向自清洁的能力[80,81]。

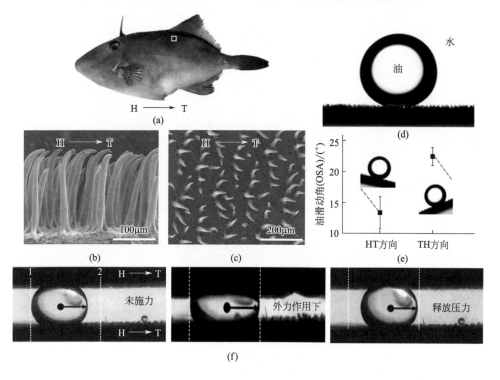

图 5.20　鲀鱼表皮的形貌及水下超疏油定向自清洁功能[78]
H—头；T—尾；H ⟶ T—从头到尾

5.6.3 蛤蜊内壳

蛤蜊内壳包含两个不同浸润性的区域：无法抗油滴黏附的边缘区域和具有水下超疏油性的中央区域[77,82]。研究[83]发现，这两个区域的主要化学组成类似，均为亲水的无机碳酸钙；但两者表面结构却存在巨大差异。如图 5.21 所示，外围区域的片状碳酸钙整齐排列，表面较平整光滑；内部区域的块状碳酸钙无序堆积，具有很高的粗糙度。亲水性的碳酸钙组成使蛤蜊壳在水中具有疏油性，蛤蜊壳内部区域粗糙微纳米结构有利于将水分子锁在内部表面，降低蛤蜊壳与油滴的接触面积，保障其水下超疏油低油黏附的浸润特性[83,84]。

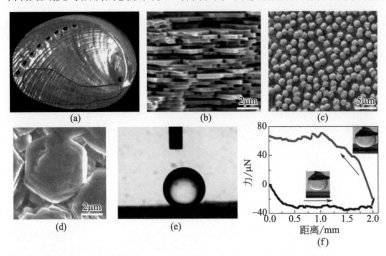

图 5.21　蛤蜊内壳的表面形貌及水下超疏油低油黏附性质[84]

5.6.4　鱼鳞

鱼鳞一度以其微纳米结构的水下减阻功能闻名，除此之外，研究人员发现鱼鳞还具有水下抗油滴浸润能力，这可以让鱼在游经含油水域时不受油污影响[85,86]。其奥秘在于鱼鳞的化学组成及微纳米结构。鱼鳞的主要成分为亲水性的磷酸钙，且最外层附有一层薄薄的蛋白质黏液层[87]；每个鱼鳞片的表面都分布着许多长 100～300μm、宽 30～40μm 的取向性突起，该突起结构具有纳米级的粗糙度，如图 5.22 所示。这种化学组成和微纳米结构可将水分子嵌入其中，并形成拒油水垫以抗油污黏附，从而赋予鱼鳞表面优异的水下疏油性能[85,88,89]。

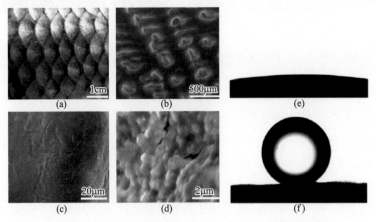

图 5.22　鱼鳞的表面形貌及水下抗油滴浸润/黏附性质[85]

5.6.5 虾壳

Zhang 等[90]研究虾的外壳发现，其表面具有均方根（root mean square，RMS）为 8nm 的粗糙结构，如图 5.23 所示。该结构有利于水分子在其表面黏附形成水层，从而使虾壳表面对油滴产生很强的排斥作用。此外，虾壳的主要化学成分为亲水性甲壳素，使得水分子可以在表面被截留，从而保障水层的稳定性，阻止油滴进入[91,92]。两种效应结合，使虾壳在海水环境中对油滴的黏附力也可较稳定地维持在小于 1μN 的状态（对油滴表现出极低的黏附性）[90,91]。

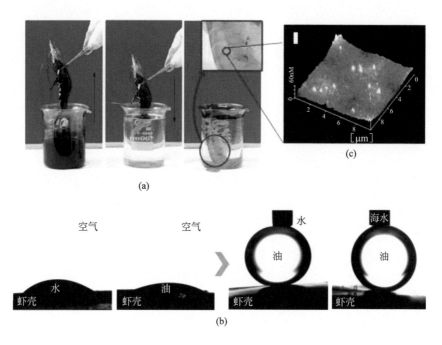

图 5.23 虾壳的表面形貌图及水下超疏油低油黏附性[90]

5.6.6 海藻

海藻（saccharina japonica；seaweed）以其特殊的生物化学组成及医药学功用而闻名，其特殊组成也赋予其超浸润性。研究表明，即使在高盐度和高离子强度溶液中，海藻仍表现出持久的水下超疏油性以及对油滴的低黏附性[93,94]。如图 5.24 所示，在不同浓度的 NaCl 溶液中（从纯水到完全饱和溶液），界面始终显示出大于 150° 的水下 OCA 和非常低的水下 OSA。海藻表面上存在大量的多孔粗糙结构，并含有大量藻酸盐、角叉菜胶和琼脂等天然多糖。这些多糖分子十分亲水，在高盐度溶液中也极易与水分子键合，使海藻表面形成水层。多孔粗糙微纳米结构和对盐不敏感的多糖分子的共同作用使得海藻表面具有耐盐的水下超疏油低油黏附性[94,95]。

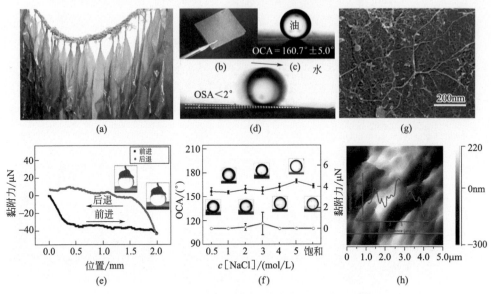

图 5.24　海藻及其耐盐的水下超疏油低油黏附性[93]

5.7 本章小结

自然界奇妙的生物现象及其背后的科学奥秘随着不断地被深入研究，变得更加鲜活而生动，细致而严谨。除了本章提到的自然界超浸润界面外，还有许多其他仿生超浸润界面，它们在带给研究者以科学启示的同时，也为各类生物技术、仿生材料的实现和应用提供了更多的构筑策略和可能性，相关内容将在后续章节展开介绍。自然之美和科学之美的精妙融合，让仿生超浸润界面未来可期。

课后习题

1.（不定项选择题）下列有关生物超浸润界面的说法中，合理的是（　　）。

A. 蚊子复眼具有密布阵列结构，可产生疏水毛细作用力，具有超疏水防雾功能

B. 人眼角膜前的泪膜具有超亲水特性，可使眼泪快速扩散，保护眼睛

C. 超疏油的微纳米结构常涉及分形粗糙、多级凹角等比超疏水更为复杂精细的结构

D. 水黾足部和壁虎脚掌都具有刚毛结构，两者的结构、超浸润性质均类似

2. (不定项选择题) 下列有关生物超浸润界面的说法中，合理的是（　　）。

A. 虾壳、蛤蜊内壳都具有亲水的无机化学组成，这是其表现水下超疏油低油黏附性质的关键之一

B. 海藻、鲍鱼表皮都具有亲水的有机化学组成，这是其表现水下超疏油低油黏附性质的关键之一

C. 花生叶因其自身需要，在高湿环境表现出超疏水性质，在低湿环境下表现出超亲水性质

D. 枯草芽孢杆菌生物膜高度疏水疏油，可防止液体渗入膜结构，并在一定时间内保持稳定

3. (不定项选择题) 下列有关生物超浸润界面的说法中，合理的是（　　）。

A. 龙舌兰、狗尾草、麦芒等都具有锥刺或锥针结构，使其具有潜在的集水或液滴输运能力

B. 白杨树叶表面的微纳米结构可作为多功能仿生模型，使其不仅超疏水，还具有高吸光特性

C. 壁虎粘在墙上主要是因为其脚掌结构与固体接触时产生的范德华力作用，即"干黏附"

D. 超疏水表面上容易操控液滴滚动，亲水表面上由于液滴的高黏附力难以控制液滴移动方向

4. (不定项选择题) 下列有关生物超浸润界面的说法中，合理的是（　　）。

A. 海藻表面的亲水多糖使其在高盐度溶液中也极易与水分子键合，在表面形成保护水层

B. 不同跳虫的表面超双疏性质源于类似的复杂纳米凹角结构及其表面保护性蛋白质等组成

C. 鲍鱼表皮的钩状棘刺具有一定取向，可重点保护鲍鱼头部不受油污染

D. 荷叶的自清洁与其上表面、下表面的超浸润性都有关

5. (简答题) 为什么超亲水表面和超疏油表面在自然界中发现的案例较其他浸润性或超浸润性表面少？

6. (简答题) 在液滴浸润行为上，南洋杉叶比起自然界一般的各向异性界面有何特殊之处？这为仿生设计液滴操控材料提示了何种策略？

7. (简答题) 对比荷叶上表面、蝴蝶翅膀的结构与性质，并说明有何区别。

8. (简答题) 对比蝴蝶翅膀、水稻叶上液滴的行为有何不同。

9. (简答题) 对比水稻叶、黑麦草的微纳米结构与超浸润性质有何异同。

10. (简答题) 对比黑麦草、仙人掌的微纳米结构与超浸润性有何异同。

11. (简答题) 对比仙人掌、蜘蛛丝的微纳米结构与其上液滴行为有何相似之处。

12. (简答题) 对比蜘蛛丝、沙漠甲虫集水策略及驱动力有何异同。

13. (简答题) 对比沙漠甲虫、槐叶萍操控液滴的策略有何相似之处。

14. (简答题) 槐叶萍的水下超疏水与鱼鳞实现水下超疏油的策略有何相似之处？

15. (论述题) 荷叶上下表面分别具有怎样的微纳米结构、化学组成和超浸润性质？其结构与组成如何导致其超浸润性？

16. (论述题) 猪笼草是一种神奇的生物，其叶笼从上到下可分为哪些主要区域？各个主要区域的功能和表面浸润/黏附性质分别是什么？

17. (论述题) 请分别解释下列名词："荷叶效应""花瓣效应""槐叶萍效应"。

18. (开放讨论) 回顾第7～14题，你有何感想？回顾第15、16题，你有何感想？

19. (开放讨论) 本章介绍了许多奇妙的生物界面，涉及人类、动物界、植物界、微生物界。选取你最感兴趣的或与你研究最相关的生物界面，检索至少3篇相关仿生界面材料的研究报道，撰写阅读报告。要求分别解释该研究如何模仿生物的微纳米结构和/或其超浸润相关性能，并展示仿生材料的相关结构与性能。

20. (开放讨论) 查询相关文献或搜索网络报道，了解蜘蛛丝、海藻、贝壳等本章涉及的生物在其他领域（除超浸润界面研究以外）涉及的生物科技或仿生研究、应用，以拓宽视野。

21. (开放讨论) 微纳米结构不仅可以影响液滴行为，还可影响光的反射、折射等。查阅本章相关参考文献并检索其他相关文献，尝试探究浸润性与结构色之间是否存在某种联系。

参考文献

[1] Li M, Li C, Blackman B R, et al.Mimicking nature to control bio-material surface wetting and adhesion[J].International Materials Reviews, 2021: 1-24.

[2] Zhang M, Feng S, Wang L, et al.Lotus effect in wetting and self-cleaning[J].Biotribology, 2016, 5: 31-43.

[3] Feng X, Jiang L.Design and creation of superwetting/antiwetting surfaces[J].Advanced Materials, 2006, 18 (23): 3063-3078.

[4] Zhang Z, Zhang Y W, Gao H.On optimal hierarchy of load-bearing biological materials[J]. Proceedings of the Royal Society B: Biological Sciences, 2011, 278 (1705): 519-525.

[5] Feng L, Li S, Li Y, et al.Super-hydrophobic surfaces: from natural to artificial[J].Advanced Materials, 2002, 14 (24): 1857-1860.

[6] Zhang J, Wang J, Zhao Y, et al.How does the leaf margin make the lotus surface dry as the lotus leaf floats on water?[J].Soft Matter, 2008, 4 (11): 2232-2237.

[7] Ellison A M.Nutrient limitation and stoichiometry of carnivorous plants[J].Plant Biology, 2006, 8 (06): 740-747.

[8] Lam W N, Chou Y Y, Leong F W S, et al.Inquiline predator increases nutrient-cycling efficiency of Nepenthes rafflesiana pitchers[J].Biology Letters, 2019, 15 (12): 20190691.

[9] Zhou S, Yu C, Li C, et al.Droplets crawling on peristome-mimetic surfaces[J].Advanced Functional Materials, 2020, 30 (12): 1908066.

[10] Liu Y, Tian Y, Chen J, et al.Design and preparation of bioinspired slippery liquid-infused porous surfaces with anti-icing performance via delayed phase inversion process[J].Colloids and Surfaces A: Physicochemical and Engineering Aspects, 2020, 588: 124384.

[11] Wang G, Guo Z.Liquid infused surfaces with anti-icing properties[J].Nanoscale, 2019, 11 (47): 22615-22635.

[12] Epstein A K, Wong T S, Belisle R A, et al.Liquid-infused structured surfaces with exceptional anti-biofouling performance[J].Proceedings of the National Academy of Sciences, 2012, 109 (33): 13182-13187.

[13] Ware C S, Smith P T, Peppou C S, et al.Marine antifouling behavior of lubricant-infused nanowrinkled polymeric surfaces[J].ACS Applied Materials & Interfaces, 2018, 10 (4): 4173-4182.

[14] Chen H, Zhang P, Zhang L, et al.Continuous directional water transport on the peristome surface of Nepenthes alata[J].Nature, 2016, 532 (7597): 85-89.

[15] Jing X, Si W, Sun J, et al.Wettability and droplet directional spread investigation of crescent array surface inspired by slippery zone of Nepenthes[J].Advanced Materials Interfaces, 2021: 2101231.

[16] Chen H, Zhang L, Zhang P, et al.A novel bioinspired continuous unidirectional liquid spreading surface structure from the peristome surface of Nepenthes alata[J].Small, 2017, 13 (4): 1601676.

[17] Park K C, Kim P, Grinthal A, et al.Condensation on slippery asymmetric bumps[J].Nature, 2016, 531 (7592): 78-82.

[18] Wang L, Zhang S, Li S, et al.Inner surface of Nepenthes slippery zone: ratchet effect of lunate cells causes anisotropic superhydrophobicity[J].Royal Society open science, 2020, 7 (3): 200066.

[19] Gao X, Yan X, Yao X, et al.The dry-style antifogging properties of mosquito compound eyes and artificial analogues prepared by soft lithography[J].Advanced Materials, 2007, 19 (17): 2213-2217.

[20] Liu H, Wang Y, Huang J, et al.Bioinspired surfaces with superamphiphobic properties: concepts, synthesis, and applications[J].Advanced Functional Materials, 2018, 28 (19): 1707415.

[21] Epstein A K, Pokroy B, Seminara A, et al.Bacterial biofilm shows persistent resistance to liquid wetting and gas penetration[J].Proceedings of the National Academy of Sciences, 2011, 108 (3): 995-1000.

[22] Rakitov R, Gorb S N.Brochosomal coats turn leafhopper (Insecta, Hemiptera, Cicadellidae) integument to superhydrophobic state[J].Proceedings of the Royal Society B: Biological Sciences, 2013, 280 (1752): 20122391.

[23] Yun G T, Jung W B, Oh M S, et al.Springtail-inspired superomniphobic surface with extreme pressure resistance[J].Science Advances, 2018, 4 (8): eaat4978.

[24] Bhushan B, Her E K.Fabrication of superhydrophobic surfaces with high and low adhesion inspired from rose petal[J].Langmuir, 2010, 26 (11): 8207-8217.

[25] Feng L, Zhang Y, Xi J, et al.Petal effect: a superhydrophobic state with high adhesive force[J].Langmuir, 2008, 24 (8): 4114-4119.

[26] Deng S, Shang W, Feng S, et al.Controlled droplet transport to target on a high adhesion surface with multi-gradients[J].Scientific Reports, 2017, 7 (1): 1-8.

[27] Shao Y, Zhao J, Fan Y, et al.Shape memory superhydrophobic surface with switchable transition between "Lotus Effect" to "Rose Petal Effect" [J].Chemical Engineering Journal, 2020, 382: 122989.

[28] Mukhopadhyay R D, Vedhanarayanan B, Ajayaghosh A.Creation of "Rose Petal" and "Lotus Leaf" effects on alumina by surface functionalization and metal-ion coordination[J].Angewandte Chemie, 2017, 129 (50): 16234-16238.

[29] Bormashenko E, Stein T, Whyman G, et al.Wetting properties of the multiscaled nanostructured polymer and metallic superhydrophobic surfaces[J].Langmuir, 2006, 22 (24): 9982-9985.

[30] Feng L, Zhang Y, Li M, et al.The structural color of red rose petals and their duplicates[J]. Langmuir, 2010, 26 (18): 14885-14888.

[31] Ye C, Li M, Hu J, et al.Highly reflective superhydrophobic white coating inspired by poplar leaf hairs toward an effective "cool roof" [J].Energy & Environmental Science, 2011, 4 (9): 3364-3367.

[32] Yang S, Ju J, Qiu Y, et al.Peanut leaf inspired multifunctional surfaces[J].Small, 2014, 10 (2): 294-299.

[33] Qu R, Zhang W, Li X, et al.Peanut leaf-inspired hybrid metal-organic framework with humidity-responsive wettability: toward controllable separation of diverse emulsions[J].ACS Applied Materials & Interfaces, 2020, 12 (5): 6309-6318.

[34] Zheng D, Jiang Y, Yu W, et al.Salvinia-effect-inspired "sticky" superhydrophobic surfaces

by meniscus-confined electrodeposition[J].Langmuir, 2017, 33 (47): 13640-13648.

[35] Yang Y, Li X, Zheng X, et al.3D-printed biomimetic super-hydrophobic structure for microdroplet manipulation and oil/water separation[J].Advanced Materials, 2018, 30 (9): 1704912.

[36] Barthlott W, Schimmel T, Wiersch S, et al.The Salvinia paradox: superhydrophobic surfaces with hydrophilic pins for air retention under water[J].Advanced Materials, 2010, 22 (21): 2325-2328.

[37] Zhou K, Li D, Xue P, et al.One-step fabrication of Salvinia-inspired superhydrophobic surfaces with High adhesion[J].Colloids and Surfaces A: Physicochemical and Engineering Aspects, 2020, 590: 124517.

[38] Amabili M, Giacomello A, Meloni S, et al.Unraveling the Salvinia paradox: design principles for submerged superhydrophobicity[J].Advanced Materials Interfaces, 2015, 2 (14): 1500248.

[39] Barthlott W, Schimmel T, Wiersch S, et al. Superhydrophobic coatings: The salvinia padadox: superhydrophobic surfaces with hydrophilic pins for air retention under water[J].Adv. Mater, 2010, 22: 2325.

[40] Mayser M J, Bohn H F, Reker M, et al.Measuring air layer volumes retained by submerged floating-ferns Salvinia and biomimetic superhydrophobic surfaces[J].Beilstein Journal of Nanotechnology, 2014, 5 (1): 812-821.

[41] Xiang Y, Huang S, Huang T-Y, et al.Superrepellency of underwater hierarchical structures on Salvinia leaf[J].Proceedings of the National Academy of Sciences, 2020, 117 (5): 2282-2287.

[42] De Nicola F, Castrucci P, Scarselli M, et al.Super-hydrophobic multi-walled carbon nanotube coatings for stainless steel[J].Nanotechnology, 2015, 26 (14): 145701.

[43] Babu D J, Mail M, Barthlott W, et al.Superhydrophobic vertically aligned carbon nanotubes for biomimetic air retention under water (Salvinia effect) [J].Advanced Materials Interfaces, 2017, 4 (13): 1700273.

[44] Autumn K, Sitti M, Liang Y A, et al.Evidence for van der Waals adhesion in gecko setae[J]. Proceedings of the National Academy of Sciences, 2002, 99 (19): 12252-12256.

[45] Liu K, Du J, Wu J, et al.Superhydrophobic gecko feet with high adhesive forces towards water and their bio-inspired materials[J].Nanoscale, 2012, 4 (3): 768-772.

[46] Sun G, Fang Y, Cong Q, et al.Anisotropism of the non-smooth surface of butterfly wing[J]. Journal of Bionic Engineering, 2009, 6 (1): 71-76.

[47] Zheng Y, Gao X, Jiang L.Directional adhesion of superhydrophobic butterfly wings[J].Soft Matter, 2007, 3 (2): 178-182.

[48] Han Z, Fu J, Wang Z, et al.Long-term durability of superhydrophobic properties of butterfly wing scales after continuous contact with water[J].Colloids and Surfaces A: Physicochemical and Engineering Aspects, 2017, 518: 139-144.

[49] Liu C, Ju J, Zheng Y, et al.Asymmetric ratchet effect for directional transport of fog drops on static and dynamic butterfly wings[J].ACS Nano, 2014, 8 (2): 1321-1329.

[50] Kannan R, Vaikuntanathan V, Sivakumar D.Dynamic contact angle beating from drops

impacting onto solid surfaces exhibiting anisotropic wetting[J].Colloids and Surfaces A: Physicochemical and Engineering Aspects, 2011, 386 (1-3): 36-44.

[51] Choi W, Tuteja A, Mabry J M, et al.A modified Cassie-Baxter relationship to explain contact angle hysteresis and anisotropy on non-wetting textured surfaces[J].Journal of Colloid and Interface Science, 2009, 339 (1): 208-216.

[52] Sheng X, Zhang J.Directional motion of water drop on ratchet-like superhydrophobic surfaces[J]. Applied Surface Science, 2011, 257 (15): 6811-6816.

[53] Zhao H, Park S J, Solomon B R, et al.Synthetic butterfly scale surfaces with compliance-tailored anisotropic drop adhesion[J].Advanced Materials, 2019, 31 (14): 1807686.

[54] Yu C, Sasic S, Liu K, et al.Nature-inspired self-cleaning surfaces: mechanisms, modelling, and manufacturing[J].Chemical Engineering Research and Design, 2020, 155: 48-65.

[55] Wu H, Zhang R, Sun Y, et al.Biomimetic nanofiber patterns with controlled wettability[J].Soft Matter, 2008, 4 (12): 2429-2433.

[56] Kennedy R.Directional water-shedding properties of feathers[J].Nature, 1970, 227 (5259): 736-737.

[57] Hu D L, Chan B, Bush J W.The hydrodynamics of water strider locomotion[J].Nature, 2003, 424 (6949): 663-666.

[58] Gao X, Jiang L.Water-repellent legs of water striders[J].Nature, 2004, 432 (7013): 36-36.

[59] Wu D, Wang J N, Wu S Z, et al.Three-level biomimetic rice-leaf surfaces with controllable anisotropic sliding[J].Advanced Functional Materials, 2011, 21 (15): 2927-2932.

[60] Guo P, Zheng Y, Liu C, et al.Directional shedding-off of water on natural/bio-mimetic taper-ratchet array surfaces[J].Soft Matter, 2012, 8 (6): 1770-1775.

[61] Gürsoy M, Harris M, Carletto A, et al.Bioinspired asymmetric-anisotropic (directional) fog harvesting based on the arid climate plant Eremopyrum orientale[J].Colloids and Surfaces A: Physicochemical and Engineering Aspects, 2017, 529: 959-965.

[62] Li D, Feng S, Xing Y, et al.Directional bouncing of droplets on oblique two-tier conical structures[J].RSC Advances, 2017, 7 (57): 35771-35775.

[63] Parker A R, Lawrence C R.Water capture by a desert beetle[J].Nature, 2001, 414 (6859): 33-34.

[64] Kostal E, Stroj S, Kasemann S, et al.Fabrication of biomimetic fog-collecting superhydrophilic-superhydrophobic surface micropatterns using femtosecond lasers[J].Langmuir, 2018, 34 (9): 2933-2941.

[65] Wu J, Zhang L, Wang Y, et al.Efficient and anisotropic fog harvesting on a hybrid and directional surface[J].Advanced Materials Interfaces, 2017, 4 (2): 1600801.

[66] Tsuchiya K, Ishii T, Masunaga H, et al.Spider dragline silk composite films doped with linear and telechelic polyalanine: Effect of polyalanine on the structure and mechanical properties[J]. Scientific Reports, 2018, 8 (1): 1-9.

[67] Xiang P, Wang S S, He M, et al.The in vitro and in vivo biocompatibility evaluation of electrospun recombinant spider silk protein/PCL/gelatin for small caliber vascular tissue engineering scaffolds[J].Colloids and Surfaces B: Biointerfaces, 2018, 163: 19-28.

[68] Michalik M, Surmacka M, Stalmach M, et al.Application of thin-layer chromatography

to ecotoxicological study with the Steatoda grossa spider web[J].JPC-Journal of Planar Chromatography-Modern TLC,2018,31(1):7-12.

[69] Chen Y,Zheng Y.Bioinspired micro-/nanostructure fibers with a water collecting property[J]. Nanoscale,2014,6(14):7703-7714.

[70] Zheng Y,Bai H,Huang Z,et al.Directional water collection on wetted spider silk[J].Nature, 2010,463(7281):640-643.

[71] Ju J,Bai H,Zheng Y,et al.A multi-structural and multi-functional integrated fog collection system in cactus[J].Nature Communications,2012,3(1):1-6.

[72] Martorell C,Ezcurra E.The narrow-leaf syndrome:a functional and evolutionary approach to the form of fog-harvesting rosette plants[J].Oecologia,2007,151(4):561-573.

[73] Elbaum R,Zaltzman L,Burgert I,et al.The role of wheat awns in the seed dispersal unit[J]. Science,2007,316(5826):884-886.

[74] Feng S,Zhu P,Zheng H,et al.Three-dimensional capillary ratchet-induced liquid directional steering[J].Science,2021,373(6561):1344-1348.

[75] Si Y,Dong Z,Jiang L.Bioinspired designs of superhydrophobic and superhydrophilic materials[J].ACS Central Science,2018,4(9):1102-1112.

[76] Cheng Q,Li M,Zheng Y,et al.Janus interface materials:superhydrophobic air/solid interface and superoleophobic water/solid interface inspired by a lotus leaf[J].Soft Matter,2011,7(13): 5948-5951.

[77] Jiang T,Guo Z,Liu W.Biomimetic superoleophobic surfaces:focusing on their fabrication and applications[J].Journal of Materials Chemistry A,2015,3(5):1811-1827.

[78] Cai Y,Lin L,Xue Z,et al.Filefish-inspired surface design for anisotropic underwater oleophobicity[J].Advanced Functional Materials,2014,24(6):809-816.

[79] Toosi S F,Moradi S,Ebrahimi M,et al.Microfabrication of polymeric surfaces with extreme wettability using hot embossing[J].Applied Surface Science,2016,378:426-434.

[80] Ben S,Zhou T,Ma H,et al.Multifunctional magnetocontrollable superwettable-microcilia surface for directional droplet manipulation[J].Advanced Science,2019,6(17):1900834.

[81] Ji Z,Yan C,Ma S,et al.3D printing of bioinspired topographically oriented surfaces with frictional anisotropy for directional driving[J].Tribology International,2019,132:99-107.

[82] Lin Y M,Song C,Rutledge G C.Direct three-dimensional visualization of membrane fouling by confocal laser scanning microscopy[J].ACS Applied Materials & Interfaces,2019,11(18): 17001-17008.

[83] Liu X,Zhou J,Xue Z,et al.Clam's shell inspired high-energy inorganic coatings with underwater low adhesive superoleophobicity[J].Advanced Materials,2012,24(25):3401-3405.

[84] Guo T,Heng L,Wang M,et al.Robust underwater oil-repellent material inspired by columnar nacre[J].Advanced Materials,2016,28(38):8505-8510.

[85] Liu M,Wang S,Wei Z,et al.Bioinspired design of a superoleophobic and low adhesive water/ solid interface[J].Advanced Materials,2009,21(6):665-669.

[86] Waghmare P R,Gunda N S K,Mitra S K.Under-water superoleophobicity of fish scales[J]. Scientific Reports,2014,4:7454.

[87] Gil-Duran S, Arola D, Ossa E.Effect of chemical composition and microstructure on the mechanical behavior of fish scales from Megalops Atlanticus[J].Journal of the Mechanical Behavior of Biomedical Materials, 2016, 56: 134-145.

[88] Xue Z X, Jiang L.Bioinspired underwater superoleophobic surfaces[J].Acta Polymerica Sinica, 2012 (10): 1091-1101.

[89] Lian Z, Xu J, Wan Y, et al.Tribological properties of fish scale inspired underwater superoleophobic hierarchical structure in aqueous environment[J].Materials Research Express, 2017, 4 (10): 106504.

[90] Zhang S, Lu F, Tao L, et al.Bio-inspired anti-oil-fouling chitosan-coated mesh for oil/water separation suitable for broad pH range and hyper-saline environments[J].ACS Applied Materials & Interfaces, 2013, 5 (22): 11971-11976.

[91] Larbi F, García A, Del Valle L J, et al.Comparison of nanocrystals and nanofibers produced from shrimp shell α-chitin: From energy production to material cytotoxicity and Pickering emulsion properties[J].Carbohydrate Polymers, 2018, 196: 385-397.

[92] Yan L, Li P, Zhou W, et al.Shrimp shell-inspired antifouling chitin nanofibrous membrane for efficient oil/water emulsion separation with in situ removal of heavy metal ions[J].ACS Sustainable Chemistry & Engineering, 2018, 7 (2): 2064-2072.

[93] Cai Y, Lu Q, Guo X, et al.Salt-tolerant superoleophobicity on alginate gel surfaces inspired by seaweed (saccharina japonica) [J].Advanced Materials, 2015, 27 (28): 4162-4168.

[94] Li Y, Zhang H, Fan M, et al.A robust salt-tolerant superoleophobic aerogel inspired by seaweed for efficient oil-water separation in marine environments[J].Physical Chemistry Chemical Physics, 2016, 18 (36): 25394-25400.

[95] Li Y, Zhang H, Fan M, et al.A robust salt-tolerant superoleophobic alginate/graphene oxide aerogel for efficient oil/water separation in marine environments[J].Scientific Reports, 2017, 7: 46379.

第6章
超浸润界面的仿生制备技术

6.1 "自下而上"法
6.2 "自上而下"法
6.3 整体模仿成型
6.4 本章小结与补充说明
本章习题
参考文献

从本书第 2 章、第 3 章、第 5 章可看出，超浸润界面相关性能与表面的微纳米结构、化学成分密切相关。本章将介绍构筑仿生特殊浸润性表面的多种方法，这些方法或是通过反应重新排列分子/原子来改变表面的化学性质，或是通过对固体表面进行外部高能冲击或/和相分离处理来改变表面的形貌；还有一些方法可以通过在原有表面上修饰目标物质或结构，从而同时改变表面的化学组成和形貌。这些方法的发现及应用可以赋予目标表面以类似生物表面的结构特性、化学性质，使其具备特定的浸润/黏附特性。

基于已有的基材进行修饰的表面制备方法主要包括"自下而上（bottom-up）"和"自上而下（top-down）"两大类。

"自下而上"法主要指将一些尺寸较小的结构单元通过相关作用力连接或修饰在基材上，主要包括表面合成、沉积、涂覆等制备策略。该类方法理论上节省材料故价格低廉，部分方法易被用于实际生产制造，但其可控制备是研究的重难点之一。

"自上而下"法主要指在尺度相对较大的基材上采用如机械摩擦、光刻、化学或电化学腐蚀/刻蚀等技术，获取尺度更小的微纳米结构。这类方法大多能选择性地改造表面，可用于精密制造，但相关技术仍处于基础科学研究探索的阶段。

上述两大类方法主要为在基材上修饰其他材料或对基材进行刻蚀、改性。在仿生科研领域和实际生产制造过程中，还有一些独特有趣的制备方法，可直接对表面进行整体制备，得到模仿自然界中的表面结构。

6.1 "自下而上"法

6.1.1 水热生长

水热法是一种在密封高压系统中，以水溶液为介质的化学反应制备方法，常用于合成无机金属氧化物纳米材料，也可用于在基材上生长微纳米结构[1-5]。在基材上水热生长微纳米结构需要先在其表面预置晶种。在特定的高压高温环境下，晶种因自身发生水解、离子等反应而生长。通过改变反应物的投料比或在反应中加入不同的表面活性剂，可以制备出具有不同形态和尺寸的表面结构[6-9]。如图 6.1 所示，Liu 等[2]利用水热法制备了 $Ni@SnO_2$ 纳米粒子@SiO_2 阳极材料。

除此之外，在某些体系中，也可将水热法中的水换为其他溶剂介质，例如以有机溶剂为介质的溶剂热法，其原理与水热法基本类似[10,11]。

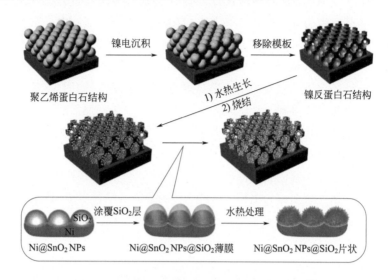

图 6.1　在基材上用水热法制备微纳米结构示例[2]

6.1.2　化学气相沉积

化学气相沉积（chemical vapor deposition，CVD）通常用于构筑无机或有机金属薄膜涂层或纳米结构表面[12-17]，是一种利用气相中的反应（或气相与基材界面间的反应）来修饰基材表面的化学方法。该化学反应通常借助加热的基材作为反应位点并提供合适的反应温度，一般采用挥发性化合物或气体作为反应物。在化学反应过程中，产物沉积在基材上，而副产物则保留在气相中。如图 6.2 所示，Vilaró 等[17]采用无溶剂化学气相沉积法制备了具有超疏水防腐蚀特性的纳米结构铜表面。

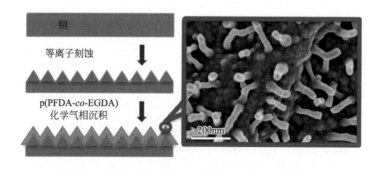

图 6.2　化学气相沉积法修饰基材表面化学组成的示例[17]

6.1.3 原子转移自由基聚合

原子转移自由基聚合（ATRP）通常借助表面引发的活性聚合来制备排列致密的聚合物刷[18-22]。在 ATRP 的化学反应过程中，原子转移是产生用于聚合的自由基反应性活性物质的途径。反应后，大分子被嵌入或接枝到基材上形成共聚物，导致基材的化学组成被改变，并且聚合物刷具有刺激响应性，可以产生受控或可变的微纳米结构[23-27]。如图 6.3 所示，Zhan 等[27]首先将溴连接到二氧化硅纳米粒子上（1→2），然后通过 ATRP 反应将氟化聚合物链接枝到纳米粒子上（2→3），材料形成了微纳米层级结构 4；在表面形成微液滴时 5，汇聚的液滴会因为不平衡的表面张力而变形 6，最终导致液滴定向移动到顶部，悬浮在表面 7，外力作用下会滚落 8。其中，液滴不平衡的表面张力主要由 ATRP 所制备的微纳米层级结构的梯度浸润性导致。该结构具有超疏水性质，且液滴不易在材料表面堆积，低温环境下还可用于防冰。

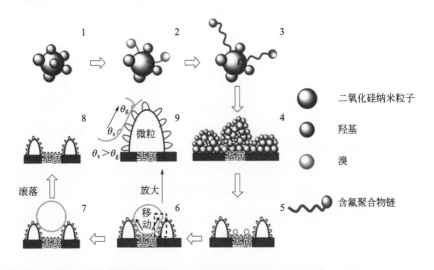

图 6.3　原子转移自由基聚合法修饰基材表面化学组成的示例[27]

6.1.4 表面氟化处理

科研人员可以利用某些特定物质对表面进行化学改性处理，以实现表面润湿性的改变。例如，表面氟化是一种利用氟化试剂［如 1H, 1H, 2H, 2H- 全氟癸基三氯硅烷（FDTS）］构筑不同材料超疏水性表面的典型途径（图 6.4）[28,29]，具体来说，就是将材料暴露于氟化试剂蒸气中或用液体氟化试剂洗涤材料；最终，表面出现含氟基团，表面能显著降低，疏水性增强。

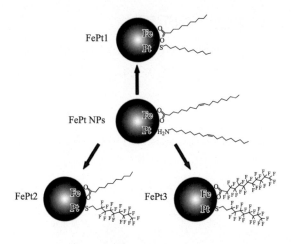

图6.4 氟化修饰基材表面化学组成的示例[28]

6.1.5 涂布法

涂布（涂层）法（coating）是一种典型的利用流体物理性质和相分离技术的物理方法，而聚合物薄膜涂层是修饰表面的常用策略[30]。黏性多有机组分聚合物溶液，可以通过不同的途径，如喷涂、弯液面涂层、旋涂、浸涂等[31-35]，涂覆在基材上，而后溶液中挥发性成分气化，聚合物固化。通过改变聚合物溶液的输送途径、输送速度、组分比等，可容易地制备具有各向异性或各向同性的不同结构。如图6.5所示，Xue等[30]进行纤维化学刻蚀后在其上涂布了超疏水涂层，该涂层可耐水洗、耐磨，具有自清洁性能。

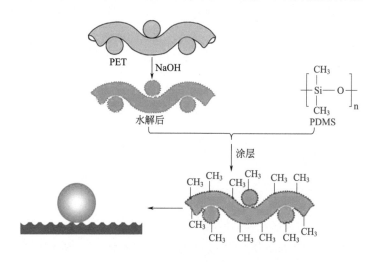

图6.5 涂层法修饰基材表面化学组成的示例[30]

6.1.6 物理气相沉积法

物理气相沉积法与化学气相沉积法类似，但其气相沉积的关键不是化学反应。物理气相沉积法主要有激光沉积技术、磁控溅射技术、分子束外延法等。

激光技术利用高能激光束，相比其他机械、物理制造技术更加精密[36-39]。当脉冲或连续的高能激光束投射到表面时，产生的热效应会导致目标表面区域的局部挥发或熔化。结合其他加工手段，激光雕刻或激光沉积技术可用于制备微纳米级精密的结构形貌，如图6.6所示。

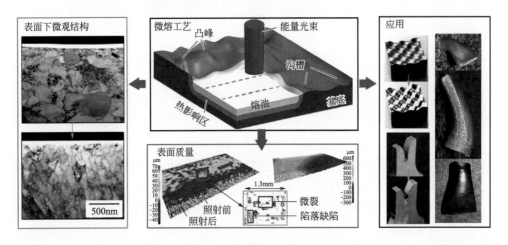

图6.6 激光沉积修饰基材表面形貌的示意[39]

与激光沉积类似，磁控溅射利用离子对靶材表面的高能冲击和随后的溅射来制造微纳米薄膜[40-43]。在该方法中，溅射粒子中的不带电粒子中沉积在基板上，而溅射粒子中的二次电子由于电场、磁场作用发生漂移。溅射和沉积过程不断重复，直至没有二次电子，制得薄膜。

分子束外延（molecular beam epitaxy，MBE）是近年来新发展的一种物理气相沉积技术，可利用真空环境下的高温诱导蒸气分子束[44-46]。这些分子束通过热运动沉积在基材上以生成晶体薄膜。分子束外延法不需要考虑中间化学反应，不受质量传输约束，加热时可对晶体生长及其中断过程进行瞬时控制，以达到对膜的组分、掺杂浓度等调控的目的。如图6.7所示，Li等[47,48]利用分子束外延法在氧化铝（Al_2O_3）表面生长了碲化铬（Cr_2Te_3）薄膜，可用于自旋电子器件。

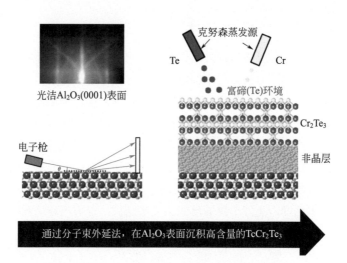

图 6.7 分子束外延法生长微纳米薄膜的示例[47,48]

6.1.7 电化学沉积法

电化学沉积法是利用外电场下电荷转移发生氧化还原反应的电化学方法，适用于导电材料，如金属、导电聚合物等[49-53]。电荷转移发生在电极附近或电极/电解质界面上，离子则通过电解质传输。经过电化学沉积后，电极界面上会形成微纳米级粗糙结构[54-56]。阳极氧化法属于电化学沉积法中常见的技术方法。将基材与阳极相连，由于其浸没电解液深度不同，导致基材两端存在电流梯度，可实现粗糙度梯度、浸润性梯度的构筑。如图 6.8 所示，Zheng 等[51]利用电化学沉积法在铜线上制备了具有梯度粗糙度的微纳米结构，该结构具有梯度浸润性，可实现液滴操控。

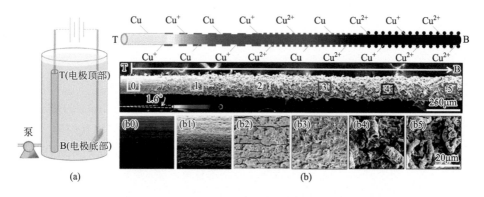

图 6.8 阳极氧化法制备梯度粗糙度、梯度浸润性结构示例[51]

6.1.8 静电纺丝法

静电纺丝法是在静电作用下,聚合物溶液或熔体喷射拉伸而获得纳米级纤维的纺丝方法。在本领域中,该方法常用于在基材上涂覆微纳米结构聚合物薄膜,可将其看作一种特殊的涂布法。高压静电可使聚合物溶液对抗表面张力形成喷射流[57-60];在喷涂过程中,挥发性成分迅速气化,喷射流变为微纳米纤维,固定在接收器或基材上。该方法可通过多参数(如喷射装置及方式、内外流体聚合物溶液的组成、电压、接收方式等)调节,实现表面结构可控制备。如图 6.9 所示,Zheng 等[57] 采用同轴静电纺丝法制备了核壳结构珠串纤维,类似于蜘蛛丝的微纳米结构,可响应环境湿度。

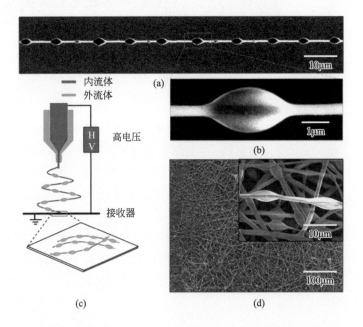

图 6.9　静电纺丝法在基材上修饰微纳米结构聚合物薄膜的示例[57]

6.1.9 逐层自组装

逐层自组装(layer by layer,LbL)是通过在基材表面上的层层沉积,制造膜材料的典型技术[61-63]。其中,层之间通过分子间相互作用(如配位键、氢键)结合。该方法可结合其他物理、化学反应方法,如选择性反应和一些"自上而下"法的策略,以制备复杂表面(如梯度浸润性表面、图案化浸润性表面等)。如图 6.10 所示,可借助选择性光催化分解反应,采用逐层自组装法在表面构筑超亲水的二氧化钛(TiO_2)层和超疏水的含氟硅氧烷

（十七氟癸基三甲氧基硅烷，FAS）层；光催化分解反应时在表面盖上有特定形状的光罩，遮盖区域仍保持超疏水，未遮盖区域FAS层被分解，表面为超亲水。其中，光罩的形状可改变，以制备不同图案的梯度浸润界面[64,65]。

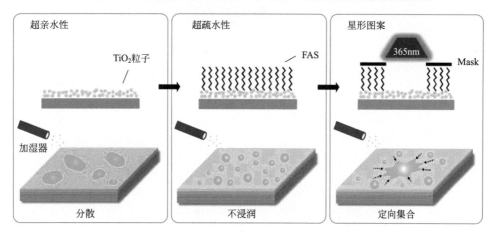

图6.10　逐层自组装法制备图案化浸润性表面的示例[64]

6.2 "自上而下"法

6.2.1 机械磨损

机械磨损（abrasion）如抛光、喷砂、手工磨砂等工艺，是工业上常采用的表面处理方法，属于机械方法。抛光（polishing）可使材料表面更平整，而喷砂（sand blasting）、手工磨砂（sandpapering/hand sanding）等可改变材料表面粗糙度。处理时需使用研磨材料，如二氧化硅（SiO_2）、氧化铝（Al_2O_3），用手或使用机器摩擦表面。通过优化研磨材料尺寸、冲击速度等条件参数，该方法可直接调控表面粗糙度，避免材料表面发生化学变化[66]。如图6.11所示，在研究粘接性能时，材料表面需要进行预处理，如增加表面粗糙度以提高与胶结合的界面性能。图6.11分别展示了手工磨砂、机械喷砂、可剥布（peel ply）处理后的材料表面。

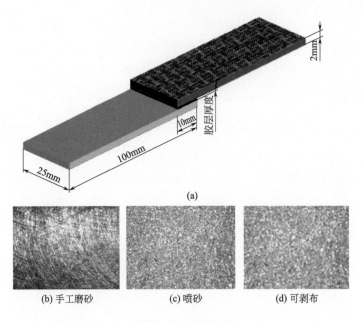

(b) 手工磨砂　　(c) 喷砂　　(d) 可剥布

图 6.11　机械磨损调节表面粗糙度的示例[66]

6.2.2　化学刻蚀法

化学刻蚀法一般通过化学试剂对材料表面进行刻蚀，如传统的酸蚀、碱蚀等工艺，也可称为湿法刻蚀[67,68]。在亲水处理方面，常使用强氧化剂使材料表面发生羟基化，增加材料的表面能和亲水性。图 6.12 中所用强氧化剂为

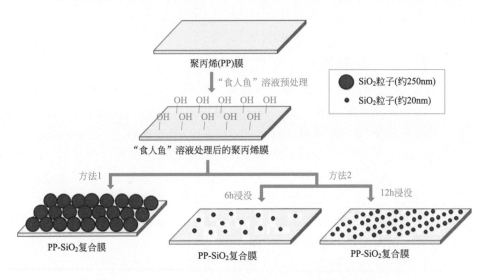

图 6.12　"食人鱼"溶液化学刻蚀使基材表面羟基化示例[72]

"食人鱼"(piranha)溶液,由浓硫酸和30%双氧水按一定比例(如7∶3,3∶1)组成[69-71],可用于玻璃、硅片、陶瓷、碳纤维等材料的清洗,可除去材料表面大多数小分子有机污染物;使材料表面羟基化,获得超亲水性可直接功能化应用;也可作为初步处理手段便于后续在材料上构建其他结构。

6.2.3 等离子体处理

等离子体(plasma)处理是一种物理化学过程,适用于多种材料,可在微调材料粗糙度的同时显著改变材料表面浸润性。首先,工艺气体被电离激活,即形成等离子体。然后,将基板暴露于等离子体环境下处理。通常的等离子体清洗采用氧气或空气等离子体处理材料表面,可提高表面氧/碳(O/C)元素比和改变表面极性官能团,使材料的表面能、亲水性显著提高[73-77]。基于该原理的等离子体处理技术通常有常压或真空下的等离子体清洗、等离子体刻蚀技术。处理后,材料表面通常产生超亲水性或高度亲水性。如图6.13所示,常压等离子体处理后的碳纤维复合材料(carbon fibre reinforced polymer,CFRP)材料界面的化学性质被改善活化,便于后续与其他材料黏合。此外,某些等离子体处理技术(如等离子体聚合技术、等离子体氟化技术等)也可赋予材料超疏水性,或可通过调节相关工艺参数使最终材料表面产生纳米粗糙结构,进而实现超疏水[78-80]。

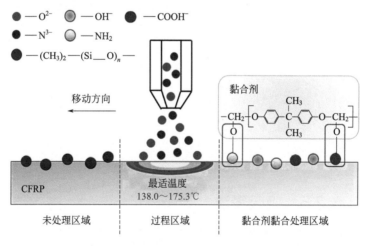

图6.13 等离子体处理改变基材表面结构和化学组成的示例[73]

6.2.4 溶胶–凝胶法

溶胶-凝胶法常用于制备软材料，如水凝胶和有机凝胶基材，以进一步用于超浸润相关研究[81-84]；也可用于对已有基材进行填充，或在材料上制备微纳米结构。溶胶-凝胶法主要涉及以下阶段：首先，将含有活性金属的化合物或酯溶于水性或有机溶剂中；其次，上述溶液发生水解反应，生成一些纳米级的颗粒，溶液转化为溶胶；之后，溶胶在蒸发过程中失去溶剂，胶体颗粒凝聚在一起，经陈化变成凝胶；最后可根据需求对产品进行后处理，如干燥和烧结。大部分凝胶产品能够可控设计且具有柔性，改变外部条件可调控其表面粗糙度、微纳米结构、浸润性等[85-87]。如图 6.14 所示，Onoda 等[87]报道了随着温度的升高，ABC 三嵌段共聚物的结构从单体变化为胶束连接网络的过程；以及由氧化还原变化驱动结构变化可使溶胶-凝胶周期性转变。

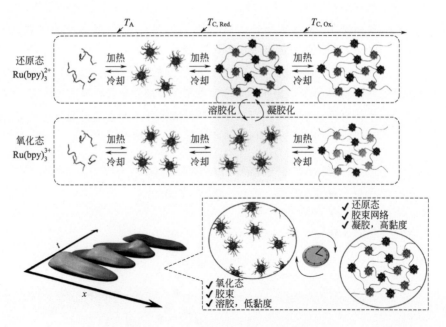

图 6.14 溶胶–凝胶转变机理示例[87]

6.2.5 呼吸图法

一些制备方法涉及的聚合物固化过程可结合呼吸图法（breath figure method，BF）[88-93]。呼吸图法通常在高湿度环境中进行，在挥发性有机组分气化前，高湿度导致微小液滴凝结在黏性聚合物溶液表面，并均匀凝聚或分散。随着有机组分的挥发，由于水的表面张力，聚合物在水/挥发性有机组分界面周围固化，保持有序的微小液滴排列，同时避免水进一步冷凝。在有机成分和水完全蒸发后，可形成微孔/多孔结构或蜂窝结构。此外，该方法可结合溶胶-凝胶法，获得具有多孔微纳米结构的凝胶材料，可直接使用或用于后续制备过程；该方法也可与其他"自下而上"法结合，如结合发展为湿组装等技术。如图 6.15 所示，采用呼吸图法制备的多孔结构模板，经过氟化处理后注入润滑液，可制成 SLIPS 表面。

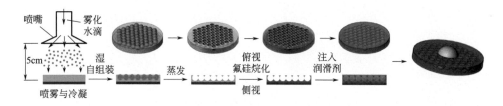

图 6.15　呼吸图法获得孔结构示例[93]

6.3　整体模仿成型

6.3.1　软复型法

仿生研究人员开发了一些有趣的方法，可直接复制目标表面结构[94-96]。软复型（soft replica 或 soft lithography，也称为软复制、软模板、软印刷法）[97-105] 是仿生实验和软材料研究中常用的一种方法，如图 6.16（a）所示。典型过程如下：首先，将新鲜的生物样品（如叶片、花瓣）平铺在培养皿中，倒入无气泡待固化的聚合物混合物，如一定比例（如 10∶1）的聚二甲基硅氧烷（polydimethylsiloxane，PDMS）及其固化剂，经过均匀搅拌和真空排气泡处理；其次，将培养皿中的物质加热固化并冷却至室温，小心地将 PDMS 与生物样品剥离，由此可获得与目标结构镜面对称的 PDMS 模具；最后，用镜像模具仿照上述步骤可制得具有目标结构的表面。如果目标材料也为 PDMS，则需要事先对 PDMS 镜面模具进行氟化处理。该方法中，加热温度和时间以及冷却过程会影响固化后 PDMS 的硬度和柔韧性。如果目标材料为其他物质，如图 6.16（b）中所用的聚偏二氟乙烯（PVDF）粉末，则将其铺展在干净的载玻片上并加热至有机物完全熔化，热压在 PDMS 镜面模具上，以实现 PVDF 目标结构化表面[106]。

上述实验过程直接基于生物表面开始复型，需进行两次复型操作，因此也被称为二次软复型法。此外，复型法也可在无生物表面的情况下应用，以实现仿生制备。如图 6.16（c）所示，一些特定的镜像结构模具可通过在塑料板材上三维打点、钻孔等方式人工机械制造，然后使用该模具进行一次复型操作，即可获得目标结构[107]。

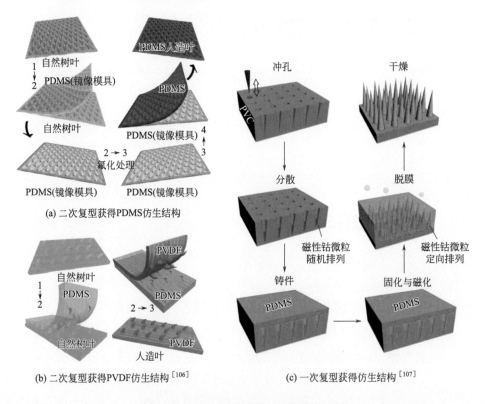

图 6.16　软复型法仿生复制表面结构示例

6.3.2　3D 打印

3D 打印[107]，也称为增材制造（additive manufacturing）或 3D 快速成型技术，是另一种可以直接仿制生物样品表面结构的方法。在这种方法中，先采用计算机三维制图软件绘制生物样本或其他结构的 3D 模型，然后使用计算机软件对模型进行切片等分析处理，再由 3D 打印装置（图 6.17）逐层打印 3D 目标产品[108]。

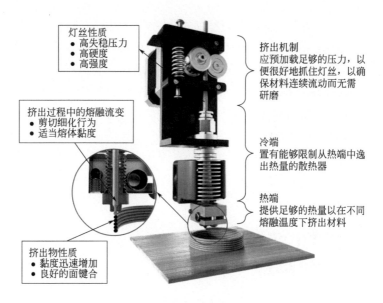

图 6.17　3D 打印装置示例[108]

针对不同的打印耗材或固化/成型方式，3D 打印技术可采用不同工艺，例如多适用于金属材料的选择性激光熔化（selective laser melting，SLM）[109-111]，多适用于光固化树脂的数字光处理（digital light processing，DLP）[112-119]，多适用于热塑性塑料、陶瓷、金属粉末的选择性激光烧结（selective laser sintering，SLS）[120-122]。自 2015 年以来，DLP 相关技术（图 6.18）在我国

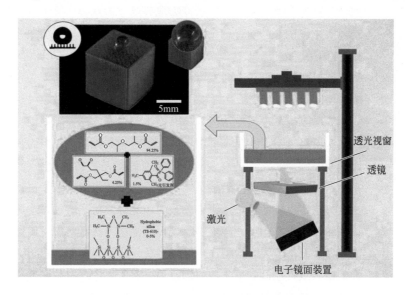

图 6.18　DLP 法构建微纳米结构表面示例[119]

发展迅速，已可实现更精细的微纳米级结构／材料制造。例如，基于投影微光刻立体曝光（PμLSE）技术[123,124]，空间光调制器用作动态掩模，可以并行制造3D微结构。在制造过程中，将切片的3D模型导入DLP控制器，启动设备，通过紫外线照射，树脂逐层固化[125-129]；当一层制造完成后，模型平台会根据固化层的厚度上升或下降；最后，上述步骤重复，直到完成全部3D样品的制造。

6.4 本章小结与补充说明

本章将相关制备方法分类为基材"从下到上"法、基材"从上到下"法、整体模仿成型，介绍了仿生超浸润界面一些典型、常见的制备方法。本书采用这种分类主要是便于归类学习与理解，但需要指出，实际上某些相似的技术和操作在严格意义上可能涉及不同分类。例如，用化学物质处理表面可以实现化学氧化、化学刻蚀；利用电化学技术可实现电化学沉积、电化学刻蚀；利用等离子体相关技术可实现等离子体聚合、等离子体刻蚀；利用激光表面处理技术可以有激光沉积法、激光刻蚀法，基于相关技术还发展出了3D打印法。

基于不同角度、不同领域的研究范围，一些方法的分类可能难以尽善尽美。例如溶胶-凝胶法、呼吸图法在原理上主要是在原始材料基础上利用相分离手段获得更小尺度结构，与磨损、刻蚀等方法去除局部材料以获得微纳米结构策略类似，因此本书在本章介绍时将其归于"自上而下"法，便于类比理解；然而，它们的直观表现形式有时却是"自下而上"，即被用于填充基材、在基材上修饰或组装结构。对于仿生超浸润领域而言，研究如何通过这些方法仿生制备特定结构十分重要；此外，对于方法本身的研究改进也是该领域的重点。相反，静电纺丝、一些涂层方法有些步骤的原理也涉及相分离手段，但由于大多数情况下仅涉及单一步骤而非整体思想策略，且本领域多数研究重点在借助该方法修饰表面，对于方法本身的研究是其他特定领域研究的范畴，因此，本书仅基于该方法的应用方式将其归于"自下而上"。

为规避上述问题及悖论，也有本领域论文、书籍将制备方法按照机械、物理、化学等方法进行分类，但相应文献也同时指出较多方法可能涉及复杂变化难以归类。综上，本书认为，不必过分拘泥于制备方法的分类，仅需知晓分类下的典型方法并掌握策略思想即可。本章重在帮助读者了解相关仿生制备技术，以及理解如何采用相关方法调控表面微纳米结构与化学组成以获得仿生超浸润界面。

本章习题

1.（不定项选择题）以下有关"自下而上"法的说法中，不合理的是（　　）。

A. 在材料表面生长无机金属氧化物微纳米结构可归类为"自下而上"法

B. 通过化学反应、物理沉积、涂覆涂层等方法在基材上修饰新结构都属于典型的"自下而上"法

C. 对材料进行机械打磨加工属于典型的"自下而上"法

D. 有机聚合物材料表面的嵌段、接枝可归类为"自下而上"法

2.（单选题）以下有关化学处理方法的说法中，不合理的一项是（　　）。

A. 化学试剂不仅可以去除一些表面污染物，对于特定材料还可进行氧化、刻蚀等

B. 经过化学处理后的材料表面，通常具有特定的微纳米结构、化学组成/分布及超浸润性

C. 相比其他表面处理方法，化学处理是一种低成本且性价比较高的方法，多用于无机材料

D. 化学处理是工业上常用的方法，但有时易造成环境污染，因此有必要尝试更清洁的方法

3.（单选题）以下有关制备方法的说法中，最不恰当的一项是（　　）。

A. 溶胶-凝胶和呼吸图法都利用相分离，在制备凝胶时可结合呼吸图法获得有多孔结构的凝胶

B. 静电纺丝法在原理上和核心策略上与相分离技术类似，此外也属于典型的电化学制备法

C. 层层自组装可结合选择性催化反应，是制备具有浸润性图案表面的有效方法之一

D. 激光沉积技术可归类于"自下而上"法，激光刻蚀/雕刻技术可归类于"自上而下"法

4.（填空题）化学气相沉积法的英文是_____，该方法借助发生

在_____界面的化学反应实现修饰。物理气相沉积法涉及另一大类气相沉积技术，其关键因素不为化学反应，_____、_____等方法都属于物理气相沉积法。

5.（填空题）一些表面科技可调控材料表面浸润相关性质，从而模仿自然生物界面的超浸润性。例如，"食人鱼"溶液处理后的硅片、玻璃表面通常具有_____性质；而氟化试剂处理后可使材料表面获得_____性质；等离子体聚合处理技术通常可使表面具有_____性质，而等离子体清洗后，材料表面的_____通常大幅降低。

6.（填空题）某材料相关专业学生种植了一盆多肉植物，摘了一片叶子，观察发现叶片的表面微观结构为均匀分布的针形阵列，每个针形粗 0.1mm 左右。该同学可利用一次复型法获得仿生叶子模型，在制备镜像结构的模具时可采用_____、_____等机械制造方法。

7.（简答题）某生化相关专业学生种植了一盆多肉植物，摘了一片叶子，想尝试利用二次软复型法获得 PDMS 仿生叶子模型，请简要概括该同学所需进行的实验步骤。

8.（简答题）某机械相关专业学生种植了一盆多肉植物，摘了一片叶子，想使用实验室的 3D 打印设备制造仿生叶子模型，请简要概括该同学所需进行的实验步骤。

9.（开放讨论）等离子体表面处理技术近年来在基础研究、工业化生产等领域非常热门。有说法认为，等离子体刻蚀属于刻蚀的一种，应该被归类于"自上而下"法；也有说法认为，等离子体清洗、刻蚀技术在材料表面引入了高表面能/亲水的含氧官能团，应该属于"自下而上"法。如何评论这两种说法和这种存在不同说法的现象？

10.（开放讨论）有论文或书籍将相关制备技术按照机械、化学、电化学、物理等方法进行分类，请参照相关参考文献或只根据你自己的理解，对每一类型给出解释性定义并对本章节提到的相关方法进行归类。

11.（开放讨论）在本章节所介绍的方法中，选取你感兴趣（或曾经研究使用过，或今后可能会采用）的制备方法，以下任务三选一完成：①检索 1~2 篇仿生超浸润领域近年来发表的外文综述，节选与制备方法相关的部分进行翻译，要求 1500 字左右；②选取 1 种制备方法，检索 1 篇近年来发表的以该制备方法为主题或主要涉及该方法的外文综述，节选你认为最有意义或有趣的部分进行翻译，要求 1500 字左右；③选取 1 种制备方法，检索 2~3 篇典型的或近年来发表的采用该制备方法的实验类论文，完成一篇 900 字左右的报告，内容要求分别指出制备方法的要点/创新点，重点解释如何通过该制备方法获得所需的微纳米结构/化学性质或超浸润/黏附性质，最后总体给出简短总结。

参考文献

[1] Jia X, Lynch A, Huang Y, et al. Anthropogenic biases in chemical reaction data hinder exploratory inorganic synthesis[J]. Nature, 2019, 573 (7773): 251-255.

[2] Liu J, Zhang H G, Wang J, et al. Hydrothermal fabrication of three-dimensional secondary battery anodes[J]. Advanced Materials, 2014, 26 (41): 7096-7101.

[3] Rui M, Li X, Gan L, et al. Ternary oxide nanocrystals: universal laser-hydrothermal synthesis, optoelectronic and electrochemical applications[J]. Advanced Functional Materials, 2016, 26 (28): 5051-5060.

[4] Chu H O, Quan W, Shi Y J, et al. Structural, optical properties and optical modelling of hydrothermal chemical growth derived ZnO nanowires[J]. Transactions of Nonferrous Metals Society of China, 2020, 30 (1): 191-199.

[5] Chen X, Shen Y, Zhang W, et al. In-situ growth of ZnO nanowire arrays on the sensing electrode via a facile hydrothermal route for high-performance NO_2 sensor[J]. Applied Surface Science, 2018, 435: 1096-1104.

[6] Li C, Zhang D, Hao X, et al. High-yield synthesis of opened-book like Co_3O_4 from precursor and catalytic property[J]. Nanoscience and Nanotechnology Letters, 2016, 8 (3): 277-281.

[7] Lin C G, Zhou W, Xiong X T, et al. Digital control of multistep hydrothermal synthesis by using 3D printed reactionware for the synthesis of metal-organic frameworks[J]. Angewandte Chemie, 2018, 130 (51): 16958-16962.

[8] Liu X, Chen C, Ye H, et al. One-step hydrothermal growth of carbon nanofibers and insitu assembly of Ag nanowire@ carbon nanofiber@ Ag nanoparticles ternary composites for efficient photocatalytic removal of organic pollutants[J]. Carbon, 2018, 131: 213-222.

[9] Liu Z, Zhou X, Qian Y. Synthetic methodologies for carbon nanomaterials[J]. Advanced Materials, 2010, 22 (17): 1963-1966.

[10] Chin S J, Doherty M, Vempati S, et al. Solvothermal synthesis of graphene oxide and its composites with poly (ε-caprolactone) [J]. Nanoscale, 2019, 11 (40): 18672-18682.

[11] Wang K, Du H, Sriphathoorat R, et al. Vertex-type engineering of Pt-Cu-Rh heterogeneous nanocages for highly efficient ethanol electrooxidation[J]. Advanced Materials, 2018, 30 (45): 1804074.

[12] Luong D X, Bets K V, Algozeeb W A, et al. Gram-scale bottom-up flash graphene synthesis[J]. Nature, 2020, 577 (7792): 647-651.

[13] Yuan G, Lin D, Wang Y, et al. Proton-assisted growth of ultra-flat graphene films[J]. Nature, 2020, 577 (7789): 204-208.

[14] Liu C, Wang L, Qi J, et al. Designed growth of Large-size 2D single crystals[J]. Advanced Materials, 2020: 2000046.

[15] Zhang J, Lin L, Jia K, et al. Controlled growth of single-crystal graphene films[J]. Advanced

Materials, 2020, 32 (1): 1903266.

[16] Reichart P, Datzmann G, Hauptner A, et al. Three-dimensional hydrogen microscopy in diamond[J]. Science, 2004, 306 (5701): 1537-1540.

[17] Vilaró I, Yagü E J L, Borró S S.Superhydrophobic copper surfaces with anticorrosion properties fabricated by solventless CVD methods[J]. ACS Applied Materials & Interfaces, 2017, 9 (1): 1057-1065.

[18] Layadi A, Kessel B, Yan W, et al. Oxygen tolerant and cytocompatible Iron (0) -mediated ATRP enables the controlled growth of polymer brushes from mammalian cell cultures[J]. Journal of the American Chemical Society, 2020, 142 (6): 3158-3164.

[19] Matyjaszewski K. Advanced materials by atom transfer radical polymerization[J]. Advanced Materials, 2018, 30 (23): 1706441.

[20] Hovlid M L, Lau J L, Breitenkamp K, et al. Encapsidated atom-transfer radical polymerization in Qβ virus-like nanoparticles[J]. ACS Nano, 2014, 8 (8): 8003-8014.

[21] Fang C, Fantin M, Pan X, et al. Mechanistically guided predictive models for ligand and initiator effects in copper-catalyzed atom transfer radical polymerization (Cu-ATRP) [J]. Journal of the American Chemical Society, 2019, 141 (18): 7486-7497.

[22] Navarro L A, Enciso A E, Matyjaszewski K, et al. Enzymatically degassed surface-initiated atom transfer radical polymerization with real-time monitoring[J]. Journal of the American Chemical Society, 2019, 141 (7): 3100-3109.

[23] Theriot J C, Lim C H, Yang H, et al. Organocatalyzed atom transfer radical polymerization driven by visible light[J]. Science, 2016, 352 (6289): 1082-1086.

[24] Li F, Cao M, Feng Y, et al. Site-specifically initiated controlled/living branching radical polymerization: a synthetic route toward hierarchically branched architectures[J]. Journal of the American Chemical Society, 2018, 141 (2): 794-799.

[25] Evci M, Tevlek A, Aydin H M, et al. Synthesis of temperature and light sensitive mixed polymer brushes via combination of surface-initiated PET-ATRP and interface-mediated RAFT polymerization for cell sheet application[J]. Applied Surface Science, 2020, 511: 145572.

[26] Schüwer N, Klok H A. A potassium-selective quartz crystal microbalance sensor based on crown-ether functionalized polymer brushes[J]. Advanced Materials, 2010, 22 (30): 3251-3255.

[27] Zhan X, Yan Y, Zhang Q, et al. A novel superhydrophobic hybrid nanocomposite material prepared by surface-initiated AGET ATRP and its anti-icing properties[J]. Journal of Materials Chemistry A, 2014, 2 (24): 9390-9399.

[28] Ofir Y, Samanta B, Arumugam P, et al. Controlled fluorination of FePt nanoparticles: Hydrophobic to superhydrophobic surfaces[J]. Advanced Materials, 2007, 19 (22): 4075-4079.

[29] Zhou H, Wang H, Niu H, et al. Fluoroalkyl silane modified silicone rubber/nanoparticle composite: a super durable, robust superhydrophobic fabric coating[J]. Advanced Materials, 2012, 24 (18): 2409-2412.

[30] Xue C H, Li Y R, Zhang P, et al. Washable and wear-resistant superhydrophobic surfaces with self-cleaning property by chemical etching of fibers and hydrophobization[J]. ACS Applied Materials & Interfaces, 2014, 6 (13): 10153-10161.

[31] Zhu H, Guo Z, Liu W. Biomimetic water-collecting materials inspired by nature[J]. Chemical Communications, 2016, 52 (20): 3863-3879.

[32] Bai H, Sun R, Ju J, et al. Large-scale fabrication of bioinspired fibers for directional water collection[J]. Small, 2011, 7 (24): 3429-3433.

[33] Xue Y, Chen Y, Wang T, et al. Directional size-triggered microdroplet target transport on gradient-step fibers[J]. Journal of Materials Chemistry A, 2014, 2 (20): 7156-7160.

[34] Li W, Liu X, Deng Z, et al. Tough bonding, on-demand debonding, and facile rebonding between hydrogels and diverse metal surfaces[J]. Advanced Materials, 2019, 31 (48): 1904732.

[35] Kramer I J, Minor J C, Moreno-Bautista G, et al. Efficient spray-coated colloidal quantum dot solar cells[J]. Advanced Materials, 2015, 27 (1): 116-121.

[36] Li Y, Meng S, Gong Q, et al. Experimental and theoretical investigation of laser pretreatment on strengthening the Heterojunction between Carbon fiber-reinforced plastic and Aluminum alloy[J]. ACS Applied Materials & Interfaces, 2019, 11 (24): 22005-22014.

[37] Shin J, Jeong B, Kim J, et al. Sensitive wearable temperature sensor with seamless monolithic integration[J]. Advanced Materials, 2019: 1905527.

[38] Zhang K, Guo X, Wang C, et al. Effect of plasma-assisted laser pretreatment of hard coatings surface on the physical and chemical bonding between PVD soft and hard coatings and its resulting properties[J]. Applied Surface Science, 2020: 145342.

[39] Deng T, Li J, Zheng Z. Fundamental aspects and recent developments in metal surface polishing with energy beam irradiation[J]. International Journal of Machine Tools and Manufacture, 2020, 148: 103472.

[40] Ou Y, Ouyang X, Liao B, et al. Hard yet tough CrN/Si_3N_4 multilayer coatings deposited by the combined deep oscillation magnetron sputtering and pulsed dc magnetron sputtering[J]. Applied Surface Science, 2020, 502: 144168.

[41] Anton R, Leisner V, Watermeyer P, et al. Hafnia-doped silicon bond coats manufactured by PVD for SiC/SiC CMCs[J]. Acta Materialia, 2020, 183: 471-483.

[42] Hinterleitner B, Knapp I, Poneder M, et al. Thermoelectric performance of a metastable thin-film Heusler alloy[J]. Nature, 2019, 576 (7785): 85-90.

[43] Li J, Li C X, Chen Q Y, et al. Super-hydrophobic surface prepared by lanthanide oxide ceramic deposition through PS-PVD process[J]. Journal of Thermal Spray Technology, 2017, 26 (3): 398-408.

[44] Yu J, Wang L, Hao Z, et al. Van der Waals epitaxy of Ⅲ-Nitride semiconductors based on 2D materials for flexible applications[J]. Advanced Materials, 2020, 32 (15): 1903407.

[45] Liang Y, Chen Y, Sun Y, et al. Molecular beam epitaxy and electronic structure of atomically thin Oxyselenide films[J]. Advanced Materials, 2019, 31 (39): 1901964.

[46] Xu Z, Guo X, Yao M, et al. Anisotropic topological surface states on high-index Bi2Se3 films[J]. Advanced Materials, 2013, 25 (11): 1557-1562.

[47] Li H, Li C, Tao B, et al. Two-dimensional metal telluride atomic crystals: preparation, physical properties, and applications[J]. Advanced Functional Materials, 2021: 2010901.

[48] Li H, Wang L, Chen J, et al. Molecular beam epitaxy grown Cr_2Te_3 thin films with tunable Curie temperatures for spintronic devices[J]. ACS Applied Nano Materials, 2019, 2 (11): 6809-6817.

[49] Zhao C Z, Zhao Q, Liu X, et al. Rechargeable Lithium metal batteries with an in-built solid-state polymer electrolyte and a high voltage/loading Ni-rich layered cathode[J]. Advanced Materials, 2020, (12): 1905629.

[50] Xu T, Lin Y, Zhang M, et al. High-efficiency fog collector: water unidirectional transport on heterogeneous rough conical wires[J]. ACS Nano, 2016, 10 (12): 10681-10688.

[51] Xing Y, Wang S, Feng S, et al. Controlled transportation of droplets and higher fog collection efficiency on a multi-scale and multi-gradient copper wire[J]. RSC Advances, 2017, 7 (47): 29606-29610.

[52] Cho S, Lee J S, Joo H. Recent developments of the solution-processable and highly conductive polyaniline composites for optical and electrochemical applications[J]. Polymers, 2019, 11 (12): 1965.

[53] Renner F, Stierle A, Dosch H, et al. Initial corrosion observed on the atomic scale[J]. Nature, 2006, 439 (7077): 707-710.

[54] Feng Y, Huang B, Yang C, et al. Platinum porous nanosheets with high surface distortion and Pt utilization for enhanced Oxygen reduction catalysis[J]. Advanced Functional Materials, 2019, 29 (45): 1904429.

[55] Jones W M, Zhang R, Murty E, et al. Field emitters using inverse opal structures[J]. Advanced Functional Materials, 2019, 29 (16): 1808571.

[56] Zhou H, Zhang M, Li C, et al. Excellent fog-droplets collector via integrative Janus membrane and conical spine with micro/nanostructures[J]. Small, 2018, 14 (27): 1801335.

[57] Tian X, Bai H, Zheng Y, et al. Bio-inspired heterostructured bead-on-string fibers that respond to environmental wetting[J]. Advanced Functional Materials, 2011, 21 (8): 1398-1402.

[58] Yan J, Dong K, Zhang Y, et al. Multifunctional flexible membranes from sponge-like porous carbon nanofibers with high conductivity[J]. Nature Communications, 2019, 10 (1): 1-9.

[59] Yoon J, Yang H S, Lee B S, et al. Recent progress in coaxial electrospinning: New parameters, various structures, and wide applications[J]. Advanced Materials, 2018, 30 (42): 1704765.

[60] Zeng Z, Jiang F, Yue Y, et al. Flexible and ultrathin waterproof cellular membranes based on high-conjunction metal-wrapped polymer nanofibers for electromagnetic interference shielding[J]. Advanced Materials, 2020, 32 (19): 1908496.

[61] Yang H, Yu B, Song P, et al. Surface-coating engineering for flame retardant flexible polyurethane foams: a critical review[J]. Composites Part B: Engineering, 2019, 176: 107185.

[62] Zhao S, Caruso F, Dahne L, et al. The future of layer-by-layer assembly: a tribute to ACS Nano associate editor Helmuth Mo¨hwald[J]. ACS Nano, 2019, 13 (6): 6151-6169.

[63] Lavalle P, Voegel J C, Vautier D, et al. Dynamic aspects of films prepared by a sequential deposition of species: perspectives for smart and responsive materials[J]. Advanced Materials,

2011, 23 (10): 1191-1221.

[64] Bai H, Wang L, Ju J, et al. Efficient water collection on integrative bioinspired surfaces with star-shaped wettability patterns[J]. Advanced Materials, 2014, 26 (29): 5025-5030.

[65] Wu S T, Huang C Y, Weng C-C, et al. Rapid prototyping of an open-surface microfluidic platform using wettability-patterned surfaces prepared by an atmospheric-pressure plasma jet[J]. ACS Omega, 2019, 4 (15): 16292-16299.

[66] Arenas J M, Alía C, Narbón J J, et al. Considerations for the industrial application of structural adhesive joints in the aluminium-composite material bonding[J]. Composites Part B: Engineering, 2013, 44 (1): 417-423.

[67] Liu X, Zhou J, Xue Z, et al. Clam's shell inspired high-energy inorganic coatings with underwater low adhesive superoleophobicity[J]. Advanced Materials, 2012, 24 (25): 3401-3405.

[68] Qian B, Shen Z. Fabrication of superhydrophobic surfaces by dislocation-selective chemical etching on aluminum, copper, and zinc substrates[J]. Langmuir, 2005, 21 (20): 9007-9009.

[69] He H, Li Z, Li K, et al. Bifunctional graphene-based metal-free catalysts for oxidative coupling of amines[J]. ACS Applied Materials & Interfaces, 2019, 11 (35): 31844-31850.

[70] Zhang H, Xiao Q, Guo X, et al. Open-pore two-dimensional MFI zeolite nanosheets for the fabrication of hydrocarbon-isomer-selective membranes on porous polymer supports[J]. Angewandte Chemie International Edition, 2016, 55 (25): 7184-7187.

[71] Ye J, Chu T, Chu J, et al. A versatile approach for enzyme immobilization using chemically modified 3D-printed scaffolds[J]. ACS Sustainable Chemistry & Engineering, 2019, 7 (21): 18048-18054.

[72] Ahsani M, Yegani R. Study on the fouling behavior of silica nanocomposite modified polypropylene membrane in purification of collagen protein[J]. Chemical Engineering Research and Design, 2015, 102: 261-273.

[73] Sun C, Min J, Lin J, et al. Effect of atmospheric pressure plasma treatment on adhesive bonding of carbon fiber reinforced polymer[J]. Polymers, 2019, 11 (1): 139.

[74] Song W, Veiga D D, Custódio C A, et al. Bioinspired degradable substrates with extreme wettability properties[J]. Advanced Materials, 2009, 21 (18): 1830-1834.

[75] Li J, Gao X, Li Z, et al. Superhydrophilic graphdiyne accelerates interfacial mass/electron transportation to boost electrocatalytic and photoelectrocatalytic water oxidation activity[J]. Advanced Functional Materials, 2019, 29 (16): 1808079.

[76] Ding G, Jiao W, Wang R, et al. Ultrafast, reversible transition of superwettability of graphene network and controllable underwater oil adhesion for oil microdroplet transportation[J]. Advanced Functional Materials, 2018, 28 (18): 1706686.

[77] Pakdel A, Bando Y, Golberg D. Plasma-assisted interface engineering of boron nitride nanostructure films[J]. ACS Nano, 2014, 8 (10): 10631-10639.

[78] Wang S, Liu K, Yao X, et al. Bioinspired surfaces with superwettability: new insight on theory, design, and applications[J]. Chemical Reviews, 2015, 115 (16): 8230-8293.

[79] Fresnais J, Chapel J, Poncin-Epaillard F. Synthesis of transparent superhydrophobic polyethylene surfaces[J]. Surface and Coatings Technology, 2006, 200 (18-19): 5296-5305.

[80] Woodward I, Schofield W, Roucoules V, et al. Super-hydrophobic surfaces produced by plasma fluorination of polybutadiene films[J]. Langmuir, 2003, 19 (8): 3432-3438.

[81] Lei Q, Guo J, Noureddine A, et al. Sol-gel-based advanced porous silica materials for biomedical applications[J]. Advanced Functional Materials, 2020, 30 (41): 1909539.

[82] Yang X, Liu G, Peng L, et al.Highly efficient self-healable and dual responsive cellulose-based hydrogels for controlled release and 3D cell culture[J].Advanced Functional Materials, 2017, 27 (40): 1703174.

[83] Wang S, Tan J, Guan X, et al. Hydrogen bonds driven conformation autoregulation and sol-gel transition of poly (3,5-disubstituted phenylacetylene) s[J]. European Polymer Journal, 2019, 118: 312-319.

[84] Zoukal Z, Elhasri S, Carvalho A, et al. Hybrid materials from poly (vinyl chloride) and organogels[J]. ACS Applied Polymer Materials, 2019, 1 (5): 1203-1208.

[85] Weng G, Thanneeru S, He J. Dynamic coordination of Eu-Iminodiacetate to control fluorochromic response of polymer hydrogels to multistimuli[J]. Advanced Materials, 2018, 30 (11): 1706526.

[86] Yang H, Leow W R, Chen X. Thermal-responsive polymers for enhancing safety of electrochemical storage devices[J]. Advanced Materials, 2018, 30 (13): 1704347.

[87] Onoda M, Ueki T, Tamate R, et al. Amoeba-like self-oscillating polymeric fluids with autonomous sol-gel transition[J]. Nature Communications, 2017, 8 (1): 1-8.

[88] Feng S, Hou Y, Xue Y, et al. Photo-controlled water gathering on bio-inspired fibers[J]. Soft Matter, 2013, 9 (39): 9294-9297.

[89] Feng S, Hou Y, Chen Y, et al. Water-assisted fabrication of porous bead-on-string fibers[J]. Journal of Materials Chemistry A, 2013, 1 (29): 8363-8366.

[90] Zhao H, Sun Q, Deng X, et al. Earthworm-inspired rough polymer coatings with self-replenishing lubrication for adaptive friction-reduction and antifouling surfaces[J]. Advanced Materials, 2018, 30 (29): 1802141.

[91] Shi W, Guo Y, Liu Y. When flexible organic field-effect transistors meet biomimetics: a prospective view of the internet of things[J]. Advanced Materials, 2020, 32 (15): 1901493.

[92] Yan Y, Guo Z, Zhang X, et al.Electrowetting-Induced stiction switch of a microstructured wire surface for unidirectional droplet and bubble motion[J]. Advanced Functional Materials, 2018, 28 (49): 1800775.

[93] Zhai S, Hu E J, Zhi Y Y, et al. Fabrication of highly ordered porous superhydrophobic polystyrene films by electric breath figure and surface chemical modification[J]. Colloids and Surfaces A: Physicochemical and Engineering Aspects, 2015, 469: 294-299.

[94] Dong X, Zhao H, Wang Z, et al. Gecko-inspired composite micro-pillars with both robust adhesion and enhanced dry self-cleaning property[J]. Chinese Chemical Letters, 2019, 30 (12): 2333-2337.

[95] Li M, Xu Q, Wu X, et al. Tough reversible adhesion properties of a dry self-cleaning biomimetic surface[J]. ACS Applied Materials & Interfaces, 2018, 10 (31): 26787-26794.

[96] Yeo H, Khan A. Photoinduced proton-transfer polymerization: A practical synthetic tool for soft

lithography applications[J]. Journal of the American Chemical Society, 2020, 142 (7): 3479-3488.

[97] Mele E, Girardo S, Pisignano D. Strelitzia reginae leaf as a natural template for anisotropic wetting and superhydrophobicity[J]. Langmuir, 2012, 28 (11): 5312-5317.

[98] Gürsoy M, Harris M, Carletto A, et al. Bioinspired asymmetric-anisotropic (directional) fog harvesting based on the arid climate plant Eremopyrum orientale[J]. Colloids and Surfaces A: Physicochemical and Engineering Aspects, 2017, 529: 959-965.

[99] Bae J, Lee J, Zhou Q, et al. Micro-/nanofluidics for liquid-mediated patterning of hybrid-scale material structures[J]. Advanced Materials, 2019, 31 (20): 1804953.

[100] Ranzani T, Russo S, Bartlett N W, et al. Increasing the dimensionality of soft microstructures through injection-induced self-folding[J]. Advanced Materials, 2018, 30 (38): 1802739.

[101] Aizenberg J. Crystallization in patterns: a bio-inspired approach[J]. Advanced Materials, 2004, 16 (15): 1295-1302.

[102] Ge F, Zhao Y. Microstructured actuation of liquid crystal polymer networks[J]. Advanced Functional Materials, 2020, 30 (2): 1901890.

[103] Zhu Z, Ling S, Yeo J, et al. High-strength, durable all-silk fibroin hydrogels with versatile processability toward multifunctional applications[J]. Advanced Functional Materials, 2018, 28 (10): 1704757.

[104] Cao J J, Hou Z S, Tian Z N, et al. Bioinspired zoom compound eyes enable variable-focus imaging[J].ACS Applied Materials & Interfaces, 2020, 12 (9): 10107-10117.

[105] Clegg J R, Wagner A M, Shin S R, et al. Modular fabrication of intelligent material-tissue interfaces for bioinspired and biomimetic devices[J]. Progress in Materials Science, 2019: 100589.

[106] Guo P, Zheng Y, Liu C, et al. Directional shedding-off of water on natural/bio-mimetic taper-ratchet array surfaces[J]. Soft Matter, 2012, 8 (6): 1770-1775.

[107] Peng Y, He Y, Yang S, et al. Magnetically induced fog harvesting via flexible conical arrays[J]. Advanced Functional Materials, 2015, 25 (37): 5967-5971.

[108] Shaqour B, Abuabiah M, Abdel-Fattah S, et al. Gaining a better understanding of the extrusion process in fused filament fabrication 3D printing: a review[J]. The International Journal of Advanced Manufacturing Technology, 2021: 1-13.

[109] Zhang Y, Chen Z, Qu S, et al. Microstructure and cyclic deformation behavior of a 3D-printed Ti-6Al-4V alloy[J]. Journal of Alloys and Compounds, 2020, 825: 153971.

[110] Tan Q, Zhang J, Mo N, et al. A novel method to 3D-print fine-grained AlSi10Mg alloy with isotropic properties via inoculation with LaB_6 nanoparticles[J]. Additive Manufacturing, 2020: 101034.

[111] Yavari S A, Croes M, Akhavan B, et al. Layer by layer coating for bio-functionalization of additively manufactured meta-biomaterials[J]. Additive Manufacturing, 2020, 32: 100991.

[112] Xing B, Yao Y, Meng X, et al. Self-supported yttria-stabilized zirconia ripple-shaped electrolyte for solid oxide fuel cells application by digital light processing three-dimension printing[J]. Scripta Materialia, 2020, 181: 62-65.

[113] Shen Y, Tang H, Huang X, et al. DLP printing photocurable chitosan to build bio-constructs for tissue engineering[J].Carbohydrate Polymers, 2020, 235: 115970.

[114] Gojzewski H, Guo Z, Grzelachowska W, et al. Layer-by-layer printing of photopolymers in 3D: How weak is the interface?[J]. ACS Applied Materials & Interfaces, 2020, 12 (7): 8908-8914.

[115] Deng S, Wu J, Dickey M D, et al. Rapid open-air digital light 3D printing of thermoplastic polymer[J]. Advanced Materials, 2019, 31 (39): 1903970.

[116] Bertlein S, Brown G, Lim K S, et al. Thiol-ene clickable gelatin: a platform bioink for multiple 3D biofabrication technologies[J]. Advanced Materials, 2017, 29 (44): 1703404.

[117] Zarek M, Layani M, Cooperstein I, et al. 3D printing of shape memory polymers for flexible electronic devices[J]. Advanced Materials, 2016, 28 (22): 4449-4454.

[118] Kim S H, Yeon Y K, Lee J M, et al. Precisely printable and biocompatible silk fibroin bioink for digital light processing 3D printing[J]. Nature Communications, 2018, 9 (1): 1-14.

[119] Kaur G, Marmur A, Magdassi S. Fabrication of superhydrophobic 3D objects by Digital Light Processing[J]. Additive Manufacturing, 2020, 36: 101669.

[120] Yuan S, Strobbe D, Li X, et al. 3D printed chemically and mechanically robust membrane by selective laser sintering for separation of oil/water and immiscible organic mixtures[J]. Chemical Engineering Journal, 2020, 385: 123816.

[121] Zeng H, Pathak J L, Shi Y, et al. Indirect selective laser sintering-printed microporous biphasic calcium phosphate scaffold promotes endogenous bone regeneration via activation of ERK1/2 signaling[J]. Biofabrication, 2020, 12 (2): 025032.

[122] Wu H, Fahy W, Kim S, et al. Recent developments in polymers/polymer nanocomposites for additive manufacturing[J]. Progress in Materials Science, 2020: 100638.

[123] Huang J, Zou L, Tian P, et al. A valveless piezoelectric micropump based on projection micro litho stereo exposure technology[J]. IEEE Access, 2019, 7: 77340-77347.

[124] Hu W, Liu L, Wu W, et al. Micro and nanolattice fabrication using projection micro litho stereo exposure additive manufacturing techniques and synchrotron X-ray 3D imaging-based defect characterization[J]. Science China Technological Sciences, 2020: 1-10.

[125] Jin D, Hu Q, Neuhauser D, et al. Quantum-spillover-enhanced surface-plasmonic absorption at the interface of silver and high-index dielectrics[J]. Physical Review Letters, 2015, 115 (19): 193901.

[126] Jin D, Lu L, Wang Z, et al. Topological magnetoplasmon[J]. Nature Communications, 2016, 7: 13486.

[127] Zhao C, Liu Y, Zhao Y, et al. A reconfigurable plasmofluidic lens[J]. Nature Communications, 2013, 4 (1): 1-8.

[128] Zheng X, Lee H, Weisgraber T H, et al. Ultralight, ultrastiff mechanical metamaterials[J]. Science, 2014, 344 (6190): 1373-1377.

[129] Zheng X, Smith W, Jackson J, et al. Multiscale metallic metamaterials[J]. Nature Materials, 2016, 15 (10): 1100-1106.

第 7 章
仿生超浸润材料及其应用

7.1 自清洁
7.2 液滴操控
7.3 集水
7.4 防覆冰
7.5 油水分离
7.6 防油涂层
7.7 耐腐蚀、化学屏蔽

7.8 防堵塞
7.9 抗生物黏附、抗菌
7.10 漂流
7.11 液体透镜
课后习题
参考文献

随着各领域对特殊浸润性多功能材料的需求不断增加，研究人员和工程师对设计制造具有广泛应用的超浸润表面表现出越来越高的关注度和研究热情。受第 5 章提及的自然界中生物界面启发，采用第 6 章提及的相关制备技术，功能化的仿生超浸润材料被研究、开发、应用。本章主要介绍超浸润界面在空气和水中的相关研究及典型应用，包括自清洁、液滴操控、集水、防覆冰 / 防雾、油水分离、防油涂层、耐腐蚀 / 化学屏蔽、防阻塞、抗生物黏附 / 抗菌、载重漂浮 / 流动减阻、液体透镜等；主要涉及空气中超疏水表面、空气中超疏油（超双疏）表面、水下超疏油界面（空气中超亲水表面）、梯度浸润性或各向异性界面等具有特殊浸润 / 黏附性质的材料。有关能源领域等新兴应用及研究，或涉及更为复杂的超浸润体系，将在后续章节重点展开介绍。

7.1 自清洁

7.1.1 空气中自清洁

自清洁功能主要受荷叶启发（即荷叶上表面所具有的超疏水和低黏附性），表面局部略微倾斜时，液滴会滚离并带走材料表面的污垢。如图 7.1 所示，超疏水低黏附界面上液滴易滚离且易洗去污垢；而普通界面黏附力偏大，液滴不仅需要更大倾斜度才可移动，而且难以去除黏附在界面上的污垢。结合各向异性蝴蝶翅膀结构的仿生思想，可进一步实现定向自清洁功能。此外，大多数空气中的超疏油材料通常同时具有超疏水性，因此超疏油（超双疏）表面也可实现自清洁，并且能用于防油污。

21 世纪以来，借助空气中超疏水材料实现自清洁的相关研究在材料结构设计、功能开发等方面已取得较大成就，已被应用于摩天大楼的玻璃窗、免洗衣物的面料等；近年来，超疏水微纳米材料、超疏水涂层等相关研究仍是热门，主要集中在提高自清洁功能在不同环境条件下，尤其是在恶劣条件（如高强度冲洗、材料形变、界面摩擦、强腐蚀性环境、温度大幅变化等）下的稳定性、耐用性。

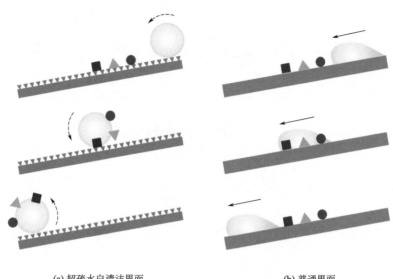

(a) 超疏水自清洁界面   (b) 普通界面

图 7.1　超疏水自清洁界面与普通界面[1]

7.1.2　水下自清洁

水下超疏油材料同样具有出色的自清洁功能[2,3]。2011 年，Sun 等[2]结合软复型法和光刻技术制备了 PDMS 基底的仿壁虎足状多极微结构表面，进一步对该表面用氧等离子体处理后，所得的粗糙表面能够表现出优异的水下超疏油特性：水下油接触角＞170°，水下油滚动角＜1°。将一滴豆油作为污染物滴在空气环境中的具备分层微结构的粗糙表面上，可观察到油滴迅速黏附并润湿样品表面。将受污染的样品再浸入水中，附着在表面的油滴就可以完全被去除（图7.2）；相反，不具备分层微结构的光滑区域上的油仍然附着于表面。该结果表明水下超疏油界面具有很强的自清洁能力。

虽然水下超疏油界面和空气中的超疏水荷叶都具有自清洁功能，但它们的自清洁能力源于不同的物理机制。例如，荷叶的自清洁机理是基于水滴可以很容易地在其表面上滚动，并可同时去除荷叶上的灰尘颗粒[4-6]。然而，水下超疏油界面的自清洁作用源于其内在的超亲水性，因为油水不互溶，附着的油滴能够随着油-水界面的移动而去除[7]。除了水-油-空气界面的表面张力之外，亲水作用也有助于油污染物脱离固体微结构[2]。因此一旦被油污染的样品逐渐浸入水中，水会进入粗糙的微观结构并将油推出，从而清除油杂质，如图 7.2（a）所示。

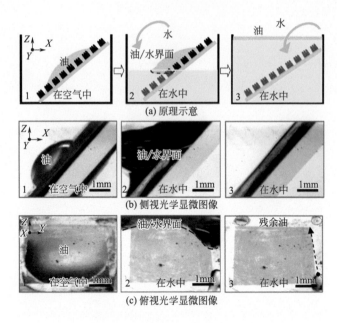

图7.2 水下超疏油界面的自清洁能力[2]

7.2 液滴操控

7.2.1 空气中液滴操控

传统的微液滴操控与运输通常面临微机械部件（如微泵、微阀、微通道）[8,9]昂贵、操作过程复杂、液滴损失等问题[10]。仿生超浸润界面则提供了操控液滴的全新方案，并且可基于各向异性、梯度浸润性、异质结构等实现液滴的反复弹跳、溅射、形变、分裂与合并、定向移动、特定非对称行为等。早期的液滴操控研究主要研究对象为水滴，涉及定向传输、操控特定运动行为等，已在前几章中介绍。液滴操控的进一步应用涉及集水（详见本章7.3小节）、微反应器、微流控芯片等[11-15]。复杂的液滴行为操控可借助可切换刺激响应智能界面实现，这将在第8章中重点展开介绍。

超疏油表面上也可实现油滴操控。例如，Yao等[16]展示了一种油基微反应器：首先将含有苯乙烯的油滴滴在低油黏附超疏油性的基材上，将含有溴

（Br_2）的棕色油滴滴在高油黏附超疏油性的基材上；然后用金属帽将含有苯乙烯的液滴导向含 Br_2 的液滴，两者接触后立即融合。由于 Br_2 和苯乙烯可进行加成反应产生无色物质，新液滴的颜色逐渐变淡，且因基材的高油黏附性留在其表面。基于液滴微反应器的系统可在酶动力学、蛋白质结晶或其他生化反应中发挥重要作用[17]。

然而，由于液体与界面之间存在黏附力的差异，空气中的液滴只能自发从低黏附区域转移到高黏附区域。为了操控液滴实现可逆运动等更复杂的液滴行为，研究人员进一步开发了刺激响应智能界面，可实现可逆切换浸润性及可切换黏附性，并可将其应用于水下环境，相关内容将在第8章中重点展开介绍。

7.2.2 水下油滴操控

通过调控水下超疏油界面的黏附性，可实现水下油滴操控。例如，Yong 等[18]通过飞秒激光烧蚀在载玻片表面构筑了不同层次的粗糙微结构。激光烧蚀的表面不仅具备超疏油性，而且在水介质中表现出从超低到超高的可控油黏附性。如图 7.3（a）所示，将高油黏附性的水下超疏油玻璃作为"机械手"，可实现油滴的水下无损失传输。首先，将油滴沉积在水中的超低油黏附性超疏油基材上（步骤1），然后降低界面（机械手）以接触油滴（步骤2）。"机械手"接触到油滴后，逐渐将"机械手"抬起。油滴离开原始基材并完全黏附在"机械手"上以获

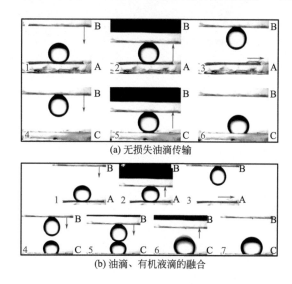

(a) 无损失油滴传输

(b) 油滴、有机液滴的融合

图 7.3 通过使用具有不同油黏附性的水下超疏油界面来操纵水环境中的油滴[1] 样品 A—在水中的超低油黏附性超疏油表面；样品 B—具有非常高的油黏附性的水下超疏油玻璃，用作"机械手"；样品 C—具有最高油黏附性的平板载玻片。红色箭头表示相应基板的移动方向

得更强的油黏附力（步骤3）。"机械手"被移动，这使得悬浮的油滴接触另一个具有最高油黏附力的平板玻璃表面（步骤4和步骤5）。当移除"机械手"时，油滴被释放并留在平板玻璃的表面上（步骤6）。结果表明，油滴成功地从低黏附性基材传输到超高黏附性表面。有趣的是，由于油滴与水下超疏油机械手之间的接触面积非常小，整个转移过程没有油损失。基于上述液滴转移方法，还可实现两种有机微液滴的融合［图7.3（b）］。其他水下超疏油材料，如镍/氧化镍（Ni/NiO）微结构、铜膜和硅表面也可实现水下油滴传输[3,19,20]。

借助超浸润界面，可以有效规避液滴传输过程中液滴损失的问题。例如，Li等[21]使用飞秒激光烧蚀蔗糖溶液中的镍基体，并在镍表面制造分级微锥阵列。烧蚀后的表面在空气中表现出超亲水性和超亲油性，在水中表现出超疏油性。如图7.4所示，他们设计了一条中空的"Y"形路径，如同一条平坦的河道；路径的中间部分是未经任何处理的水下弱疏油性的镍表面。路径两侧均受到飞秒激光照射，形成两条水下超疏油粗线。将水中的两个油滴分别放置在"Y"形路径的两端，略微倾斜表面，油滴仅沿着两侧两条激光诱导线之间的设定路径滑动，最后混合在一起。而两条侧线显著的水下超疏油性为避免油滴脱轨提供了足够的能量屏障。

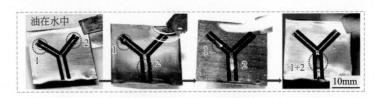

图7.4 液体操纵实验[21]

"Y"形线条由未经处理的细线和两侧经过处理的粗线组成。通过轻轻振动样品，油滴"1"和"2"可以沿着"Y"形路径行进，最终在图案底部混合而没有任何损失

7.3 集水

通过仿沙漠生物的特殊表面结构，人们开发了一些集水材料，仿生集水研究一度是"仿沙漠生物时代"。例如，沙漠甲虫集水原理主要为借助背部表面的亲水突起捕捉水分子，利用亲水突起-疏水凹槽相间的异质结构产

生的浸润性梯度传输、累积水分；仙人掌集水原理主要为利用微纳米多尺度锥刺产生的拉普拉斯压差而运输水分。较低湿度环境下，以金属-有机框架（MOF）材料为基底，研发的集水材料通常可展现优良的集水性能，结合材料的吸水性，可借助外部作用（如磁场、电场、太阳能等），引入温度梯度或其他方式加速液滴凝结等集水过程。

2010年，Zheng等[22]通过研究清晨高湿环境下蜘蛛丝上的液滴传输，揭示了蜘蛛丝集水的奥秘，并设计开发出仿蜘蛛丝微纳米结构的集水材料，集水研究同时迎来"仿蜘蛛丝时代"。蜘蛛丝单丝结构为类似于珠串纤维结构（bead-on-string）的周期性纺锤节［图7.5（a）］；由第3章相关知识可知，该结构可产生拉普拉斯压差和表面能梯度，使得液滴趋向于从纤维段向纺锤

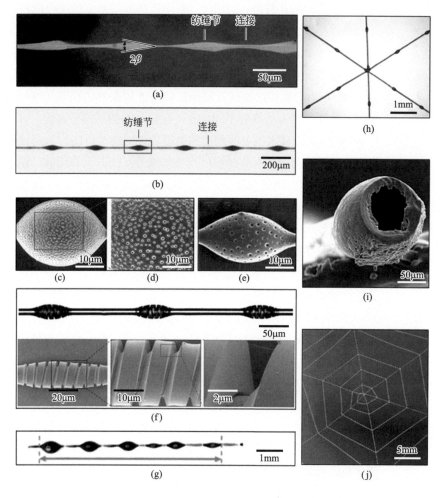

图7.5　结构多样性的仿生蜘蛛丝纤维[22,27,28,30-32]

节处移动。因此可认为，类蜘蛛丝集水材料的仿生设计理念实际上涵盖了沙漠甲虫、仙人掌的集水结构单元的原理。而类蜘蛛丝材料更适用于较高湿度环境集水，液滴在纤维上的自发高效传输行为可通过微纳米结构及表面浸润性进行调控，可有效规避水膜阻塞、液滴滞留、液滴堆积等在高湿度环境下集水需攻克的难题。此外，对比其他类型集水材料，类蜘蛛丝纤维还具有超高的单位质量和/或面积集水效率，一些类蜘蛛丝材料还具备优良的弹性、耐腐蚀性、生物相容性等优点[23-25]。2016 年以来，多项研究[26-29]指出，拓扑状蜘蛛网大量存在的交叉结构单元，能够产生驱动力，促使液滴向交叉点处汇聚，对于液滴定向传输及收集产生有益影响，这为近年来设计多维仿蛛网多交叉结构集水材料并实现大规模集水奠定了基础。

关于类蜘蛛丝纤维，21 世纪 10 年代初的基础实验主要通过改进制备技术的步骤及参数，实现纺锤节的几何参数精确调控，并研究其对集水能力的影响。类蜘蛛丝纤维可选用如金属、无机非金属、高分子、生物材料等材料；采用不同的制备技术和方法也可获得许多不同的结构。如图 7.5 所示，(a)、(b) 为自然界蜘蛛丝及浸涂法制备的周期性纺锤节纤维；(c)～(e) 为静电纺丝法制备的具有不同多孔、粗糙结构的纺锤节表面；(f) 为浸涂法结合溶胶-凝胶技术制备的螺旋凹槽周期性纺锤节；(g) 为通过改进浸涂法中提拉方式获得的非对称的梯度尺寸纺锤节；(h) 为自组装二维星号交叉结构；(i)、(j) 为通过微流体装置和简单编织获得的空心纺锤节纤维及其三维拓扑类蜘蛛网结构。

通过调节周期性纺锤节的几何参数、形貌特征等，可提高类蜘蛛丝纤维材料的集水能力。由于集水研究的湿度环境各异，因此难以对所有材料进行统一比较。研究人员只能将所设计制备的新材料，在文献报道的相近环境下进行集水实验并比较其集水效率。通过两两对比各种类蜘蛛丝材料，可分析总结出一般规律：①宽高比（slenderness）在 1～10 之间的纺锤节或珠串结构，是类蜘蛛丝材料实现有效集水的必要条件。②非对称的定向梯度结构、凹槽结构、多孔粗糙结构有利于大幅度提高集水效率。③亲水性有利于从环境中汲取水分，疏水性有利于液滴合并及脱离表面。对于不同形貌的结构而言，选取合适浸润性的材料或设计材料的浸润相关性质是提高集水效率的关键一环。④集水测试时环境温度、湿度等外在因素会对集水性能造成影响。通常温度低、湿度大的条件下集水效率更高。⑤交叉、多维拓扑结构的构筑以及合适的材料网络交叉结构的角度更有利于集水。多维度更密集的多交叉网络构筑在提高材料集水效率的同时，可使材料具有潜在的大规模集水能力。

2019 年以来，研究人员向材料制备、高效集水的规模化又迈进一步。Li 等[26]设计了三维仿蜘蛛网多交叉结构尼龙网材，并在其表面构筑了仿仙人掌刺的氧化锌（ZnO）微纳米锥阵列。研究表明，微纳米 ZnO 亲水且比表面积高，可高效捕捉水分子形成水膜；而多交叉结构及高度疏水的尼龙基底有助于液膜破裂成高速水流并低阻快速传输；该三维网材在模拟工业冷水塔（湿度约 85%）环境下具有 0.03t/（m^2·d）的集水效率，在 2m/s 的高湿雾流低温环境下集水效率近 0.9t/（m^2·d），相比其他商用材料或其他研究所采用的二维、三维材料[29,33-36]，集水效率、集水规模有明显提升。2020 年，Li 等[37]采用机器多向编织技术制造了仿蜘蛛网拓扑状铜-钢网材，并采用电化学法在其表面构筑了微纳米结构，液滴在网材上展现了特殊的形成及合并过程。通过调整编织参数，网材在低速雾流环境下集水效率达 0.25t/（m^2·d）。Liu 等[38,39]采用静电纺丝、微流体等不同技术分别制备了类蜘蛛丝纤维，并编织了与蜘蛛网十分相似的三维人造蛛网，大幅扩大了集水规模，如图 7.6 所示。通过对各项工艺参数的调整，可控制及优化类蜘蛛丝周期性纺锤节、类蜘蛛网平行丝及交叉丝的结构，以提高集水效率。

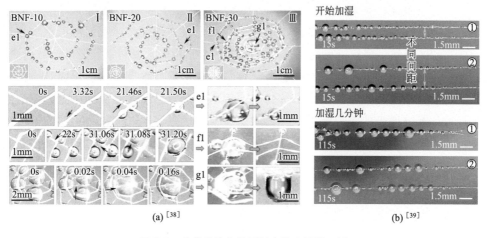

图 7.6　多维仿生蜘蛛网扩大集水规模示例

集水材料的相关研究已逐渐迈入规模化集水与实际应用阶段。相关集水材料不仅在水利运输、雾水收集等方面得以应用，还在其他多功能领域得以应用。例如，一些集水材料通过精密设计，其集水效率的变化可灵敏地反映温湿度变化。近年来，我国气象单位已对相关材料展开调研，拟将其应用于气象领域，如根据液滴运动、集水量动态变化等推算出环境温湿度的实时变化。上文提及的类蜘蛛丝纤维集水材料可控制传质，若选择的原材料能够模仿蛛丝蛋白的力学性能、生物相容性等，还可进一步用于医药领域，如生物传感、药物缓释等。

7.4 防覆冰

材料表面的结冰会给人们的生产生活造成很大的负面影响。例如，飞机外壳、传输电缆、交通道路上的冰可能会导致严重事故甚至灾难。传统的防冰策略主要依靠物理清除、化学预防，但效果有限，且能耗高或环境污染严重[40]。进入 21 世纪，研究人员基于仿生超浸润界面进行了新的防冰研究。利用超浸润界面防冰的策略原理涉及延长结冰所需时间、降低结冰温度（冰点）、防止冰进一步生长、降低冰的附着强度（ice-adhesion strength）、操控液滴或冰滴使其离开表面等[41-44]。

基于不同的策略、结构设计与防冰机理，一些超浸润界面的特性可用于防冰。例如，受滑冰运动的启发，超亲水界面上液滴平铺形成自湿滑水膜[45,46]，一定条件下不利于冰晶形成。然而，亲水材料上水容易快速凝结、聚集，可能加速冰的形成，因此超疏水材料常被用于防冰研究。但是，对于超疏水材料能否有效防冰在学术界曾有争议，原因是一些研究指出某些具有微纳米结构的超疏水表面或涂层，在降低冰点、冰的附着强度等的效果上不如特定的亲水材料。事实上，实验中不同的温度或湿度条件、特殊的表面微纳米结构等都会导致研究者在有关防冰效果的研究中有不同结论；况且，一些特定微纳米结构的超疏水表面即使在原理上和实验中都不能降低冰点，但从开始加湿或开始降温算起，超疏水低黏附界面可显著延长结冰所需时间，并且不易聚水（可从源头防止冰快速生长），实际应用时可确实起到防冰效果。此外，超疏水界面上微纳米结构，可能在除冰等其他方面具有实际意义：一些特定的微纳米结构主要用途为降低冰与界面的黏附力，便于冰的移除；而即使有些结构或涂层不能直接降低冰的附着强度，但可起到支撑或隔离作用，并且在结冰过程和移动冰时都能够保护基体材料，避免结冰对材料造成破坏而产生事故。

2009～2013 年间，早期研究集中探索、验证了超疏水微纳米界面的防冰机理。Tourkine 等[47]发现低温微晶超疏水表面可延长其表面的结冰时间。Meuler 等[48]研究了前进角、后退角与水滴结冰之间的关系，并指出当基材与水滴的后退角最大时,结冰时冰对表面的附着力最小。Aizenberg 等[49]报道了一些特定的防冰纳米结构表面,其对水有高度排斥作用。Gao 等[50]发现纳米粒子聚合物的超疏水复合表面可以抑制过冷水的结冰。Poulikakos 等[51-54]发现多数情况下疏水物质组成的表面比亲水物质组成的表面更难结冰;但具有亲水性物质组成的纳米级粗糙结构,可能会使基材比具有疏水性物质组成的类似纳米结构更排斥落冰。Song 等[53]指出液滴在一些超疏水表面上构成亚稳态三相线,可延缓液体凝固,阻止霜的形成。Poulikakos 等[55]总结认为,湿度和气流等环境条件不仅会影响过冷超疏水表面的结冰行为,还可能改变冰的结晶机制。2014 年,Lv 等综述[56]指出,通过研究微纳米结构的超疏水界面或涂层、自湿滑的超亲水界面或涂层、注入润滑层的超疏水 SLIPS,可归纳出几者的共同点,即借助空气层或液体层减少液滴、冰滴与基材的直接接触,便于后续除冰操作。

2014 年以来,仿生超疏水微纳米界面用于防覆冰研究更加热门,研究人员采用不同的材料或结构(如金属氧化物纳米材料[57]、有机凝胶/水凝胶[58,59]、MOF[60,61]、SLIPS[60,62]等),结合不同的仿生设计、制备方法,开发了一系列超疏水微纳米表面材料、超疏水涂层。例如,2017 年,Wang 等[59]设计了一些具有可再生烷烃表面层(regenerable sacrificial alkane surface layer)的 PDMS 有机凝胶(其碳数范围为 10~24)并研究了它们的抗结冰性能。研究表明,这些有机凝胶的冰黏附力随着碳数的减少而降低,并且冰黏附强度远低于铝或原始 PDMS 的冰黏附强度;这些有机凝胶在从 -20℃至 -70℃的循环测试中也表现出稳定的防冰性能。2020 年,Guo 等[63]受松针结构的启发,将传统的超疏水锥状微阵列结构改良,制备了柔性非对称的半锥状微阵列结构表面(concave-cone pillar surface,CCPS),规避了微纳米结构刺入液滴或液滴陷入微纳米结构较深导致的结构破坏、冰黏附强度提高等问题。如图 7.7 所示,对比传统的超疏水锥状阵列表面(cone pillar surface,CPS),半锥状阵列实现了更低的冰黏附强度,进一步延长了结冰时间;在结冰后,仅需极微小的切向作用力(如轻风)即可操控冰滴离开材料表面。

防覆冰有关的基础与应用研究已取得一定成就。当前研发的重点为更强、更稳定、更耐用的整体防冰性能,或基于特定策略将相关材料用于特定环境以满足特定需求。此外,超疏水防覆冰对于材料界面的设计要求较为苛刻,且应用的低温环境需保证材料不受水影响;一些可应用于防覆冰的材料,基于相似原理通常也可满足其他需求,如防湿、防雾等[57,64,65]。

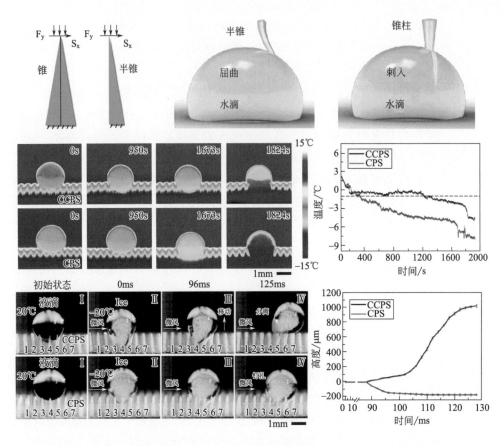

图 7.7 仿松针半锥状微阵列表面（CCPS）与锥状微阵列表面（CPS）防冰功能比较[63]

7.5 油水分离

随着全球对化石能源需求的增长，在开采或运输过程中引起的石油泄漏事故频发；随着工业生产活动的增加，相应地工业含油污水排放量也在逐步上升[66,67]。近年来油水分离技术已成为保护环境、减少经济损失的热点研究。利用水和油具有不同的界面效应构建的超疏水-超亲油性或超疏油-超亲水性网状或多孔材料已成功用于油水分离装置中[66-70]。

7.5.1　超疏水 - 超亲油材料

2004 年，Feng 等[71]首次使用超疏水 - 超亲油网膜分离了水和油的混合物（图 7.8）。在油水分离过程中，水因网膜的超疏水性而被截留，而油因网膜的超亲油性而充分润湿网膜并快速渗透通过，从而实现分离。通过该过程，油可以从混合物中去除，因此所制备的网膜可作为一种"除油"材料。然而，在实际应用过程中，该网膜也存在一定的弊端。一方面，混合物中的油容易黏附在筛网上而造成堵塞，会显著降低网膜的分离效率；另一方面，这种超疏水网状薄膜不适合从混合溶液中去除密度低于水的轻油（然而，大多数油的密度都小于水的密度），因为水会沉到轻油下面，在油与粗糙的网格之间产生厚厚的水层，水层会阻止油继续接触和穿过网膜。

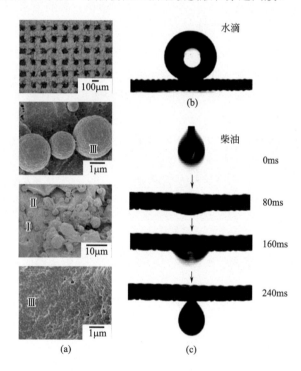

图 7.8　超疏水 - 超亲油网膜分离水油混合物

（a）由平均孔径约为 115μm 的不锈钢网制备的涂层网膜的 SEM 图像；（b）接触角为 156.2°±2.8°、滑动角为 4° 的涂层网膜上的水滴形状；（c）柴油液滴在涂层网膜上的铺展和渗透行为，柴油在涂层网膜上迅速扩散并流过（仅在 240ms 内）[71]

7.5.2　水下超疏油材料

为解决上述问题，2011 年，Xue 等研制出了一种水下超疏油网，并利用它实现了油水分离的功能（图 7.9）[72]。该网膜是将纳米结构的聚丙烯酰胺（PAM）水凝胶简单地涂在粗糙的多孔不锈钢网上制备而成的。所获得的粗糙网膜能够表现出优异的水下超疏油性，并且可以从水油混合物中去除水分。由于油在粗糙的微观结构中被水排斥，从而难以真正地接触到网格，因此在整个油水分离过程中，水凝胶涂层的网格不会被油污染。这种网常用于从混合物中去除水而被称为"除水"材料。遵循这一策略，许多水下超疏油网或多孔膜被开发并成功用于分离水和油的混合物。例如，Sun 等制备了氧化石墨烯（GO）涂层的粗糙金属网，材料具备水下超疏油性[73]。GO 涂层网可以分离模仿烹饪污水的豆油和水的混合物。Jin 等[74]制造了具有超亲水性和水下超疏油性的粗糙 $Cu(OH)_2$ 铜网，网状表面覆盖着大量的纳米线（毛），分别用于分离富含水的不混溶混合物和分散的油水混合物。Zhang 等[75]制备了具有微米级和纳米级多孔结构的粗糙硝化纤维素膜，该膜表现出水下超疏油特性，可有效分离各种油类和腐蚀性液体的混合物。Wen 等[76]制备了具有优异超亲水性和水下超疏油性的沸石涂层金属网，可用于有效地分离各种油和水的混合物。此外，即使在酸性和浓盐等恶劣条件下，材料的水下超疏油性也非常稳定，是油水分离实际应用的理想选择之一。

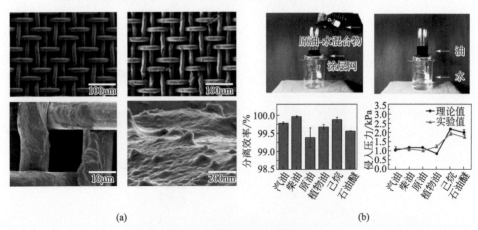

图 7.9　水下超疏油网实现油水分离
（a）由平均孔径约为 50μm 的不锈钢网制备的 PAM 水凝胶涂层网的 SEM 图像；
（b）PAM 水凝胶涂层网的油水分离研究 [72]

此外，自然界也为油水分离提供了思路。研究人员受雨水渗透沙子过程的启发，认为沙层的超亲水性、透水性可能赋予沙层水下超疏油性。此外，沙漠在地球表面占据了很大的面积［图 7.10（a）］，沙是一种方便易得的廉价材料，因此沙一度被认为是油水分离的理想材料。2016 年，Yong 等发现沙粒表面并不光滑，而是被宏观的微纳米级多层粗糙结构覆盖［图 7.10

(c)][77]。浸入水中后，湿沙层对重油和轻油均表现出水下超疏油性和超低油黏附性［图7.10（b）、(d)、(e)］，其中被测油类包括1,2-二氯乙烷、氯仿、石油醚、石蜡液、十六烷、十二烷、癸烷、原油、柴油、香油等。基于沙的水下超疏油性，研究者设计了一种以沙层为分离膜的油水分离装置。将油水混合物倒入设计的装置中［图7.10（f）］，发现只有水（染成蓝色便于识别）快速渗透通过预湿的沙层，而油（染成红色便于识别）被截留在上管中［图7.10（g）］。实验结果清楚地表明油水混合物被预湿沙层成功分离，该系统可连续分离且可多次重复循环使用，简单、绿色、高效。

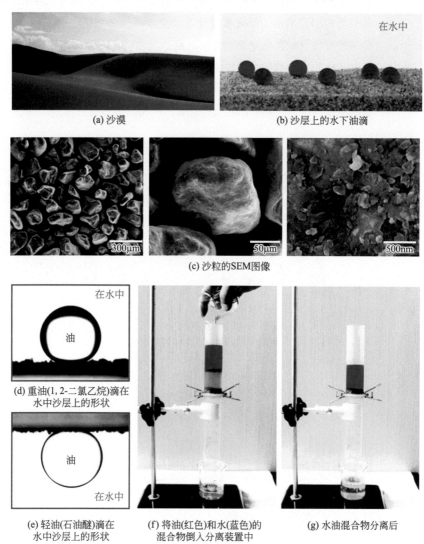

图 7.10 基于预湿沙层的油水分离[1]

7.5.3 捕油

去除水中油污的另一个思路是使用亲油性材料主动吸收其中的油污成分[78-80]。但是，传统材料的可重复使用性不高，因为要完全去除材料中所吸收的油非常困难，且由于表面完全被油润湿和污染，会造成油和亲油性材料的巨大浪费。因此，开发能够重复捕获和释放油滴的新型吸油材料极为重要。Jin 等通过相分离反应并利用 1H, 1H, 2H, 2H- 全氟癸基三氯硅烷（FTS）进行接枝，制备了新型有机硅烷网络表面[81]。有趣的是，所得表面在水中表现出超亲油性，而在空气中表现出超疏油性。油滴在水下接触表面时，会迅速扩散，并形成平坦的超薄油膜。研究者设计了一个"油捕集系统"：用有机硅烷网络涂层玻璃管吸收沉积在水底部的 1,2- 二氯乙烷油滴，油滴会自发地聚集并流入玻璃管中，从而成功捕集水下油滴，如图 7.11 所示。将管转移到空气环境后，利用管壁的空气中超疏油性，捕获的油可以很容易地转移。因此，通过将空气中的超疏油性和水下的超亲油性优势互补，所得材料具有可重复的捕油功能。

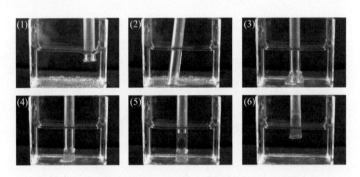

图 7.11 使用 FTS 衍生玻璃管进行的油捕获和收集过程[81]

过程（1）—在盛水容器的底部喷上一层油滴；过程（2）—用 FTS 衍生的玻璃管接触并捕获水下的油滴；过程（3）—随着玻璃管的移动，油滴聚集在一起；过程（4）～（6）—从水中吸出油滴

7.6 防油涂层

7.6.1 超双疏表面

超双疏表面具有超低的表面能，不仅排斥水（超疏水），还排斥油类液体（超疏油）。例如，Pan 等通过交联 PDMS 和 50%（质量百分比）氟癸基

POSS 制备了一种复合涂层材料[82]。利用静电纺丝法将该复合涂层材料涂覆到不锈钢丝网上后，金属网表面形成粗糙的分级结构，在宏观水平[图 7.12（a）]和微米尺度[图 7.12（b）]上都具有凹曲率。折返曲率、分级粗糙微结构和低表面能等特点赋予了涂层网格优异的超疏液性[图 7.12（c）、（d）]。所得涂层表面不仅排斥几乎所有有机和无机液体（如各种有机溶剂、酸、碱等），而且还对牛顿液体展现出低 CAH、超低黏附性。如图 7.12（d）所示，涂层表面可弹射各种不同液体[如二甲基甲酰胺（DMF）、甲苯、乙酸、十六烷、己胺、聚二甲基硅氧烷（PDMS）]，显示出优异的抗油性能。

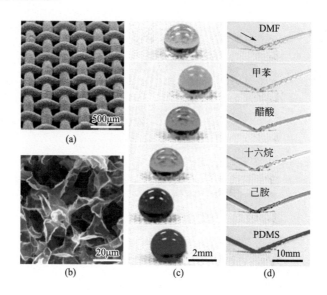

图 7.12　Pan 等制备的复合涂层材料特性
（a）普通涂覆后金属网的 SEM 图像；（b）利用静电纺丝法在网格表面涂覆涂层后的 SEM 图像，表面显示存在折返曲率；（c）在涂层表面上具有高接触角的各种油滴；（d）各种液体的射流在涂层表面上被弹回[82]

7.6.2　水下超疏油界面

具有超低油黏附性的水下超疏油界面，在水中具有很强的抗油能力，可防止界面被油浸润、污染。水下防油材料常利用界面与水分子间的相互作用，通俗来说基材需为亲水或吸水材料，然而这会使材料的水下力学性能明显衰退[83]。为解决这一问题，Heng 等[84]制备了一种层状异质结构聚丙烯酸（PAA）-聚偏二氟乙烯（PVDF）氟化物-GN 纳米片复合材料，其表面具有凸六角柱状结构[图 7.13（a）]。在外层使用亲水性 PAA 水凝胶防止水下油滴黏附在材料表面，而在内层中使用疏水层状结构使得材料在水下保持优异的力学性能［图 7.13（b）］。仿生表面柱状结构的直径和间距与真壳表面的结构参数越接近，材料水下疏油和抗油黏附性能越高［图 7.13（c）］[83]。

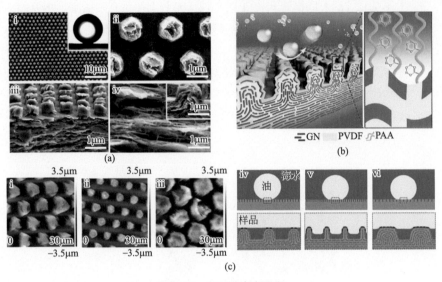

图 7.13 水下超疏油界面

（a）异质结构复合材料的典型结构和水下超疏油性；（b）目标结构的示意图（用 PAA 层修饰柱状微/纳米结构水中超疏油层状 PVDF-GN 基材的表面）；（c）不同柱尺寸和柱距的表面 – 油 – 水三相接触线[83,84]

7.7 耐腐蚀、化学屏蔽

金属材料长期在高湿度环境下或受液体影响时，很容易被腐蚀，其界面性能、材料整体的力学性能都会显著降低。超疏液材料或涂层在处理这一问题时有天然优势：表面能低，不会为腐蚀反应提供额外能量；液滴在表面形成近似球形，大大减少了接触面积，可防止材料腐蚀情况的发生或加剧。

仿生超浸润界面领域有关超疏液材料的研究中，抗腐蚀（anti-corrosion）、化学屏蔽（chemical resistance）多为附加功能，可被认为是材料的稳定性、耐用性指标。如上一小节中，由 Pan 等[82]制备的超双疏涂层不仅防水防油污，同时还具有出色的化学屏蔽功能。当由一半未处理区域和一半涂层区域组成的铝板分别浸入 12mol/L 浓盐酸［图 7.14（a）］和 19mol/L 浓氢氧化钠［图7.14（b）］中时，未涂覆的铝表面立即发生反应并释放气泡，而涂层区域保持平静，没有可察觉的化学反应。浸泡几分钟后，未涂覆的铝表面严重损坏；相比之下，涂层铝的表面形貌在微米尺度或纳米尺度上都没有变化，仍保持化学屏蔽作用［图7.14（c）］。

Vahabi等[85]制造了一种柔性超疏水薄膜涂层，由聚氨酯层和氟化二氧化硅颗粒层组成（PU-F-SiO$_2$），该薄膜可以粘贴在各种基材上（如不同材料、不规则形状基材等），并赋予这些材料表面耐腐蚀能力。如图7.14（d）、（e）所示，将两个铝样品浸入浓硫酸中，其中一个铝样品覆盖该薄膜，另一个仅覆盖聚氨酯层（PU），后者与浓硫酸接触后迅速变黑，而前者则不受影响。此外，该薄膜在各种水溶液环境、有机酸、碱中都表现出优异的耐腐蚀性质。

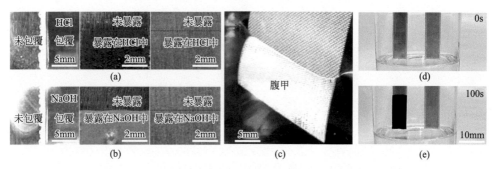

图7.14 超双疏涂层及超疏水涂层的耐腐蚀、化学屏蔽作用
（a），（b）由一半未处理区域和一半涂层区域组成的铝板浸入浓HCl和浓NaOH溶液中；（c）当表面浸入PDMS液体浴中时，可以看到明亮的腹甲层（气穴）。（d），（e）分别浸入98%浓硫酸之前和之后，包裹在PU膜（左）和PU-F-SiO$_2$超疏水膜（右）中的两个铝样品[82,85]

7.8 防堵塞

在家庭厨卫管道、工业管道、人体血管等通道中，通过的流体时常含有油性黏滞成分，容易引发堵塞。具有超低油黏附性的水下超疏油界面可以高效预防堵塞，从根本上解决问题[86]。

图7.15（a）展示了含有油杂质的水在传统管道中流动的情形。油滴由于黏性大、流动性差且比水更容易浸润管的内壁，导致其容易在管道内壁聚

集滞留。内壁上附着的油杂质会扰乱水的流动趋势,进一步阻碍水在管道内的流动。杂乱无章的水流路线减慢了水流的速度,降低了系统的排水效率。随着总流量增加,越来越多的游离油杂质会附着在滞留的油滴上并相互融合。一段时间后,黏附在管壁的油滴会不断积累直至堵塞通道。相反,当使用水下超疏油材料时,可以避免这种情况的发生。如图7.15(b)所示,通道内壁被水浸润后表现出超疏油低油黏附特性,油滴在界面上呈球形而不浸润内壁,油性杂质容易随着水的流动向前滚动随之被带走,难以滞留堆积造成管道堵塞。

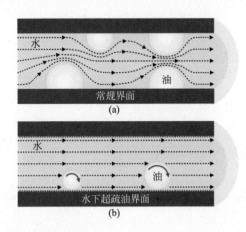

图7.15 含油杂质的水流入常规管道(a)与具有水下超疏油内壁的管道(b)[86]

基于上述原理制造的家用或工业用排水管可工作数年,这种通道的防阻塞策略也可用于生物医疗领域。例如,具有水下超疏油性质的人造血管壁,可预防血栓的形成;注入其他液体润滑内壁,使内壁排斥堵塞物质,可解决肠道、食道等的堵塞问题。

7.9 抗生物黏附、抗菌

上一小节中提到水下超疏油的血管壁可以防堵,具有相似功能的材料还可应用于抗生物黏附(anti-bioadhesion)、抗生物淤积(anti-biofouling)等抗黏附(anti-adhesion)领域。抗血小板黏附是医疗材料中常见的功能需求。

早期医学研究中，习惯性地将血管表面看作是光滑的，否则血小板等物质会牢牢地黏附在血管内壁上，引起血栓等问题[87]。然而，2009年，Han等[88]研究表明，大鼠的动脉血管内壁表面包含有大量阵列排布的纳米级凹槽。这种纳米结构不仅优化了血液流体动力学，从而减弱了血液流动中的湍流，而且还可预防血小板在血管壁上黏附滞留。研究发现，血管壁呈超亲水性，WCA约为0°。虽然他们没有研究血管壁表面的水下油浸润性，但可推测血管壁表面的抗黏附性为其表面的水下超疏油特性所致。血管壁的超亲水性、水下超疏油性有助于抑制蛋白质的吸附，进而抑制血小板黏附。

血液相容性材料和设备在植入仿生器件等医疗领域中具有十分重要的作用[12,87,89]。然而，大多数植入材料容易吸收血液蛋白质从而导致血小板的活化、黏附。因此，修复后的人体、动物体易发生血液凝固、血栓等问题。材料的血液相容性由多种因素决定，例如材料的化学成分、表面结构、电荷和浸润性[90-93]。其中，浸润性对蛋白质吸附、血小板活化/黏附和血液凝固有显著影响[94-98]。2009年，Chen等在体外研究了聚 N- 异丙基丙烯酰胺（PNIPAAm）改性硅纳米线阵列（SiNWA）表面上的血小板黏附情况[99]。试验发现所得的 SiNWA-PNIPAAm 表面对血小板的活化和黏附具有很强的抑制作用。血小板黏附试验通过血小板悬浮法在体外进行，利用 SEM 成像检测，如图 7.16（a）～（i）所示。当试验温度低于 PNIPAAm 的最低临界溶解温度（lower critical solution temperature，LCST，约32℃）或高于37℃时，只有少数血小板黏附在所制备的表面上［图7.16（e）、（i）］。相比之下，其他表面上则会有许多血小板黏附，包括光滑的硅（Si）晶片［图7.16（b）、（f）］、未接枝的裸 SiNWA［图7.16（c）、（g）］和 37℃ PNIPAAm 接枝的光滑硅晶片［图7.16（h）］。当将 SiNWA-PNIPAAm 样品浸入水中时，无论温度低于还是高于 LCST，其表面都表现出较低的油黏附性；水分子会包覆在 SiNWA-PNIPAAm 表面的粗糙微结构中，使得 SiNWA-PNIPAAm 样品表面具有高含水量。一般来说，高含水量的聚合物外链水化层会阻止蛋白质或细胞的吸附［图7.16（j）、（k）］。

此外，与生物医学领域相关的抗黏附、抗淤积超浸润界面还可增加抗菌、杀菌等功能，在食品、医药等行业有潜在应用价值。十余年来，研究人员采用各种制备手段，在不同材料领域均取得了成果。2009年，Parkin等[100]制备了一种硫掺杂的 TiO_2 薄膜，该薄膜在光照条件下可杀灭大肠杆菌，其原理与体外血小板的活化、黏附有关[99]。2012年，Xue等[101]用葡萄糖还原棉纤维上的银纳米粒子，制备出对革兰氏阴性菌，特别是大肠杆菌具有高抗菌活性的超疏水棉织物。2013年，Hu等[102]利用静电纺丝和化学改性

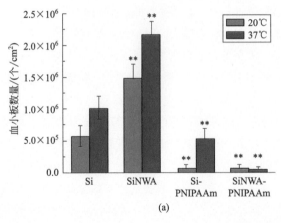

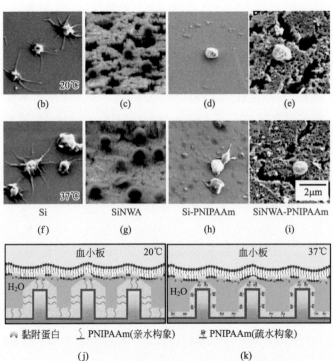

图 7.16 水下超疏油材料的抗血小板黏附能力[99]

(a) 分别在 20℃和 37℃下不同表面黏附血小板的统计数量。(b)~(i) 黏附在不同基材上的血小板的 SEM 图像：(b)，(f) Si；(c)，(g) SiNWA；(d)，(h) Si-PNIPAAm；(e)，(i) SiNWA-PNIPAAm。(b)~(e) 中的血小板在 20℃下培养，而 (f)~(i) 中的血小板在 37℃下培养。(j)，(k) 在 20℃和 37℃下水下低油黏附 SiNWA-PNIPAAm 表面的抗血小板能力示意

制备了超疏水微纳米结构涂层，该涂层对一些细菌、细胞具有很强的抗黏附性。2016 年，Che 等[103]通过电化学法控制银粒子的成核、生长，制备出具

有高疏水性和抗菌活性的银薄膜材料。2019 年，Lv 等[104]合成了具有浸润各向异性和高抗菌活性的纤维素薄膜，该材料的抗菌能力与界面的非对称浸润性有关。2020 年，Jalil 等[105]在金表面上借助飞秒激光技术制备了超疏水抗黏附界面，该界面对细菌菌落形成、生物膜形成具有显著的物理抑制作用。

7.10 漂流

7.10.1 载重漂浮

地球表面大部分被水覆盖，而如何利用水的浮力和表面张力成为人类自古以来思考的问题。在古代，我们的祖先掌握了造船技术。他们使用制造的船只进行长途旅行、运输和捕鱼。而这些船通常由木材等轻质材料制成，体积庞大。近年来，小型化的航行设备相对于过去的笨重设备，具有成本低、占用空间小、便于携带等优势。能够在液体表面漂浮和移动的微型装置，在水环境监测、感知污染、水上微型机器人的支撑体等方面具有多种重要的潜在应用[106,107]。

在自然界中，荷叶可以在承载青蛙的情况下，仍稳定地漂浮在水面上 [图 7.17（a）]。实验表明，荷叶上表面的超疏水性不仅赋予荷叶自洁能力，还增强了荷叶的承载能力[106]。前者保持荷叶清洁，后者有助于荷叶在水面上漂浮的稳定性（上表面始终面向天空），这两者都有利于其接收阳光，强化光合作用。在动物界，水黾也可以在水面漂浮甚至跳跃而不会下沉，这归功于它的六条超疏水的腿 [图 7.17（c）][108,109]。此外，在日常生活中，某些密度高于水的小物体也能漂浮在水面上，如图 7.17（b）、（d）所示分别为漂浮在水面上的金属硬币和针。上述现象与界面浸润、液体表面张力等界面性质有关。

2014 年，Yong 等[106]制作了一种人造超疏水 PDMS 微舟，该材料界面结构与荷叶结构类似。如图 7.17（e）所示，PDMS 晶片的上表面被飞秒激光完全烧蚀，形成了多级的粗糙结构。这种粗糙表面对水滴显示出超疏水低黏附性质（WCA=156°±2°，WSA < 4°）。如图 7.17（f）所示，微舟即使

装载重物，也可漂浮在水面上。虽然从微舟的相同排水量设备预估出其最大浮力仅为 0.92g，但实际上其最高装载量为 5.58g；甚至当其顶部低于水位时，仍不沉没，使水面保持弯曲状态，如图 7.17（g）所示。进一步研究[110,111]认为，弯曲的凸水面是由水的表面张力和超疏水粗糙表面共同导致的［图 7.17（h）］。弯曲的水面可承受较大的总位移，使材料的承载能力大大增加。此外，研究表明微舟的承载能力受下表面的浸润性影响较小，而主要取决于上表面的超疏水性，尤其是上表面边缘的超疏水性，这种效应可称为"超疏水边缘效应"[112,113]。

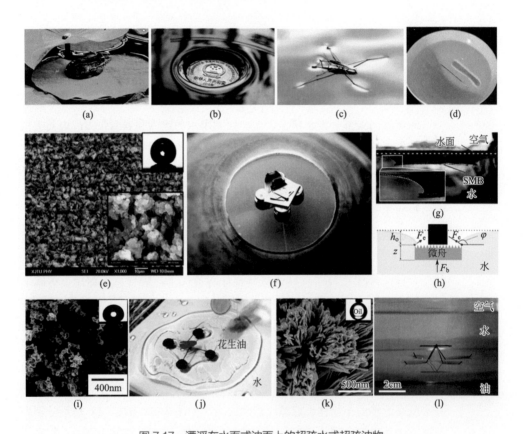

图 7.17 漂浮在水面或油面上的超疏水或超疏油物

（a）~（d）漂浮在水面上的小物体:（a）承载青蛙的荷叶；（b）金属硬币；（c）水黾以及（d）金属针。（e）人造超疏水 PDMS 微舟上表面的飞秒激光诱导微结构。（f）漂浮在水面上的人造 PDMS 微舟，其表面最高装载质量为 5.58g。（g）微舟在水面上的横截面轮廓（水面和空气之间的边界由黄色虚线突出显示）。（h）在水面上装载的超疏水微舟的示意图。（i），（j）漂浮在受油污染的水面上具有四条超疏油"腿"的人造微舟（"油黾"）。（k），（l）漂浮在水/油界面上具有四条水下超疏油"腿"的人造微舟（"油黾"）

就像漂浮在水面上的超疏水微舟一样，超疏油性使得一些微型装置能够在油面上漂浮和工作。例如，2014 年，Zhang 等[110]通过烛焰燃烧、二氧化硅壳沉积、氟烷基硅烷改性在不锈钢网眼上制备了超疏油表面［图 7.17（i）］。经测试，所得粗网格与正十六烷液滴的 OCA=155°±3°，与花生油液滴的 OCA=165°±4°，这两种油滴在网格上的 OSA 均小于 10°。该微舟可漂浮在各种有机液体表面，在正十六烷表面的承载能力超过其自身质量的 15 倍。如图 7.17（j）所示，模仿自然界的水黾，研究人员设计了具有类似结构的"油黾"模型。该"油黾"不仅可以浮油，而且在磁场作用下可在油面移动。而受水黾能够在水面上行走、跳跃的现象启发，Liu 等[107]进一步制造了一种新型"油黾"，它有四条水下超疏油的"腿"。该"腿"为铜线，其表面具有多级粗糙的氧化铜微结构［图 7.17（k）］。该"油黾"甚至可漂浮在油水界面之间，如图 7.17（l）所示。

7.10.2 流动减阻

液体的黏滞性、流动阻力往往会阻碍传输过程并造成大量能量损失。在设计、建造传输流体的管道、水路运输的轮船、水下移动的潜水艇时，所用材料常具有减阻作用。自然界一些超疏水的生物界面表现出特殊的减阻效果[114-116]，例如前文提及的"槐叶萍效应"。超疏水表面的减阻作用主要是由于液体不浸润固体而使固体表面形成气膜（空气层），由于空气阻力远低于液体流动阻力，而起到润滑作用。

超疏水材料可有效减少管道传输液体时的流动阻力。1999 年，Watanabe 等[117]首次发现超疏水管道对牛顿流体的减阻现象，相应的理论模拟表明超疏水涂层可以有效减少液体黏滞性导致的层流、湍流情况的发生[118,119]。2009 年，Daniello 等[120]指出拥有微结构的超疏水界面在湍流中具有显著的减阻作用。同年，Jung 等[121]研究表明，超疏水界面结构与材料减阻效果有关；Lee 等[122]制备了减阻效果达 28.5% 的柔性超疏水纳米纤维材料。传统的超疏水材料在表面存在缺陷或者受到外力的作用时，超疏水表面局部气层可能会被其他液体浸润，导致减阻效果衰减。为解决上述问题，2011 年，Kim 等[123]制备了一种具有水下自愈合特性并能够长久保持气层的减阻功能超疏水材料。

随着仿生水下超浸润研究的发展，超浸润界面还可用于降低交通工具在水上（on water）、或水下（underwater/submerged/in water）行驶的阻力[24]。这些研究受到了自然界一些动物的启发，例如鸭子、鹅等在水上游（部分在水上，部分在水下的游动，swim on water），羽毛的超疏水微纳米结构使其具有上文提及的超疏水减阻功能；鲨鱼等鱼类可在水中快速游动（完全浸在水下的游动，swim in water），其皮肤或鳞片的表面微纳米结构可以有效减阻。2019 年，Ren 等[125]受海豚的启发，制备了一种可以显著降低航行阻力的微纳米复合界面。此外，采用其他方式在界面构筑空气层也可以有效减阻。2017 年，Wang 等[126]设计了一种通过在表面构筑局部气穴来减少水下移动阻力的方法。2020 年，Jeung 等[127]研究表明，由超亲水电极表面产生的微小气泡（约 30μm）形成的空气层也可显著提高减阻效果。

7.11 液体透镜

镜片作为基本的光学器件，在摄影、光通信、显微镜、激光微细加工等方面发挥着重要作用[128-131]。液体透镜采用液体替代传统镜片，通过改变液体的曲率来改变焦距[132-134]。液体透镜具有材料经济、制备工艺简单、焦距易调节等优点[132-136]。

利用超浸润界面，可解决传统液体透镜的液体蒸发问题。例如，2015 年，Yong 等[137]制备了图案化的水下油微透镜阵列（图 7.18）。采用选择性激光烧蚀技术，在玻璃表面形成圆形阵列图案［图 7.18（b）］，该图案由未经处理的扁平圆形阵列和粗糙微结构组成［图 7.18（c）～（e）］。该粗糙微结构对水中的油滴表现出超疏油低油黏附性（OCA=160.5°±2°，OSA=1°）。而未经处理的区域仅具有弱疏油性（水下 OCA=121°±3°）。将样品浸入水中，并在每个圆形区域上放置油滴。由于中心水下普通疏油区域和水下超疏油区域之间的边界处存在能垒[5,138]，能够阻止油滴扩散，因此油滴被限制在圆形阵列中［图 7.18（a）］。表面张力使油滴保持球形［图 7.18（f）］和一定的曲率，可作为液体透镜。由于油滴浸入水中，油滴不易蒸发，从而规避了传统液体透镜中液体的蒸发问题。此外，透镜的形状、光学参数可以简单地通过调节圆的直径、油量等参数控制。如图 7.18（g）所示，该液体微透镜阵列具有良好的成像能力，可在有图案的纸平铺在微透镜阵列时清晰地呈现图像。

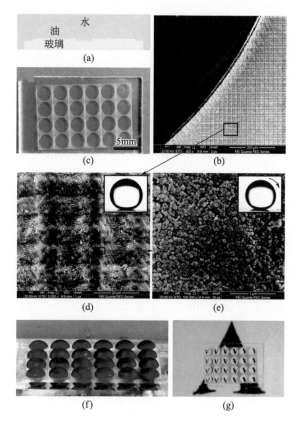

图 7.18 由水下超疏油 – 疏油图案制造的液体透镜[1]

 课后习题

1.（单选题）以下有关超浸润材料的应用说法中，最不合理的一项是（　）。

A. 荷叶可载重漂浮的最主要原因是其下表面具有水下超疏油性，增大了表面张力和浮力

B. 液滴操控可应用于可控微反应器、微流控芯片等智能化体系

C. 血管壁具有超浸润微纳米结构，可有效防止血小板在血管壁黏附滞留

D. 借助水下超疏油界面，采用油作为液体透镜的液体，可延缓液体透镜中液体的蒸发

2.（单选题）以下有关超浸润材料应用的说法中，最不合逻辑的一项是（　）。

A. 许多具有防湿、防雾功能的超疏水界面材料还可作为防覆冰材料，用于低温环境

B. 许多超疏液界面材料不仅防水、防油污，还耐强酸、强碱、高浓度盐溶液等化学腐蚀

C. 许多低黏附超浸润界面不仅抗液体黏附，还抗生物黏附淤积，对菌落有物理抑制作用

D. 类蜘蛛丝纤维集水主要靠纤维上的纺锤节，仿蛛网材料集水借助了大量交叉拓扑结构单元

3. （简答题）有关自清洁防污材料或涂层的研发成果，已在大楼的玻璃窗户、防污衣物等材料领域应用。实际应用中，一些材料应当满足稳定性、耐用性指标，尤其是在哪些特定恶劣环境下？

4. （简答题）超浸润领域油水分离材料通常具有何种浸润性？为何少有研究报道空气中亲水疏油的超浸润材料用于油水分离？

5. （简答题）利用超浸润界面起到防冰功能的策略原理有哪些？

6. （简答题）金属材料在哪些环境下容易被腐蚀？超疏液界面耐化学腐蚀应用的原理是什么？

7. （论述题）超疏油表面和水下超疏油界面有何区别？两者分别用于油水分离、自清洁应用时，各基于何种原理？

8. （论述题）人们的生产生活、生物医疗中，常遇到哪些管道或通道堵塞问题？超浸润材料如何预防或解决有关堵塞问题？请列举有关问题，指出采用的超浸润材料种类，并解释原理。

9. （论述题）一些研究表明，类蜘蛛丝材料在低湿度环境下集水效率低于一些仿沙漠甲虫或仿仙人掌材料。因此有言论认为，今后研究重点应当在于改善类蜘蛛丝材料在低湿度环境下的集水效率。该言论有一定的合理之处，但也有很多不可取之处。请结合这些自然界生物的实际生活环境及这些不同仿生材料的各自优势，指出该言论的不可取之处。

10. （开放讨论）一直以来，多数人对于对称的事物情有独钟。然而，随着科技发展、社会进步，大众审美与价值观也日新月异，一些非对称事物逐渐引发人们关注甚至喜爱。非对称的事物多具有选择性、独创性，隐含一种积极进取的正能量。近年来，"非对称美学"在建筑、室内装潢、汽车外观等设计领域独树一帜；在自然科学领域，非对称相关研究更显实用性，如2021年诺贝尔化学奖表彰了科学家们在"非对称有机催化"中的贡献；在医学领域，过度强迫自己或他人追求整齐对称有序的案例近来常被确诊为"强迫症"，属焦虑障碍神经精神疾病，病因与社会心理、神经内分泌、

遗传等有关。在本书涉及的仿生超浸润研究领域，非对称结构、非对称浸润性、非对称液滴行为等一直是操控液滴的研究热门，相比对称属性也有更多实际应用前景。根据你自己的专业、研究方向或选取上述内容中你感兴趣的部分，查阅有关论文或网页报道，整理出5页左右的PPT内容，进行5min汇报。

11.（开放讨论）一些综述论文基于某一种或几种特定应用详细总结介绍了关于仿生超浸润界面或材料的相关研究进展。选取本章节中你最感兴趣或者与你的专业/研究方向相关度高的应用，检索一篇最新的综述论文，提炼出文章的要点。

参考文献

[1] Yong J, Chen F, Yang Q, et al.Superoleophobic surfaces[J].Chemical Society Reviews, 2017, 46 (14): 4168-4217.

[2] Wu D, Wu S Z, Chen Q D, et al.Facile creation of hierarchical PDMS microstructures with extreme underwater superoleophobicity for anti-oil application in microfluidic channels[J].Lab on a Chip, 2011, 11 (22): 3873-3879.

[3] Zhang E, Cheng Z, Lv T, et al.The design of underwater superoleophobic Ni/NiO microstructures with tunable oil adhesion[J].Nanoscale, 2015, 7 (45): 19293-19299.

[4] Ragesh P, Ganesh V A, Nair S V, et al.A review on 'self-cleaning and multifunctional materials'[J].Journal of Materials Chemistry A, 2014, 2 (36): 14773-14797.

[5] Yong J, Yang Q, Chen F, et al.A simple way to achieve superhydrophobicity, controllable water adhesion, anisotropic sliding, and anisotropic wetting based on femtosecond-laser-induced line-patterned surfaces[J].Journal of Materials Chemistry A, 2014, 2 (15): 5499-5507.

[6] Mazumder P, Jiang Y, Baker D, et al.Superomniphobic, transparent, and antireflection surfaces based on hierarchical nanostructures[J].Nano Letters, 2014, 14 (8): 4677-4681.

[7] Nishimoto S, Bhushan B.Bioinspired self-cleaning surfaces with superhydrophobicity, superoleophilicity, and superhydrophilicity[J].Rsc Advances, 2013, 3 (3): 671-690.

[8] Casavant B P, Berthier E, Theberge A B, et al.Suspended microfluidics[J].Proceedings of the National Academy of Sciences, 2013, 110 (25): 10111-10116.

[9] Mertaniemi H, Jokinen V, Sainiemi L, et al.Superhydrophobic tracks for low-friction, guided transport of water droplets[J].Advanced Materials, 2011, 23 (26): 2911-2914.

[10] Ding C, Zhu Y, Liu M, et al.PANI nanowire film with underwater superoleophobicity and potential-modulated tunable adhesion for no loss oil droplet transport[J].Soft Matter, 2012, 8 (35): 9064-9068.

[11] Su B, Wang S, Song Y, et al.Utilizing superhydrophilic materials to manipulate oil droplets arbitrarily in water[J].Soft Matter, 2011, 7 (11): 5144-5149.

[12] Sun T, Qing G.Biomimetic smart interface materials for biological applications[J].Advanced Materials, 2011, 23 (12): H57-H77.

[13] Xia F, Jiang L.Bio-inspired, smart, multiscale interfacial materials[J].Advanced Materials, 2008, 20 (15): 2842-2858.

[14] Yong J, Yang Q, Chen F, et al.Reversible underwater lossless oil droplet transportation[J]. Advanced Materials Interfaces, 2015, 2 (2): 1400388.

[15] Zhang Y L, Xia H, Kim E, et al.Recent developments in superhydrophobic surfaces with unique structural and functional properties[J].Soft Matter, 2012, 8 (44): 11217-11231.

[16] Yao X, Gao J, Song Y, et al.Superoleophobic surfaces with controllable oil adhesion and their application in oil transportation[J].Advanced Functional Materials, 2011, 21 (22): 4270-4276.

[17] Song H, Chen D L, Ismagilov R F.Reactions in droplets in microfluidic channels[J].Angewandte Chemie International Edition, 2006, 45 (44): 7336-7356.

[18] Yong J, Chen F, Yang Q, et al.Femtosecond laser controlling underwater oil-adhesion of glass surface[J].Applied Physics A, 2015, 119 (3): 837-844.

[19] Cheng Z, Liu H, Lai H, et al.Regulating underwater oil adhesion on superoleophobic copper films through assembling n-alkanoic acids[J].ACS Applied Materials & Interfaces, 2015, 7 (36): 20410-20417.

[20] Li G, Zhang Z, Wu P, et al.One-step facile fabrication of controllable microcone and micromolar silicon arrays with tunable wettability by liquid-assisted femtosecond laser irradiation[J].RSC Advances, 2016, 6 (44): 37463-37471.

[21] Li G, Lu Y, Wu P, et al.Fish scale inspired design of underwater superoleophobic microcone arrays by sucrose solution assisted femtosecond laser irradiation for multifunctional liquid manipulation[J].Journal of Materials Chemistry A, 2015, 3 (36): 18675-18683.

[22] Zheng Y, Bai H, Huang Z, et al.Directional water collection on wetted spider silk[J].Nature, 2010, 463 (7281): 640-643.

[23] Chen Y, Zheng Y.Bioinspired micro-/nanostructure fibers with a water collecting property[J]. Nanoscale, 2014, 6 (14): 7703-7714.

[24] Kim H, Jang Y, Lee D Y, et al.Bio-inspired stretchable and contractible tough fiber by the hybridization of GO/MWNT/polyurethane[J].ACS Applied Materials & Interfaces, 2019, 11 (34): 31162-31168.

[25] Zhang M, Zheng Y.Bioinspired structure materials to control water-collecting properties[J]. Materials Today: Proceedings, 2016, 3 (2): 696-702.

[26] Li C, Liu Y, Gao C, et al.Fog harvesting of a bioinspired nanocone-decorated 3D fiber network[J].ACS Applied Materials & Interfaces, 2019, 11 (4): 4507-4513.

[27] He X H, Wang W, Liu Y M, et al.Microfluidic fabrication of bio-inspired microfibers with controllable magnetic spindle-knots for 3D assembly and water collection[J].ACS Applied Materials & Interfaces, 2015, 7 (31): 17471-17481.

[28] Tian Y, Zhu P, Tang X, et al.Large-scale water collection of bioinspired cavity-microfibers[J]. Nature Communications, 2017, 8 (1): 1-9.

[29] Dong H, Zheng Y, Wang N, et al.Highly efficient fog collection unit by integrating artificial spider silks[J].Advanced Materials Interfaces, 2016, 3 (11): 1500831.

[30] Feng S, Hou Y, Chen Y, et al.Water-assisted fabrication of porous bead-on-string fibers[J]. Journal of Materials Chemistry A, 2013, 1 (29): 8363-8366.

[31] Wang L, Ji X Y, Wang N, et al.Biaxial stress controlled three-dimensional helical cracks[J]. NPG Asia Materials, 2012, 4 (4): e14.

[32] Xue Y, Chen Y, Wang T, et al.Directional size-triggered microdroplet target transport on gradient-step fibers[J].Journal of Materials Chemistry A, 2014, 2 (20): 7156-7160.

[33] Xu T, Lin Y, Zhang M, et al.High-efficiency fog collector: water unidirectional transport on heterogeneous rough conical wires[J].ACS Nano, 2016, 10 (12): 10681-10688.

[34] Zhou H, Zhang M, Li C, et al.Excellent fog-droplets collector via integrative janus membrane and conical spine with micro/nanostructures[J].Small, 2018, 14 (27): 1801335.

[35] Thakur N, Ranganath A S, Agarwal K, et al.Electrospun bead-on-string hierarchical fibers for fog harvesting application[J].Macromolecular Materials and Engineering, 2017, 302 (7): 1700124.

[36] Fessehaye M, Abdul-Wahab S A, Savage M J, et al.Fog-water collection for community use[J].Renewable and Sustainable Energy Reviews, 2014, 29: 52-62.

[37] Li X, Liu Y, Zhou H, et al.Fog collection on a bio-inspired topological alloy net with micro-/nanostructures[J].ACS Applied Materials & Interfaces, 2019, 12 (4): 5065-5072.

[38] Liu Y, Yang N, Gao C, et al.Bioinspired nanofibril-humped fibers with strong capillary channels for fog capture[J].ACS Applied Materials & Interfaces, 2020, 12 (25): 28876-28884.

[39] Liu Y, Yang N, Li X, et al.Water harvesting of bioinspired microfibers with rough spindle-knots from microfluidics[J].Small, 2020, 16 (9): 1901819.

[40] Meuler A J, Mckinley G H, Cohen R E.Exploiting topographical texture to impart icephobicity[J].ACS Nano, 2010, 4 (12): 7048-7052.

[41] Guo P, Zheng Y, Wen M, et al.Icephobic/anti-icing properties of micro/nanostructured surfaces[J].Advanced Materials, 2012, 24 (19): 2642-2648.

[42] Yao X, Hawkins S C, Falzon B G.An advanced anti-icing/de-icing system utilizing highly aligned carbon nanotube webs[J].Carbon, 2018, 136: 130-138.

[43] Li Q, Guo Z.Fundamentals of icing and common strategies for designing biomimetic anti-icing surfaces[J].Journal of Materials Chemistry A, 2018, 6 (28): 13549-13581.

[44] Lv J, Song Y, Jiang L, et al. Bio-inspired strategies for anti-icing[J].ACS Nano, 2014, 8 (4): 3152-3169.

[45] Chen J, Luo Z, Fan Q, et al.Anti-ice coating inspired by ice skating[J].Small, 2014, 10 (22): 4693-4699.

[46] Dou R, Chen J, Zhang Y, et al.Anti-icing coating with an aqueous lubricating layer[J].ACS Applied Materials & Interfaces, 2014, 6 (10): 6998-7003.

[47] Tourkine P, Le Merrer M, Quéré D.Delayed freezing on water repellent materials[J].Langmuir, 2009, 25 (13): 7214-7216.

[48] Meuler A J, Smith J D, Varanasi K K, et al.Relationships between water wettability and ice adhesion[J].ACS Applied Materials & Interfaces, 2010, 2 (11): 3100-3110.

[49] Mishchenko L, Hatton B, Bahadur V, et al.Design of ice-free nanostructured surfaces based on repulsion of impacting water droplets[J].ACS Nano, 2010, 4 (12): 7699-7707.

[50] Cao L, Jones A K, Sikka V K, et al.Anti-icing superhydrophobic coatings[J].Langmuir, 2009, 25 (21): 12444-12448.

[51] Kulinich S, Farzaneh M.How wetting hysteresis influences ice adhesion strength on superhydrophobic surfaces[J].Langmuir, 2009, 25 (16): 8854-8856.

[52] Jung S, Dorrestijn M, Raps D, et al.Are superhydrophobic surfaces best for icephobicity?[J]. Langmuir, 2011, 27 (6): 3059-3066.

[53] He M, Wang J, Li H, et al.Super-hydrophobic film retards frost formation[J].Soft Matter, 2010, 6 (11): 2396-2399.

[54] Varanasi K, Deng T, Smith J D, et al. Frost fotmation and ice adhesion on superhydrophobic surfaces[J].Applied Physics Letters, 2010, 97: 234102.

[55] Kim S, Konar A, Hwang W-S, et al.High-mobility and low-power thin-film transistors based on multilayer MoS_2 crystals[J].Nature Communications, 2012, 3 (1): 1-7.

[56] Lv J, Song Y, Jiang L, et al.Bio-inspired strategies for anti-icing[J].ACS Nano, 2014, 8 (4): 3152-3169.

[57] Wen M, Wang L, Zhang M, et al.Antifogging and icing-delay properties of composite micro- and nanostructured surfaces[J].ACS Applied Materials & Interfaces, 2014, 6 (6): 3963-3968.

[58] He Z, Wu C, Hua M, et al.Bioinspired multifunctional anti-icing hydrogel[J].Matter, 2020, 2 (3): 723-734.

[59] Wang Y, Yao X, Wu S, et al.Bioinspired solid organogel materials with a regenerable sacrificial alkane surface layer[J].Advanced Materials, 2017, 29 (26): 1700865.

[60] Gao J, Zhang Y, Wei W, et al.Liquid-infused micro-nanostructured MOF coatings (LIMNSMCs) with high anti-icing performance[J].ACS Applied Materials & Interfaces, 2019, 11 (50): 47545-47552.

[61] Shen Y, Wu Y, Tao J, et al.Spraying fabrication of durable and transparent coatings for anti-icing application: dynamic water repellency, icing delay, and ice adhesion[J].ACS Applied Materials & Interfaces, 2018, 11 (3): 3590-3598.

[62] Wang G, Guo Z.Liquid infused surfaces with anti-icing properties[J].Nanoscale, 2019, 11 (47): 22615-22635.

[63] Guo Z, Peng B, Liu Y, et al.Extremely ice-detached array of pine needle-inspired concave-cone pillars[J].Advanced Materials Interfaces, 2020, 7 (2): 1901714.

[64] Shi W, Wang L, Guo Z, et al.Excellent anti-icing abilities of optimal micropillar arrays with nanohairs[J].Advanced Materials Interfaces, 2015, 2 (18): 1500352.

[65] Wang L, Gong Q, Zhan S, et al.Robust anti-icing performance of a flexible superhydrophobic surface[J].Advanced Materials, 2016, 28 (35): 7729-7735.

[66] Xue Z, Cao Y, Liu N, et al.Special wettable materials for oil/water separation[J].Journal of Materials Chemistry A, 2014, 2 (8): 2445-2460.

[67] Wang B, Liang W, Guo Z, et al.Biomimetic super-lyophobic and super-lyophilic materials applied for oil/water separation: a new strategy beyond nature[J].Chemical Society Reviews,

2015, 44 (1): 336-361.

[68] Li K, Ju J, Xue Z, et al.Structured cone arrays for continuous and effective collection of micron-sized oil droplets from water[J].Nature Communications, 2013, 4 (1): 1-7.

[69] Zhang W, Shi Z, Zhang F, et al.Superhydrophobic and superoleophilic PVDF membranes for effective separation of water-in-oil emulsions with high flux[J].Advanced Materials, 2013, 25 (14): 2071-2076.

[70] Gao S J, Shi Z, Zhang W B, et al.Photoinduced superwetting single-walled carbon nanotube/TiO_2 ultrathin network films for ultrafast separation of oil-in-water emulsions[J].ACS Nano, 2014, 8 (6): 6344-6352.

[71] Feng L, Zhang Z, Mai Z, et al.A super-hydrophobic and super-oleophilic coating mesh film for the separation of oil and water[J].Angewandte Chemie, 2004, 116 (15): 2046-2048.

[72] Xue Z, Wang S, Lin L, et al.A novel superhydrophilic and underwater superoleophobic hydrogel-coated mesh for oil/water separation[J].Advanced Materials, 2011, 23 (37): 4270-4273.

[73] Liu Y Q, Zhang Y L, Fu X Y, et al.Bioinspired underwater superoleophobic membrane based on a graphene oxide coated wire mesh for efficient oil/water separation[J].ACS Applied Materials & Interfaces, 2015, 7 (37): 20930-20936.

[74] Zhang F, Zhang W B, Shi Z, et al.Nanowire-haired inorganic membranes with superhydrophilicity and underwater ultralow adhesive superoleophobicity for high-efficiency oil/water separation[J].Advanced Materials, 2013, 25 (30): 4192-4198.

[75] Gao X, Xu L P, Xue Z, et al.Dual-scaled porous nitrocellulose membranes with underwater superoleophobicity for highly efficient oil/water separation[J].Advanced Materials, 2014, 26 (11): 1771-1775.

[76] Wen Q, Di J, Jiang L, et al.Zeolite-coated mesh film for efficient oil-water separation[J].Chemical Science, 2013, 4 (2): 591-595.

[77] Yong J, Chen F, Yang Q, et al.Oil-water separation: a gift from the desert[J].Advanced Materials Interfaces, 2016, 3 (7): 1500650.

[78] Zhu Q, Pan Q, Liu F.Facile removal and collection of oils from water surfaces through superhydrophobic and superoleophilic sponges[J].The Journal of Physical Chemistry C, 2011, 115 (35): 17464-17470.

[79] Gao Y, Zhou Y S, Xiong W, et al.Highly efficient and recyclable carbon soot sponge for oil cleanup[J].ACS Applied Materials & Interfaces, 2014, 6 (8): 5924-5929.

[80] Huang X, Sun B, Su D, et al.Soft-template synthesis of 3D porous graphene foams with tunable architectures for lithium-O_2 batteries and oil adsorption applications[J].Journal of Materials Chemistry A, 2014, 2 (21): 7973-7979.

[81] Jin M, Wang J, Yao X, et al.Underwater oil capture by a three-dimensional network architectured organosilane surface[J].Advanced Materials, 2011, 23 (25): 2861-2864.

[82] Pan S, Kota A K, Mabry J M, et al.Superomniphobic surfaces for effective chemical shielding[J].Journal of the American Chemical Society, 2013, 135 (2): 578-581.

[83] Guo T, Heng L, Wang M, et al.Robust underwater oil-repellent material inspired by columnar

nacre[J].Advanced Materials,2016,28(38):8505-8510.

[84] Meng X,Wang M,Heng L,et al.Underwater mechanically robust oil-repellent materials: combining conflicting properties using a heterostructure[J].Advanced Materials,2018,30(11):1706634.

[85] Vahabi H,Wang W,Movafaghi S,et al.Free-standing,flexible,superomniphobic films[J].ACS Applied Materials & Interfaces,2016,8(34):21962-21967.

[86] Yong J,Chen F,Yang Q,et al.Bioinspired underwater superoleophobic surface with ultralow oil-adhesion achieved by femtosecond laser microfabrication[J].Journal of Materials Chemistry A,2014,2(23):8790-8795.

[87] Sun T,Qing G,Su B,et al.Functional biointerface materials inspired from nature[J].Chemical Society Reviews,2011,40(5):2909-2921.

[88] Mao Y,Sun Q,Wang X,et al.In vivo nanomechanical imaging of blood-vessel tissues directly in living mammals using atomic force microscopy[J].Applied Physics Letters,2009,95(1):013704.

[89] Chang B,Zhang M,Qing G,et al.Dynamic biointerfaces: from recognition to function[J].Small,2015,11(9-10):1097-1112.

[90] Kwon K W,Choi S S,Lee S H,et al.Label-free,microfluidic separation and enrichment of human breast cancer cells by adhesion difference[J].Lab on a Chip,2007,7(11):1461-1468.

[91] Ranella A,Barberoglou M,Bakogianni S,et al.Tuning cell adhesion by controlling the roughness and wettability of 3D micro/nano silicon structures[J].Acta Biomaterialia,2010,6(7):2711-2720.

[92] Stratakis E,Ranella A,Fotakis C.Biomimetic micro/nanostructured functional surfaces for microfluidic and tissue engineering applications[J].Biomicrofluidics,2011,5(1):013411.

[93] Banerjee I,Pangule R C,Kane R S.Antifouling coatings: recent developments in the design of surfaces that prevent fouling by proteins,bacteria,and marine organisms[J].Advanced Materials,2011,23(6):690-718.

[94] Lee Y,Park S H,Kim K B,et al.Fabrication of hierarchical structures on a polymer surface to mimic natural superhydrophobic surfaces[J].Advanced Materials,2007,19(17):2330-2335.

[95] Shen L,Wang B,Wang J,et al.Asymmetric free-standing film with multifunctional anti-bacterial and self-cleaning properties[J].ACS Applied Materials & Interfaces,2012,4(9):4476-4483.

[96] Ivanova E P,Hasan J,Webb H K,et al.Bactericidal activity of black silicon[J].Nature Communications,2013,4(1):1-7.

[97] Huang Q,Lin L,Yang Y,et al.Role of trapped air in the formation of cell-and-protein micropatterns on superhydrophobic/superhydrophilic microtemplated surfaces[J].Biomaterials,2012,33(33):8213-8220.

[98] Huang J Y,Lai Y K,Pan F,et al.Multifunctional superamphiphobic TiO_2 nanostructure surfaces with facile wettability and adhesion engineering[J].Small,2014,10(23):4865-4873.

[99] Chen L,Liu M,Bai H,et al.Antiplatelet and thermally responsive poly

(N-isopropylacrylamide) surface with nanoscale topography[J].Journal of the American Chemical Society,2009,131(30):10467-10472.

[100] Dunnill C W,Aiken Z A,Kafizas A,et al.White light induced photocatalytic activity of sulfur-doped TiO_2 thin films and their potential for antibacterial application[J].Journal of Materials Chemistry,2009,19(46):8747-8754.

[101] Xue C H,Chen J,Yin W,et al.Superhydrophobic conductive textiles with antibacterial property by coating fibers with silver nanoparticles[J].Applied Surface Science,2012,258(7):2468-2472.

[102] Hu C,Liu S,Li B,et al.Micro-/nanometer rough structure of a superhydrophobic biodegradable coating by electrospraying for initial anti-bioadhesion[J].Advanced Healthcare Materials,2013,2(10):1314-1321.

[103] Che P,Liu W,Chang X,et al.Multifunctional silver film with superhydrophobic and antibacterial properties[J].Nano Research,2016,9(2):442-450.

[104] Lv Y,Li Q,Hou Y,et al.Facile preparation of an asymmetric wettability janus cellulose membrane for switchable emulsions' separation and antibacterial property[J].ACS Sustainable Chemistry & Engineering,2019,7(17):15002-15011.

[105] Jalil S A,Akram M,Bhat J A,et al.Creating superhydrophobic and antibacterial surfaces on gold by femtosecond laser pulses[J].Applied Surface Science,2020,506:144952.

[106] Yong J,Yang Q,Chen F,et al.A bioinspired planar superhydrophobic microboat[J].Journal of Micromechanics and Microengineering,2014,24(3):035006.

[107] Liu X,Gao J,Xue Z,et al.Bioinspired oil strider floating at the oil/water interface supported by huge superoleophobic force[J].ACS Nano,2012,6(6):5614-5620.

[108] Gao X,Jiang L.Water-repellent legs of water striders[J].Nature,2004,432(7013):36-36.

[109] Hu D L,Chan B,Bush J W.The hydrodynamics of water strider locomotion[J].Nature,2003,424(6949):663-666.

[110] Zhang J,Deng X,Butt H-J R,et al.Floating on oil[J].Langmuir,2014,30(35):10637-10642.

[111] Bormashenko E,Musin A,Grynyov R,et al.Floating of heavy objects on liquid surfaces coated with colloidal particles[J].Colloid and Polymer Science,2015,293(2):567-572.

[112] Zhao J,Zhang X,Chen N,et al.Why superhydrophobicity is crucial for a water-jumping microrobot? Experimental and theoretical investigations[J].ACS Applied Materials & Interfaces,2012,4(7):3706-3711.

[113] Zhang X,Zhao J,Zhu Q,et al.Bioinspired aquatic microrobot capable of walking on water surface like a water strider[J].ACS Applied Materials & Interfaces,2011,3(7):2630-2636.

[114] Liu K,Jiang L.Bio-inspired design of multiscale structures for function integration[J].Nano Today,2011,6(2):155-175.

[115] Bhushan B,Jung Y C.Natural and biomimetic artificial surfaces for superhydrophobicity,self-cleaning,low adhesion,and drag reduction[J].Progress in Materials Science,2011,56(1):1-108.

[116] Mchale G,Newton M I,Shirtcliffe N J.Immersed superhydrophobic surfaces: Gas exchange,

slip and drag reduction properties[J].Soft Matter，2010，6（4）：714-719.

[117] Watanabe K，Udagawa Y，Udagawa H.Drag reduction of Newtonian fluid in a circular pipe with a highly water-repellent wall[J].Journal of Fluid Mechanics，1999，381：225-238.

[118] Martell M B，Perot J B，Rothstein J P.Direct numerical simulations of turbulent flows over superhydrophobic surfaces[J].Journal of Fluid Mechanics，2009，620：31-41.

[119] Martell M B，Rothstein J P，Perot J B.An analysis of superhydrophobic turbulent drag reduction mechanisms using direct numerical simulation[J].Physics of Fluids，2010，22（6）：065102.

[120] Daniello R J，Waterhouse N E，Rothstein J P.Drag reduction in turbulent flows over superhydrophobic surfaces[J].Physics of Fluids，2009，21（8）：085103.

[121] Jung Y C，Bhushan B.Biomimetic structures for fluid drag reduction in laminar and turbulent flows[J].Journal of Physics：Condensed Matter，2009，22（3）：035104.

[122] Lee S，Kang J H，Lee S J，et al.Tens of centimeter-scale flexible superhydrophobic nanofiber structures through curing process[J].Lab on a Chip，2009，9（15）：2234-2237.

[123] Lee C，Kim C J. Underwater restoration and retention of gases on superhydrophobic surfaces for drag reduction[J].Physical Review Letters，2011，106（1）：014502.

[124] Zhang S，Ouyang X，Li J，et al.Underwater drag-reducing effect of superhydrophobic submarine model[J].Langmuir，2015，31（1）：587-593.

[125] Ren X，Yang L，Li C，et al. Design and analysis of underwater drag reduction property of biomimetic surface with micro-nano composite structure[C].International Conference on Mechanical Design，2019：546-559.

[126] Wang B，Wang J，Chen D，et al.Experimental investigation on underwater drag reduction using partial cavitation[J].Chinese Physics B，2017，26（5）：054701.

[127] Jeung Y，Yong K.Underwater superoleophobicity of a superhydrophilic surface with unexpected drag reduction driven by electrochemical water splitting[J].Chemical Engineering Journal，2020，381：122734.

[128] Sun Y L，Dong W F，Yang R Z，et al.Dynamically tunable protein microlenses[J].Angewandte Chemie International Edition，2012，51（7）：1558-1562.

[129] Li X，Ding Y，Shao J，et al.Fabrication of microlens arrays with well-controlled curvature by liquid trapping and electrohydrodynamic deformation in microholes[j].advanced materials，2012，24（23）：OP165-OP169.

[130] Lee X-H，Moreno I，Sun C-C.High-performance LED street lighting using microlens arrays[J]. Optics express，2013，21（9）：10612-10621.

[131] Chen F，Deng Z，Yang Q，et al.Rapid fabrication of a large-area close-packed quasi-periodic microlens array on BK7 glass[J].Optics Letters，2014，39（3）：606-609.

[132] Li C，Jiang H.Electrowetting-driven variable-focus microlens on flexible surfaces[J].Applied Physics Letters，2012，100（23）：231105.

[133] Ashtiani A O，Jiang H.Thermally actuated tunable liquid microlens with sub-second response time[J].Applied Physics Letters，2013，103（11）：111101.

[134] Lu Y S，Tu H，Xu Y，et al.Tunable dielectric liquid lens on flexible substrate[J].Applied

Physics Letters, 2013, 103 (26): 261113.
[135] Ding Z, Ziaie B.A pH-tunable hydrogel microlens array with temperature-actuated light-switching capability[J].Applied Physics Letters, 2009, 94 (8): 081111.
[136] Jin X, Guerrero D, Klukas R, et al.Microlenses with tuned focal characteristics for optical wireless imaging[J].Applied Physics Letters, 2014, 105 (3): 031102.
[137] Yong J, Yang Q, Chen F, et al.Using an "underwater superoleophobic pattern" to make a liquid lens array[J].RSC Advances, 2015, 5 (51): 40907-40911.
[138] Yong J, Chen F, Yang Q, et al.Controllable underwater anisotropic oil-wetting[J].Applied Physics Letters, 2014, 105 (7): 071608.

第 8 章
可切换浸润或黏附的智能响应界面

8.1 拉伸响应表面

8.2 磁响应界面

8.3 温度响应界面

8.4 电响应界面

8.5 光响应界面

8.6 pH 值响应界面

8.7 其他响应

8.8 双响应、多响应

8.9 本章小结

课后习题

参考文献

近年来，智能化是先进材料、机械、电子设备等产品追求的目标之一。本书第2章、第3章介绍了不同的浸润、黏附性质，而智能界面的不同性质能够可逆切换。如图8.1所示，智能界面材料在受到外界因素影响时，其微纳米结构或化学组成、分布等发生可逆转变，界面性质也随之变化。因此，研究人员可设计刺激响应使界面智能化，实现界面浸润性、黏附性、液滴行为的操控[1,2]。

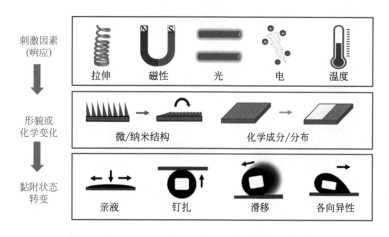

图 8.1 智能界面的刺激响应、可切换状态机制[2]

本章将详细介绍仿生智能刺激响应界面，涵盖空气中和水下环境的相关研究；根据外加刺激分类，主要包括拉伸响应表面、磁响应界面、温度响应界面、电响应界面、光响应界面、湿度响应表面、pH响应界面、双/多响应界面等。此外，刺激响应也可与固体表面或材料界面自身性质无关，而是通过影响环境相或影响环境相与液滴的相互作用力实现液滴操控，本章也将相关研究作为拓展内容进行介绍。

8.1 拉伸响应表面

机械拉伸可以改变柔性材料的表面积、表面结构的几何形状，从而实现表面黏附的可逆控制（图8.2～图8.5）。通过简单拉伸或压缩材料，材料的表面张力、化学成分基本保持原状[3]；然而，表面的粗糙度、微纳米结构可能发生显著变化,从而影响表面的接触角滞后等黏附特性,并导致不同的液体行为[4-6],如表 8.1 所列。

表 8.1 拉伸响应表面策略示例

结构特色	智能表现
响应性 SLIPS	SA 变化而 CA 不变,在钉扎态与滑移态之间切换
柔性微柱阵列表面	CA 变化,CAH 变化,液滴变形
条纹微槽表面	SA 变化而 CA 不变,在钉扎态与滑移态之间转变,液滴一维传输
	非对称拉伸:在钉扎态与各向异性态之间转变,液滴单向传输

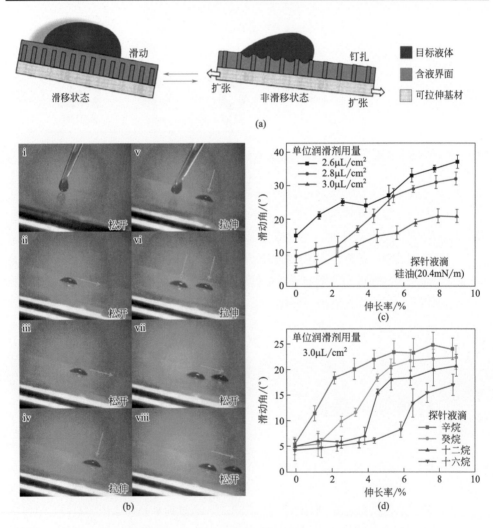

图 8.2 拉伸响应 SLIPS 表面上的滑动角变化、液滴操控[10]

8.1.1 各向同性表面

拉伸响应可用于SLIPS[7-9]表面，使其上液滴分别呈现钉扎（pinning）或滑移（slippery）状态。例如，Yao等[10]将多孔聚四氟乙烯（Teflon）纳米纤维网络与弹性聚二甲基硅氧烷（PDMS）膜结合以获得柔性基底；然后，将全氟聚醚（perfluoropolyether，PFPE）作为润滑剂注入多孔基材中，获得了柔性SLIPS。如图8.2（a）所示，当SLIPS被压缩时，缩小的纳米孔有助于润滑剂释放，液滴处于滑移状态；当通过外部机械张力拉长SLIPS时，润滑剂流入扩大的纳米孔，润滑层消失，表面黏附性升高，液滴处于钉扎状态。如图8.2（b）～（d）所示，调节伸长率、润滑剂量可以改变不同液滴在表面上的滑动角，并实现液滴操纵。

Coux等[11]研究了具有微柱阵列结构的柔性PDMS基材上的拉伸响应，他们发现表面的接触角和接触角滞后与表面扩张率（Σ）具有函数关系[图8.3（a）]。当基材被拉长时，微柱形状略有变化，而密集度急剧降低[图8.3（b）]，最终导致液滴变形、较低的接触角和较高的表面黏附性。

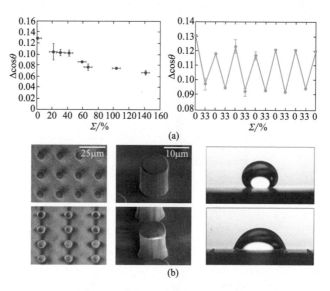

图8.3 拉伸响应微柱阵列表面上的接触角变化、接触角滞后变化[11]

8.1.2 各向异性表面

拉伸响应也可设计在具有各向异性的柔性材料上，以实现多功能应用。Zhang等[12]用聚（甲基丙烯酸丁酯-甲基丙烯酸月桂酯）和硅油制造了具有条纹微槽结构的有机凝胶，通过非对称拉伸实现了液滴的单向运动。如图8.4所示，将表面一侧沿着垂直于凹槽方向拉长时，水滴可以很容易地从拉长侧移动到非拉长侧，WSA ≤ 10°；水滴沿相反方向移动时则产生钉扎。他们认为不对称拉伸产生的扇形凹槽充当了诱导液滴运动的物理屏障，从而导致黏附性转变，而表面粗糙度变化的影响较小。

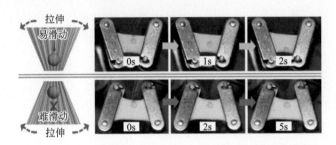

图 8.4　非对称拉伸响应条纹微槽表面的液滴单向运动[12]

Wang 等[13]研究了类肤结构（skin-like structure，类似于条纹微槽结构）柔性 PDMS 上的弯曲、拉伸响应。当垂直于条纹方向施加作用力时，WCA 始终保持在 140°以上，但表面黏附状态可在荷叶效应与玫瑰花瓣效应间可逆转变，即 WSA 范围在 3°至液滴钉扎状态（图 8.5）。利用这些柔软材料，

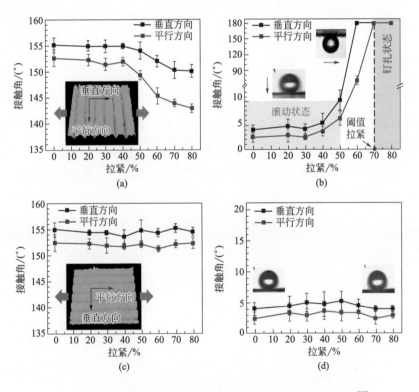

图 8.5　拉伸响应条纹微槽表面的液滴的滑动角及黏附状态变化[13]

拉伸响应表面未来可用于可穿戴设备，或其他便携智能设备。Su 等[14]研究了柔性异质基板上的液滴行为，发现液滴运动的拉普拉斯压差驱动力、浸润性梯度驱动力都可通过拉伸或压缩基板控制。该思路不仅可应用于雾水收集，还可实现雾通量的动态调节。

8.2 磁响应界面

将基材结合磁性物质可制备磁响应界面材料。通过施加外部磁场，可改变材料表面粗糙度、微纳米结构或/和表面化学组成，从而调控界面的浸润与黏附相关性质，最终可实现液滴操控、集水、液体传输、微流体设备设计等应用[15-17]。表 8.2 总结了本小节涉及的磁响应界面的策略。

表 8.2 磁响应界面策略举例

结构特色	控制手段	智能表现
磁流体纳米阵列（空气）	调节磁场强度	CA 可变；可实现液滴单向传输、反重力方向移动、不同速度的移动
柔性斜角微纳米阵列（空气）	调节磁场方向	SA 可变，黏滞阻力可变；可实现并操控液滴的移动、弹跳等行为
磁流体 SLIPS（空气）	施加或移除磁场	SA 可变以控制液滴位移；在钉扎状态与滑移状态之间切换
纳米棒阵列界面×2（水下）	施加周期性磁场	借助磁流体使油滴在两界面间往返运动

8.2.1 空气环境

通常在材料的制备过程中，加入磁性物质，可使材料获得磁响应。例如，Tian 等[18]将 Fe_3O_4 磁流体添加到 ZnO 纳米阵列中，获得了磁响应表面。如图 8.6（a）、（b）所示，调节外磁场强度，表面可以在相对光滑和粗糙的微观结构之间切换，呈现出不同的接触角。进一步改变磁场，可操控液滴行为 [图 8.6（c）]，轻松实现单向液滴运动、反重力运动和不同速度的运动。

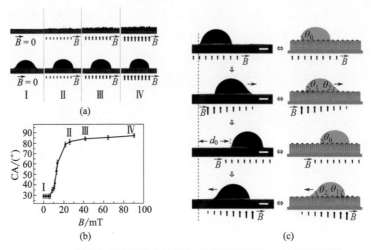

图 8.6 磁响应磁流体纳米阵列表面的接触角变化、液滴操控[18]

将柔性斜角微纳米阵列表面上的阵列磁化后，可在外加磁场下可控调节微纳米结构的倾斜角，实现材料的智能化。例如，Peng 等[19]在采用软复型法制备仿生材料时，在固化过程中将 Co 磁性颗粒添加到 PDMS 中，获得了磁响应微锥阵列结构表面。如图 8.7（a）所示，当外部磁铁直接放置在表面

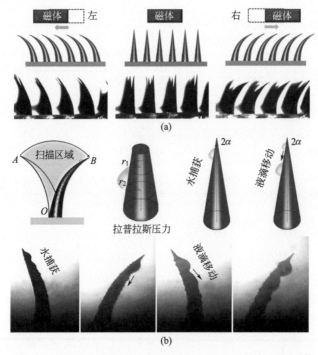

图 8.7 磁响应斜角微纳米阵列表面的结构变化及雾水收集[19]

上方时，锥形阵列是垂直的；将磁铁向右或向左移动，锥形阵列被磁铁吸引到相同的方向。施加周期性磁场，微锥阵列发生简谐摇摆，该结构表面可用于集水：优化材料与湿气的接触面积和拉普拉斯压差驱动力[图8.7（b）]，可提高雾气捕获性能。

Li等[20]在材料制备过程中利用磁响应性的Co粒子，制备了永久倾斜的微纳米阵列。微纳米阵列不同的倾斜角度可使WSA大于60°或小于5°，对应的黏滞阻力大于80μN或小于20μN。他们还发现，水滴在柔性斜角阵列上展现出定向弹跳趋势：运动的水平位移显著增加，反弹高度随着阵列倾角略有下降（从90°到45°）。Lin等[21]进一步研究表明非常轻微的垂直振动（如风、声音）会导致液滴向微纳米阵列倾斜的方向移动。

使用磁性物质作为润滑剂，可将磁性响应赋予SILPS。例如，Wang等[22]在制备SILPS时用铁磁流体（ferrofluid）作为润滑剂，开发了一种FLIPS（ferrofluid lubricant infused porous surface）。如图8.8（a）所示，当不施加磁场时，磁性纳米粒子随机排列，表现为相对光滑的表面；然而施加磁场可操控铁磁流体中的磁性纳米粒子，表现为多尺度层状形貌。由此可调控表面液滴的黏附状态及液滴运动的黏附力，如图8.8（b）所示。

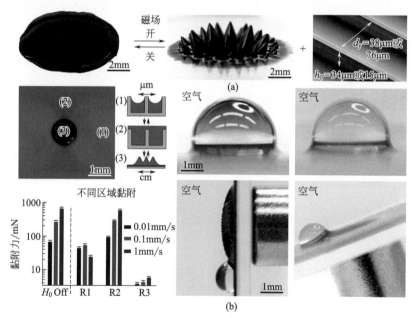

图8.8 磁响应FLIPS的表面形貌变化、黏附力变化[22]

Huang 等[23]将 FILPS 的概念与柔性斜角微纳米阵列相结合［图 8.9（a）］。如图 8.9（b）所示，施加外部磁场可使微纳米阵列倾角在 0°～90°转变。液滴弹跳和滑动测试［图 8.9（c）］表明，当阵列垂直于表面时，液滴在表面表现为钉扎状态，黏附力较高；调整磁场使微阵列与表面平行，液滴则与润滑剂完全接触，表面呈现滑移状态并释放液滴。Li 等[25]使用类似的策略并制备了 PDMS@Fe_3O_4 涂层织物。研究表明，不同的 Fe_3O_4 浓度可导致不同的接触角。通过调节磁响应，可对表面的浸润性与黏附力进行调控。

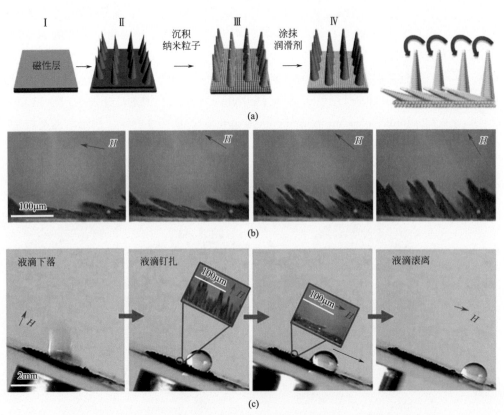

图 8.9 磁响应柔性斜角微纳米阵列 FILPS 的表面形貌变化、液滴行为操控[23]

8.2.2 水下环境

Feng 等[25]展示了一种使用外部磁场驱动油基磁性流体（magnet liquid, ML）的方法。首先，他们通过低温水热法在玻璃基板上生长 ZnO 纳米棒阵列。如图 8.10（a）所示，ZnO 纳米棒排列均匀；紫外线处理后，材料在空气中表现超亲水性（WCA = 6°）和超亲油性（OCA = 9°）。将材料置于水下环境，表现为水下超疏油（水下 OCA = 156°）低油黏附特性（OSA < 5°）。然后，他们使用上述两种材料来操控水中油滴，如图 8.10（b）所示：将磁性油滴（含有 Fe_3O_4 纳米颗粒的硅油）注入下基板，外加周期性磁场，油滴能够快速响应外部磁场变化，在两个基板之间可逆转移。在整个油滴运动过程中，由于 ZnO 纳米棒阵列对磁性油的超低油附着力，没有磁性油滴附着在基底上。相反，当两个光滑的 ZnO 基板用于相同的传输实验时，油滴运动明显延迟。

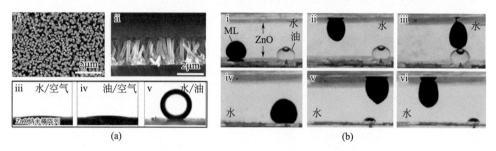

图 8.10　磁响应界面水下操控油滴行为举例[25]

8.3 温度响应界面

某些材料被加热到特定临界温度，体相及界面相关性能会发生突变。使用温度响应材料或温敏材料，可制备温度响应智能界面。如表 8.3 所列，针对不同类型材料，可采取不同的温度响应设计策略。

表 8.3　温度响应界面设计策略举例

控制手段	可应用材料举例	智能表现
加热使材料表面部分熔化引入液层／降温使液层固化（空气）	有机凝胶等，如石蜡溶胀有机凝胶	SA 及黏附力可变，使其在钉扎和滑移状态之间转变
升高／降低温度至材料玻璃化转变温度（空气）	非晶态高分子材料，如温控形状记忆材料	在浸润各向同性和各向异性状态之间转变，可实现液滴方向性移动
升高／降低温度至材料低临界相变温度（空气、水下）	嵌段聚合物，如聚异丙基丙烯酰胺基材料	CA 可变，黏附力或黏附状态可变，可控制液滴运动方向
莱顿弗罗斯特（Leidenfrost）效应	可承受过热液体的耐高温材料	可操控液滴形状、动态行为

8.3.1 空气环境

升温可导致材料部分熔化，而熔化部分在材料表面和液滴之间形成液层，可作为润滑剂，以实现切换黏附状态[26,27]。例如，Yao 等[28]利用石蜡溶胀有机凝胶（n-paraffin-swollen organogel）实现了温控表面黏附（图8.11）。在室温下，粗糙表面处于高黏附状态，具有较高黏附力（超过200μN）并表现为水滴钉扎。当温度升高到58～60℃时，石蜡部分转变为液相，使表面变滑，此时表面转变为低黏附状态，具有低黏附力（约40 μN）且 WSA 约为6°。降低温度可以使液层固化，从而实现表面黏附状态的可逆转换。

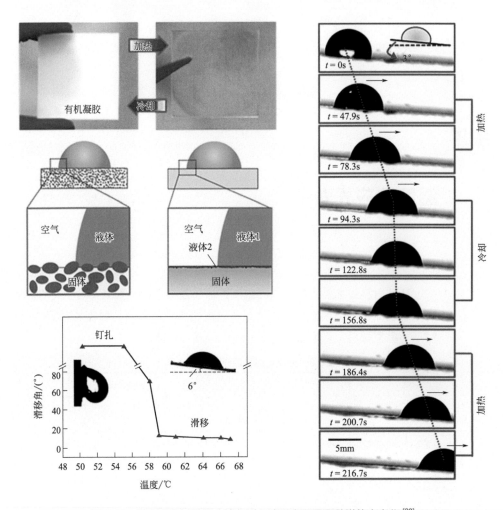

图 8.11 温度响应材料部分熔化引入液层实现界面黏附状态变化[28]

对于某些柔性高分子材料，将温度升高至玻璃化转变温度（glass transition temperature）可激活分子链的移动性，从而改变聚合物的弹性[30-34]。采用具有形状记忆的柔性聚合物可以实现对表面微结构的可逆控制，从而进一步控制表面液滴的黏附[29,34,35]。例如，Cheng等[36]使用形状记忆聚合

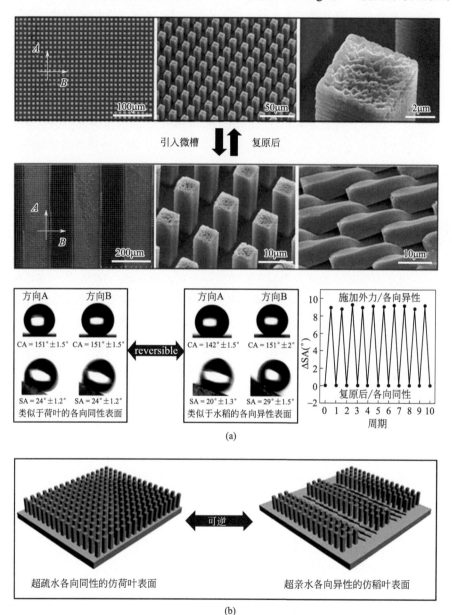

图 8.12 温度响应材料利用玻璃化转变温度操控表面结构、黏附性质[36]

物制造了微阵列结构表面。如图 8.12（a）所示，微柱阵列均匀分布，垂直于表面，使表面呈现出类似于荷叶的超疏水（WCA = 151°±1.5°）各向同性低黏附状态（WSA = 24°±1.2°）。当表面在略高于玻璃化转变温度的温度下进行热压时，受压的微柱会"躺平"，使局部呈现为微槽状结构，表现为类似于水稻叶的各向异性（两方向展现出不同的 WCA 和 WSA）；在相同温度下重新加热材料而不额外施加压力，柱子会恢复垂直状态。由此，可实现各向同性与各向异性超疏水黏附态之间的可逆切换 [图 8.12（b）]。如在表面选择性热压微柱，可为流体运动预设方向，相关策略或在生物分离、微流体设备等领域有潜在应用。

对于某些嵌段共聚物（block copolymers），将温度升高到低临界相变温度（lower critical solution temperature，LCST），可以使聚合物转变为塌陷状态（extended state → collapsed state）[37-39]。最典型的例子为聚 N- 异丙基丙烯酰胺（PNIPAAm）基材料，其表面粗糙度可随温度升高而变化；据研究表明，PNIPAAm 在不同温度下可转变分子内和分子间氢键[40,41]，导致材料的浸润性、黏附性发生显著变化。例如，Hou 等[42] 发现从 20℃升至 45℃时，聚甲基丙烯酸甲酯和聚异丙基丙烯酰胺共聚物（PMMA-b-PNIPAAm）的表面形态随着聚合物状态的转变而变化；相应地，WCA 从 51.64° 增加到 107.09°，CAH 值从 43° 增到 60°，表明温度与其表面浸润、黏附存在相关性。Li 等[43] 受猪笼草叶笼和滨鸟的鸟嘴启发，制备了 PNIPAAm 基微凝胶：温度响应可改变表面黏附作用力的大小和方向，使液滴在表面表现出不同的流动行为。当温度为 20℃时，液滴沿条纹微槽单向流动 [图 8.13（a）]。当基板被加热到 40℃时，液滴在微槽中可双向流动，在边缘处钉扎 [图 8.13（b）]。这种策略不仅可应用于微流控设备，还有望应用于传热系统。

升高温度也可使液滴自身性质发生变化，从而操控液滴行为。例如，在过热的不平表面上，水滴可能会由于其自身产生的蒸汽悬浮，即 Leidenfrost 效应[44]；液滴悬浮后自身可能发生变形或与表面进一步产生相对运动。Zhong 等[45] 着眼于液滴的几何性质和动力学，综述指出材料的表面形貌、浸润性可影响 Leidenfrost 效应及相关液滴行为。Graeber 等[46] 观察到液滴在过热表面上的更复杂的运动，并将其称为 Leidenfrost 液滴蹦床弹跳（Leidenfrost droplet trampolining）。

需要指出，加热基材有时会直接导致环境温度、湿度或液体理化性质等发生变化[47-50]，可能会影响液滴浸润和黏附的实验结果，在实验和分析时应考虑全面。此外，温度相关的响应也可设计为电热响应和光热响应，将在后续两个小节中讨论。

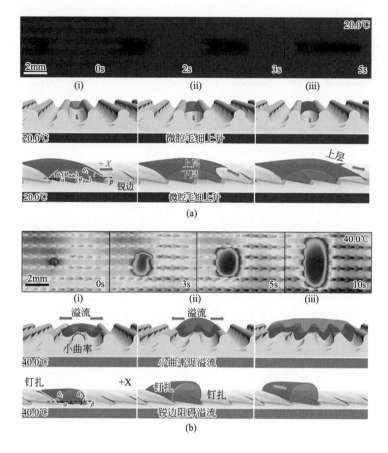

图 8.13 温度响应材料利用嵌段共聚物的 LCST 操控黏附相关性质、液滴流动行为[43]

8.3.2 水下环境

与在空气中进行的研究类似，PNIPAAm 基材料也常被用于水下研究。在 LCST 附近加热材料，表面对油滴的黏附会发生显著变化，油滴在表面上表现出不同的行为。

Chen 等[51]制备了一种热响应 PNIPAAm 水凝胶［图 8.14（a）］，将样品浸入水中时，其表面浸润性及对油滴的黏附与其周围水溶液温度有关［图 8.14（b）］。当温度低于 LCST（约 32℃）时，所制备的水凝胶表面显示出水下超疏油性和非常低的油黏附性。在固体-水界面处水下油滴的 OCA 和黏附力测量值为 151.7°±1.6° 和 5.8μN。如果环境温度升高到 LCST 以上，表面的浸润状态将转变为弱疏油性，并且在水中具有较高的油黏附性；水下 OCA 下降至 127.0°±4.6°，而黏附力增加到 23.1μN［图 8.14（c）、(d)］。这两种不同的浸润状态可通过温度响应实现多次可逆切换。

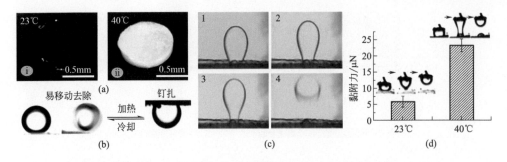

图 8.14　温度响应利用 LCST 使界面从水下超疏油低黏附向水下弱疏油较高黏附转变[51]

PNIPAAm 水凝胶在水下之所以具有这种性能，与其网络中包含大量疏水基团 [—CH(CH$_3$)$_2$] 和亲水基团（—CONH—）有关。在室温下（温度低于 LCST），PNIPAAm 分支上的 N—H/C═O 基团与溶液中的水分子形成分子间氢键，使凝胶水合膨胀。截留水层，进一步使水凝胶表现出超疏油性和低油黏附性。然而，当溶液加热到高于 LCST 时，水凝胶中的 N—H/C═O 基团与相邻分支上的分子形成分子内氢键，这使得水凝胶脱水塌陷，失去对油滴的排斥力，最终表面呈现出弱疏油性和较高的油黏附性。

虽然 PNIPAAm 分子和粗糙表面形貌的配合可成功实现水下热响应，然而上述智能表面的油浸润性的切换范围非常有限。Liu 等[52] 制备了一种七氟癸基三甲氧基硅烷（HFMS）和热敏 PNIPAAm 的硅纳米线阵列改性微结构表面，通过调节水温界面可在水下超疏油和超亲油状态之间切换 [图 8.15（a）]。

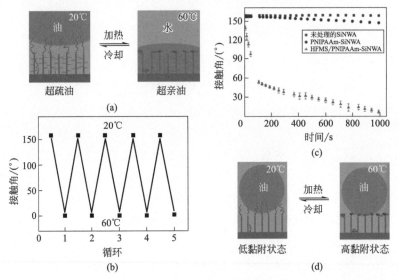

图 8.15　温度响应利用 LCST 使界面从水下超疏油低油黏附向水下超亲油高油黏附转变[52]

在20℃时，水下油滴（1,2-二氯乙烷）的OCA为157°；然而，在60℃时，水下OCA仅约为3°。调节温度可实现水下超疏油低油黏附性与水下超亲油高油黏附性之间可逆切换［图8.15（b）］。该材料浸润、黏附性质的可逆切换归因于接枝在表面上的PNIPAAm链，它能够通过热响应分子结构变化覆盖或暴露亲油的HFMS组分。在室温下，PNIPAAm链优先与溶液中的水分子结合形成分子间氢键。水合的PNIPAAm链倾向于进一步向外延伸，使得亲油的HFMS链被覆盖、隐藏，界面呈现水下超疏油性。随着环境温度升高到60℃，PNIPAAm链主要在其分支之间产生分子内氢键，导致接枝PNIPAAm链脱水收缩，暴露亲油性HFMS链，界面表现为水下超亲油性［图8.15（c）、（d）］。

受自然界毛毡苔捕食机制的启发，Ma等[53]构建了一种新的PNIPAAm基水凝胶制动器，具有较高的力学强度和不对称结构［图8.16（a）］。该水凝胶制动器不仅可响应环境温度变化，从而实现表面黏附的可逆转换［图8.16（b）］，还可以实现乙醇和水之间的快速溶剂交换。如图8.16（c）所示，温度响应下材料可发生可逆弯曲，便于其可逆捕获、释放水下油滴。

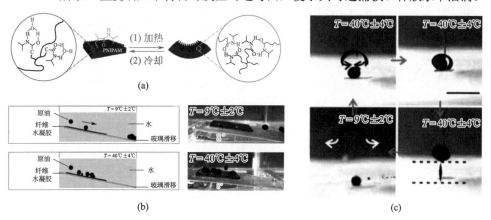

图8.16 温度响应利用LCST使材料形变、黏附状态改变，从而操控水下油滴

8.4

电响应界面

结合不同原理，外加电场可改变表面浸润性、黏附性和操控液体行为。如表8.4所列，基于不同原理，材料表面形貌不一定发生改变，且施加电场后的界面浸润相关指标变化形式各异。

表 8.4 电响应界面策略示例

原理	界面材料举例	表面形貌	施加电场后	智能表现
电浸润效应	普通导体材料	不变	WCA 变小	可精确调节 WCA 并控制水滴移动
	导电基底的 SLIPS	不变	钉扎状态，润滑层效果减弱	可在钉扎状态和滑移状态之间切换
	导电聚合物薄膜，如聚吡咯薄膜	不变	水下 OCA 升高	可操控水下油滴或气泡的移动
电晕放电	导体-非导体复合材料	不变	气体介质变化间接影响液滴	可操控液滴形变、液滴运动
电反浸润新机制	特定超亲水导体材料	不变	CA 升高	可实现液滴的方向性运动、合并、分裂
十二烷基链的电势响应	有十二烷基链的表面活性剂	变化	超亲水状态（疏水基内卷）	可在超亲水状态和（超疏水）滑移状态之间切换
电热膨胀效应	柔性基底的 SLIPS	变化	钉扎状态，润滑层失效	可进一步实现更复杂的液滴行为，如震荡、溅射等
电化学氧化	导电聚合物，如聚苯胺等	不变	水下 OCA 降低	可控制水下油滴在界面处的黏附作用

8.4.1 空气环境

在导电水滴和水滴下方的反电极之间施加电场可直接降低水接触角，而不改变表面结构，属于典型的电浸润（electrowetting）过程[3,54]。早期研究[55]表明，通过改变电浸润过程中施加的电压，可以准确地调整 WCA，该策略也可以用于控制黏附性和水滴行为。

Guo 等[56]在 SLIPS 上方放置了条形电极，其中液滴的上侧与电极接触。当未施加电压时，由于润滑剂的作用，液滴在表面可移动；当施加电压时，表面的微观结构没有改变，但液滴在表面滞留。他们认为黏附状态的转变是由于 SLIPS 和液滴之间的静电吸引降低了润滑剂的有效性。如图 8.17 所示，该电浸润策略不仅可操控水滴，也适用于离子溶液、离子液体等。Wang 等[57]进一步发现，在 SLIPS 制造过程中使用黏度较低的润滑剂可以降低响应电压。

Li 等[58]通过聚对苯二甲酸乙二醇酯（polyethylene terephthalate，PET）薄膜包覆的铜电极上的电晕放电实现了液滴操控。如图 8.18（a）所示，直流电源针通过 PET 层表面的孔洞与基板相连；将硅油滴放于孔附近的 PET 表面上，油滴呈扁平状。当施加直流电源时，液滴逐渐变为球形，并向远离孔洞方向发生水平移动［图 8.18（b）］。研究表明，油滴的位移与油滴、导电孔之间距离有关［图 8.18（c）、（d）］。

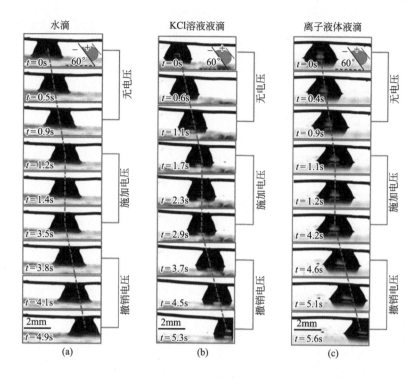

图 8.17　电浸润操控水滴、离子溶液、离子液体运动[56]

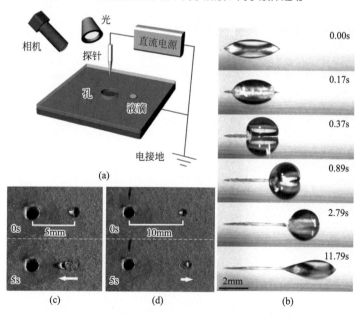

图 8.18　电晕放电间接操控液滴形变、液滴运动[58]

第 8 章　可切换浸润或黏附的智能响应界面

基于类似原理，Plog 等[59]研究了不同化学成分和尺寸的墨水滴在嵌入铜电极的基板上的电响应运动。他们通过调节外加电压，可精确控制一些液滴的移动，包括直径范围在 200μm～3mm 的商业纯液体（commercially pure-liquid）、碳纤维悬浮液（carbon fibre suspension）和聚合物溶液墨滴（polymer solution ink droplet）。

与传统的电浸润使接触角降低从而使液滴润湿材料相反，Li 等[60]发现了一种"电反浸润"（electro-dewetting）的新机制。他们使用硅晶片作为超亲水基材，使用离子表面活性剂作为液滴。当施加电压和电流时，接触角没有降低反而增加。主要原因在于，液滴和导电基板之间的相互作用不受电压直接控制 [图 8.19（a）]，电场改变了离子表面活性剂与亲水基材的黏附作用形式，进而导致了反浸润。基于这种原理，通过改变电场方向，使离子表面活性剂分子靠近或远离亲水基体，可实现电反浸润和再浸润的可逆切换。这种电场响应黏附变化的新机制，可用于实现液滴的定向移动、合并，甚至可实现液滴分裂，如图 8.19（b）所示。这一新机制的发现使得电响应操控液滴浸润具有更多形式，为微流体相关电子器件的更广泛应用打开了新的大门。

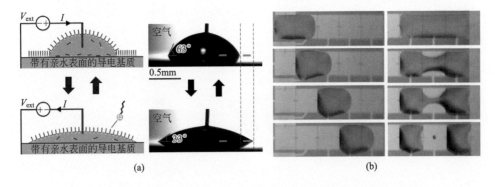

图 8.19　电反浸润新机制及利用该机制实现液滴定向移动、液滴分裂[60]

电场还可以通过改变一些智能材料表面化学组成或微纳米结构来调整表面浸润性和黏附性[61,62]。例如，Liu 等[63]利用具有电势响应的十二烷基链（dodecyl chain）制备了多孔膜材料，电势响应可使疏水的十二烷基链内卷以遮住孔。如图 8.20 所示，这种转变使材料的表面浸润性从滑移状态（超疏水低黏附状态，WCA 约为 152°，WSA 约为 4°）转变为超亲水状态（WCA 接近 0°）；当用有机试剂冲洗材料，可重新旋转疏水十二烷基链以恢复表面的超疏水性，实现可逆切换。这种表面可以作为传感器的液体门控（智能开关），应用于水油分离、液体可控传输等领域。

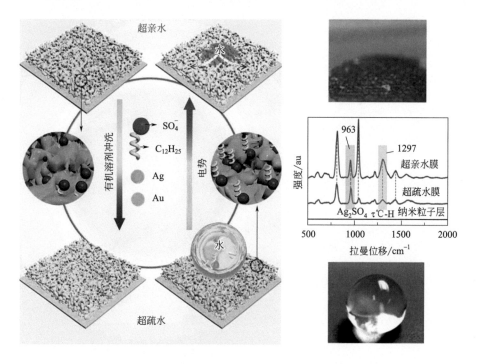

图 8.20　十二烷基链的电势响应——改变接触角、黏附状态[63]

电响应也可以通过材料的电热膨胀效应实现。例如，Wang 等[64]使用形状记忆石墨烯（GO）膜作为基材制备了 SILPS。GO 可压缩到所需的初始长度，然后施加恒定的直流电压，可产生电热效应，导致压缩薄膜膨胀；当薄膜膨胀时，润滑剂渗入多孔结构，使表面从滑移状态（WSA 约 2°）转变为钉扎状态。GO 的膨胀率可以通过施加电压控制，从而使表面黏附状态可控（图 8.21）。

Oh 等[65]使用夹层结构（两个弹性电极之间夹入介电弹性体）作为基底制造了 SLIPS，该基底形状可随着外加电压的变化而动态改变。如图 8.22（a）所示，当未施加电压时，表面由于覆有润滑剂而处于滑移状态。如图 8.22（b）所示，施加电压使基板面内拉伸，露出无润滑剂覆盖的粗糙结构，液滴在表面处于钉扎状态。利用电场变化操控电响应，可进一步实现更为复杂的液滴行为，如操纵液滴特殊形状形变，以及液滴震荡、溅射等行为［图 8.22（c）］。

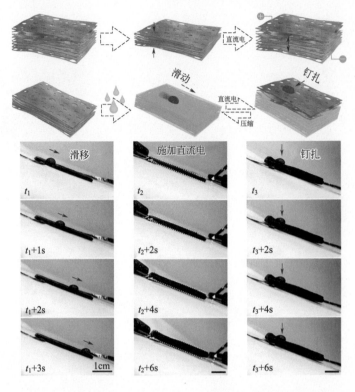

图 8.21 电热膨胀材料作为 SLIPS 基底实现黏附状态切换[64]

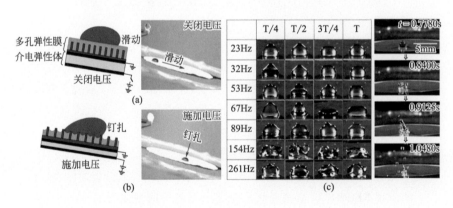

图 8.22 电热膨胀材料作为 SLIPS 基底实现液滴变形、震荡、溅射等复杂行为[65]

8.4.2 水下环境

导电聚合物在水下电响应智能界面材料的研究中扮演着重要角色。其不同的氧化还原态具有不同的化学性质，同时也对应不同的界面浸润性能。例如，聚苯胺（polyaniline，PANI）是一种具有电活性的物质，有多种电化学氧化还原状态，它们的颜色、导电性、表面浸润性都表现出巨大差异[66-69]。一般情况下，聚苯胺可有三种较为稳定的状态：半氧化态（emeraldine base，EB）、完全氧化态（pernigraniline，PNB）和完全还原态（leucoemeraldine base，LEB）。其中，PNB 和 LEB 为绝缘体，而 EB 形式可以通过质子掺杂变为 ES（emeraldine salt，翠绿亚胺盐）形式显示出导电性。

Ding 等[70]通过恒电流沉积工艺制备了 PANI 纳米线薄膜 [图 8.23（a）]。如图 8.23（b）、（c）所示，当对 PANI 纳米线薄膜施加 0.43V 的电压时，样品表面在 0.1mol/L 的 $HClO_4$ 溶液中表现出水下超疏油性和超低油黏附性（1,2-二氯乙烷的水下 OCA 为 161.6°±1.5°，水下 OSA ＜ 3°）；当电压调整到 -0.2V 或 0.8V 时，虽然样品仍然保持水下超疏油性，但不论如何倾斜样品，油滴都不会滑动，呈现高黏附状态。因此，可通过调节电化学电位来控制 PANI 膜的水下油黏附性。图 8.23（d）解释了 PANI 膜水下油黏附性转变的机制。当电压在 0.43V 时，PANI 处于 ES 形式，即在亚胺的氮原子处发生质子化（生成聚半醌），而阴离子（ClO_4^-）须充当 N^+ 位点的抗衡离子以保持电荷中性。因此，表面与水分子之间的相互作用增强，被电解质溶液完全浸润，使界面在溶液中具有超疏油低油黏附性质。但当外界电位降低到 -0.2V 或增加到 0.8V 时，PANI 形式从 ES 状态转变为 LEB 或 PNB 状态。随着掺杂离子 ClO_4^- 从 PANI 的主链上移出，PANI 和水分子的相互作用减弱，而 PANI 与油分子之间的吸引力增强，油可部分渗透到表面的微观结构中，导致油黏附力升高。

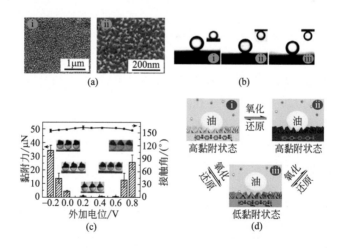

图 8.23　依据聚苯胺的电化学氧化还原状态变化可实现水下油滴黏附状态切换[70]

导电聚吡咯（PPy）也是一种典型的导电聚合物，Liu 等[71]利用导电 PPy 薄膜开发了一种简易的氧化还原反应，实现了水下油滴在界面上较高黏附和低黏附之间的智能切换［图 8.24（a）～（d）］。当对材料施加正电压时，水下 OCA 约为 110°，油滴会黏滞在 PPy 上；当施加负电压时，油滴在材料表面的黏附力显著降低，表面表现为水下超疏油状态，油滴可受重力影响滚动。调节电压可在斜面操控水下油滴，使其运动或静止，如图 8.24（e）所示。

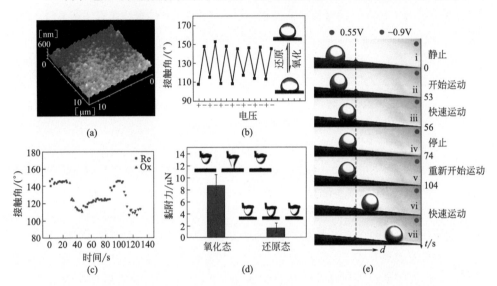

图 8.24　依据聚吡咯的电化学氧化还原反应可实现水下油滴接触角、黏附状态切换[71]

此外，Tian 等人[72]开发了一种通过电场和梯度微结构的联合作用定向驱动水下油滴运动的方法。他们在具有湿度梯度的环境下采用呼吸图法制备了梯度多孔的聚苯乙烯（PS）薄膜，如图 8.25（a）所示，孔的半径从材料一端至另一端递减。如图 8.25（b）所示，该材料的 WCA 从较大孔隙区域的 120° 下降到较小孔隙区域的 98°，而相应区域的水下 OCA 从 34° 增加到 45°。在水下环境，将油滴（液体石蜡）置于薄膜上，由于梯度多孔结构油滴两端会产生不平衡的压力，导致油滴具有非对称形状，并具有方向性运动倾向。随着施加电场强度增加，水下油滴与梯度结构多孔膜之间的接触面积减小，黏滞阻力降低；当施加的电压超过临界值，水下油滴可摆脱黏滞阻力，从样品表面的大孔区域定向移动到小孔区域，如图 8.25（c）所示。

除了控制水下油滴，利用电场还可操控水下气泡的浮力。例如，Yan 等[73]通过电浸润诱导的黏附状态转化，在涂有多孔 PS 薄膜的铜线［图 8.26（a）］上实现了对水下油滴或气泡的操控。在不施加电压时，多孔 PS 薄膜包覆的铜线能够捕获、黏附水下的油滴或气泡；当施加电压时，水对表面的浸润程度增强，导致水下油滴或气泡在表面的黏附力降低，如图 8.26（b）、(c) 所示。当施加电压高于临界电压时，依据其相对密度，水下油滴或气泡可分别在表面向下/向上进行单向移动 [图 8.26（d）]。

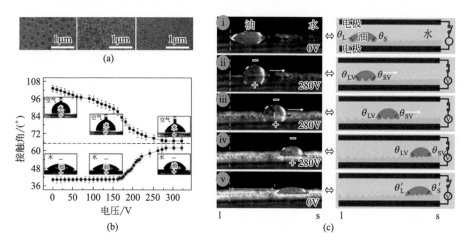

图 8.25 电场和梯度结构共同控制水下油滴定向移动[72]

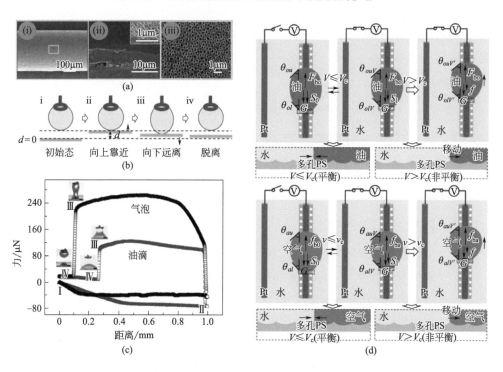

图 8.26 电浸润间接改变黏附力从而捕获和释放水下油滴、气泡[73]

第 8 章 可切换浸润或黏附的智能响应界面

8.5 光响应界面

近年来，不论是空气还是水下环境，光响应界面的相关研究都受到越来越多的关注。光响应界面不仅有第7章节介绍的一些传统应用，还有望在更广泛的领域实现多功能应用，例如光催化、微反应器等。光响应可实现对表面浸润性和黏附力的远程控制，而无需直接接触材料界面或连接电极[74,75]。因此，与其他响应界面相比，光响应界面具有更多设计空间，可丰富浸润性、黏附切换模式。如表8.5所列，光响应界面的基材类型、切换模式、控制手段都十分多样化。

表 8.5 光响应界面策略示例

特点	举例
1. 界面基材多样化	①纳米金属氧化物（半导体）材料，如 ZnO、TiO_2、SnO_2； ②光活性高分子材料，如偶氮苯基聚合物
2. 涵盖所有模式的浸润或黏附状态变化	① SA 随着 CA 变，在亲液状态和滑移状态之间切换； ② CA 变化而 SA 不变； ③ SA 变化而 CA 不变，在滑移状态和钉扎状态之间切换； ④在亲液、滑移、钉扎三种状态之间任意切换； ⑤在各向同性（亲液、滑移、钉扎之一）和各向异性状态之间切换
3. 多种控制手段可供选择	①光源类型多样化，紫外光、红外光、线性极化光等； ②利用光罩，实现选择性照射、调节透光率，从而调节光源； ③光照射的时长、强度、分布等参数可调节； ④恢复照射前状态的方法多样化，置于暗处一段时间、热处理、化学处理等

8.5.1 空气环境

与半导体材料的导电机制类似，通过光照，一些纳米金属氧化物的表面能可发生改变[75]。通常采用在材料表面生长或修饰 ZnO 纳米阵列的方法，使表面微纳米结构发生变化，从而使材料具有紫外光响应性质[76-78]。该光响应可使材料表面浸润性在超疏水和超亲水之间可逆切换[76,79]。一些研究[80-83]指出，TiO_2、SnO_2 等半导体材料也可具有相似性能。与纳米阵列修饰不同，Malm 等[84]开发了一种原子层沉积法，该法在不影响表面形貌的同时可改变表面化学组成，制得的 ZnO 涂层也可实现光响应性改变浸润性。如图 8.27

(a)所示，表面经涂覆ZnO涂层后保持超疏水性；在紫外光照射下，WCA从大约160°急剧下降到14°[图8.27（b）、（c）]。其中，WCA的变化幅度可通过优化ZnO沉积循环进行调节[图8.27（c）]。紫外光照射后的高度亲水ZnO涂层在100℃避光储存时可以恢复超疏水性。上述研究基于黏附性随着浸润性变化而同步改变，而Han等[85,86]开发了一种具有光电协同响应功能的ZnO复合SLIPS，可在不改变SA的情况下改变CA，如图8.27（d）所示。

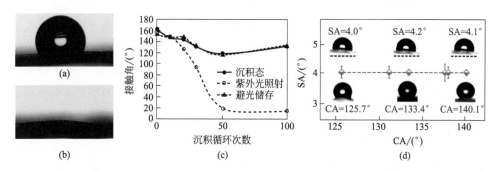

图8.27 光响应ZnO材料实现浸润与黏附同步变化[84]、接触角变化而滑动角不变[86]

光响应的控制手段及可操控参数多，利用光响应ZnO还可在单一材料上实现超亲水、超疏水高黏附（液滴钉扎）、超疏水低黏附（液滴滑移）三种状态之间的可逆切换。例如，Li等[87]将ZnO纳米颗粒悬浮液喷涂到基材上[图8.28（a）]，喷涂后WCA为162°，SA为2°；当表面在光罩遮蔽下用紫外光照射时，其仍保持超疏水性，但黏附力从5.1μN显著升高至136.1μN，液滴呈现钉扎状态[图8.28（b）]；当表面在没有遮罩的情况下用紫外光照射，材料直接转变为超亲水状态[图8.28（c）]。通过不同程度的紫外光照射和热处理，可使表面在三种浸润/黏附状态之间可逆切换。Velayi等[88]进一步研究表明热处理中的退火温度可影响界面浸润性和黏附性的变化。

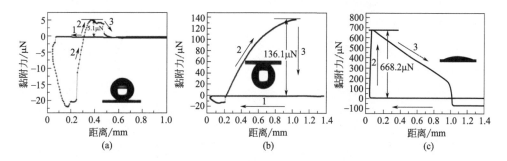

图8.28 光响应ZnO材料实现超亲水、超疏水高黏附、超疏水低黏附三种状态可逆切换[87]

除了无机金属氧化物材料外，近年来光活性高分子材料也迅速发展。其光响应机制涉及发色团光致异构（chromophore photoisomerization）或光热效应（photothermal effect）[74,89-95]。

含有偶氮苯（azobenzene）、蒽（anthracene）、芪（stilbene）、乙酰氧基苯乙烯（acetoxystyrene）等基团的聚合物可通过光致异构实现光响应[74,96,97]。偶氮苯是光致变色分子（photochromic molecule）的典例[98,99]；在不同的光照条件下，含有偶氮苯基团的聚合物的形状会发生改变[100-102]。Gao 等[103]用光响应聚 [6-（4- 甲氧基 -4'- 氧偶氮苯）己基甲基丙烯酸酯] 微球体阵列修饰了基材表面，基材最初被处理为荷叶状态（各向同性的超疏水状态），如图 8.29（a）所示。在用线性极化光（linearly polarized light，LPL）照射表面后 [图 8.29（b）、（c）]，微球体转变为椭圆形状，表面表现为水稻叶状态（超疏水各向异性黏附）：平行于椭球长轴方向 WSA 约为 3°，但垂直方向可达 18°；增加 LPL 照射时间可提升各向异性程度。

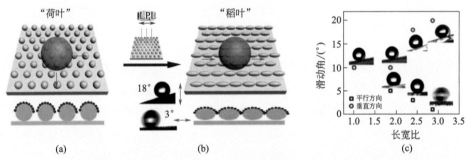

图 8.29　光致异构使微纳米结构变形从而实现各向同性和各向异性黏附状态之间的切换[104]

在聚合物制备过程中加入光致发热物质，可使材料通过光热效应实现光响应[104]。如图 8.30 所示，Gao 等[105]将光热 Fe_3O_4 纳米颗粒嵌入注有润滑

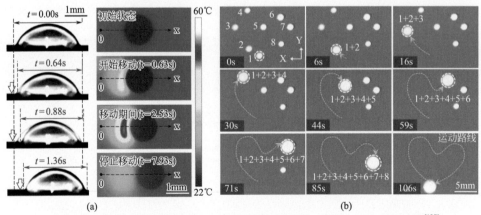

图 8.30　光热效应产生温度梯度从而实现液滴运动路径、速度、加速度的操控[105]

剂的 PDMS 有机凝胶中，获得了光热响应智能表面。当红外光照射在材料局部表面时，可产生动态温度梯度，该梯度使液滴在表面具有不平衡的前进角与后退角，导致液滴移动。通过改变光照射的分布和功率，可人为调控水滴朝不同方向运动时受到的黏滞阻力，使水滴能够以指定的速度或加速度移动到指定位置。

8.5.2 水下环境

在水下环境构建光响应的策略与在空气环境中一致。例如，可利用紫外光响应的 TiO_2 界面材料，通过微纳米结构或化学组成的变化对水-固-油界面产生影响。

Yong 等通过飞秒激光[106]蚀刻钛板构建了多层次微纳米粗糙结构的 TiO_2 表面［图 8.31（a）］，将材料浸入水中，界面会像镜子一样反射 TiO_2 区

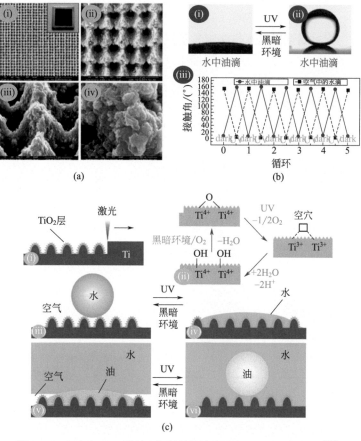

图 8.31　光响应 TiO_2 微纳米粗糙结构表面的水下油浸润性切换[106]

域内的光线,这种现象是由水和基材之间的空气层引起的,表明样品和水之间的接触状态属于 Cassie 模型[107]。当油滴接触粗糙结构时,油滴在水下界面迅速铺展(水下 OCA = 4°),表明激光处理后的 TiO_2 表面具有超亲油性[图 8.31(b)]。当 TiO_2 表面被紫外光照射 40min 后,可发现镜子般的反射现象消失,表明紫外光处理使材料亲水性提升,水取代了原先的空气层,浸润并填充了微纳米结构的空隙。此时由于水层拒油,材料表现为水下超疏油(水下 OCA = 160.5°±2°)。将材料暗置于空气环境两日左右,其水下超亲油性质可恢复。该可切换浸润性源于 TiO_2 的紫外光活性[108,109]。如图 8.31(c)所示,TiO_2 表面暴露于紫外光会形成大量电子对和空穴,产生的空穴进一步与晶格氧结合形成高度不稳定的氧空位。每个氧空位可解离水分子产生两个相邻的 Ti—OH 基团,—OH 基团的亲水性使得水可完全浸润微纳米结构;而将表面置于黑暗的空气环境下,氧空位解离产生的羟基将逐渐被空气中的氧取代,表面浸润性复原[109]。

同样基于 TiO_2 的紫外光活性,Wang 等[112]受鱼鳞启发,在掺氟氧化锡衬底上采用水热法制备了层状结构的直径约为 0.2μm 的金红石型 TiO_2 花[图 8.32(a)]。与鱼鳞的水-油-固三相系统类似,该亲水 TiO_2 结构化表面可困住水分子形成拒油水层,使表面具有超疏油低油黏附性(水下 OCA = 155°),如图 8.32(b)所示。当样品被油酸污染时,水下 OCA 骤降至 64°[图 8.32(c)],这是因为油酸的化学性质使其可与 TiO_2 结合,并残留于微

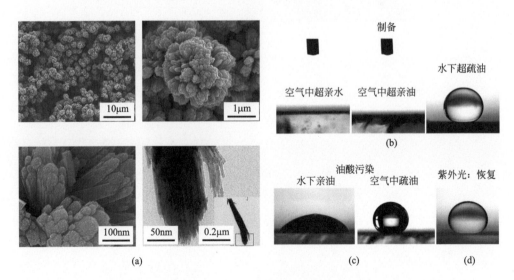

图 8.32 光响应 TiO_2 界面实现空气中或水下多种超浸润状态切换、污染后紫外光照射恢复[112]

纳米结构中，破坏了水下超疏油界面并使水下 OCA 降低。而被污染表面在紫外光照射 2h 左右后，水下超疏油性可恢复［图 8.32（d）］。这主要是因为在经过紫外光处理的 TiO_2 表面上产生了电子 - 空穴对，可吸附界面周围的水分子并产生具有反应活性的羟基自由基，可氧化分解油酸等有机污染物，使 TiO_2 表面恢复水下超疏油性。

Shami 等[111]以 PVDF 和 P25 TiO_2 为原料，采用静电纺丝等工艺制备了一种可切换浸润性的三维复合织物（图 8.33）。材料在经过紫外光处理后具有超亲水、超亲油和水下超疏油特性。该材料可通过多途径实现油水分离，在分离过程中，由于材料的超亲水性，混合液中的水能够快速通过界面；当油接触水下超疏油表面时，其在一侧被拦截，从而将水分离出来；在分离操作后，通过简单的热处理可去除材料界面的水分，使其转变为超疏水、超亲油状态，并可循环使用。

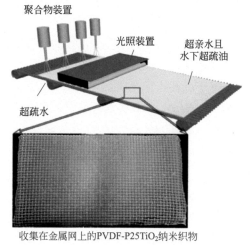

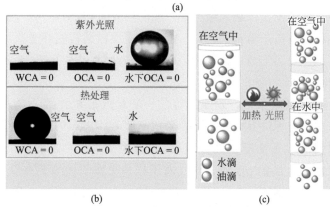

图 8.33　光响应 TiO_2-PVDF 织物实现空气中或水下多种超浸润状态切换以及可循环油水分离[111]

8.6 pH 值响应界面

8.6.1 水下油浸润性切换

对于一些水下界面而言，溶液的 pH 值变化可导致材料表面的化学组成（化学性质）发生改变，进而改变其水下油浸润性。例如，Cheng 等[112]采用水热法在铜箔基板上制备了微米花和纳米线的微纳米多级结构[图 8.34(a)]，用 $HS(CH_2)_9CH_3$ 和 $HS(CH_2)_{10}COOH$ 的混合硫醇溶液处理后在表面接枝了羧基（—COOH）和烷基（—CH_3）。材料表现出 pH 值响应的可逆切换浸润性——在中性或酸性的水（pH ≤ 7）环境中，其水下 OCA（辛烷，4μL）稳定保持在 0° 左右，表现为水下超亲油[图 8.34(b)]；在碱性水（pH > 7）环境中，其失去水下超亲油性质，且水下 OCA 随着碱性水 pH 值的增加而增加；在 pH = 12 的水环境中，水下 OCA 达到 162°，即切换为水下超疏油状态[图 8.34(c)]。将样品从碱性水中取出，用纯水洗涤，再浸入到酸性液体中，材料可再次切换为水下超亲油状态，且上述浸润性的切换可多次循环。

该材料 pH 值响应的原理为：材料表面羧基在酸性或中性溶液中质子化，表面烷基占主导地位，使其具有较低的表面自由能，在水中表现出超亲油性；而在碱性溶液中表面羧基去质子化，去质子化状态的羧基是亲水的，可将水分子困在微纳米结构中；碱性溶液的 pH 值越高，羧酸基团的去质子化程度越高；当 pH 值高于 12 时，表面微结构能够捕获足够厚的水层，油滴在界面可形成稳定的固 - 水 - 油三相体系（水下 Cassie 模型），即水下超疏油。

基于相似原理，Zhang 等[113]在无纺布和海绵上接枝了聚（2-乙烯基吡啶）和 PDMS 嵌段共聚物，即 P2VP-b-PDMS [图 8.34(d)]，该材料的水下油浸润性可通过 pH 值响应实现可逆切换。P2VP 嵌段可响应水性介质的 pH 值，通过质子化和去质子化改变构象实现水浸润性的切换，亲油的 PDMS 嵌段可控制油滴，调节界面在水中的油浸润性[图 8.34(e)]。

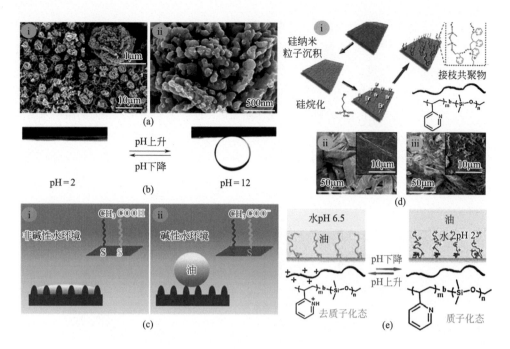

图 8.34 pH 值响应羧基[112]或吡啶基[113]实现水下超疏油与水下超亲油的切换

8.6.2 水下油黏附性切换

pH 值响应也可在不改变水下油接触角的情况下,改变水下材料界面对于油滴的黏附力或黏附状态。例如,Cheng 等[114]使用等离子体聚合法在玻璃基板上接枝了一层 pH 值响应性的聚丙烯酸(PAA)纳米薄膜[图 8.35(a)]。样品表面对油滴的水下黏附可以通过改变溶液 pH 值实现可逆转换。如图 8.35(b)所示,随着 pH 值逐步升高(从 1.0、4.6、5.0、8.0,到 12.0),水下油滴的附着力逐步降低(从 $21.6\pm5.0\mu N$、$15.0\pm2.9\mu N$、$2.0\pm0.6\mu N$、$1.5\pm0.4\mu N$,最终约为 $0\mu N$);而将材料重新置于低 pH 值的溶液中,界面恢复高油黏附性,且上述循环可重复多次[图 8.35(c)]。

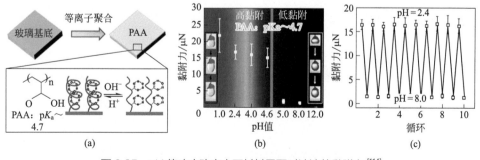

图 8.35 pH 值响应改变水下材料界面对油滴的黏附力[114]

这种黏附力的转变主要源于氢键形式的转变：在不同 pH 值环境下，PAA 支链上相邻羧基形成分子内氢键，PAA 支链上的羧酸基团与水分子之间的分子间氢键相互转变，进而影响对水下油滴的黏附力。

类似地，Huang 等[115]合成了 pH 值响应薄膜，由聚甲基丙烯酸纳米刷接枝的聚五氟苯基丙烯酸酯微柱组成 [图 8.36（a）]，具有仿鱼鳞表面的微纳米结构 [图 8.36（b）]，表现为水下超疏油 [图 8.36（c）]。pH 值响应可改变水下材料界面对油滴的黏附状态：随着 pH 值升高，可在高黏附态（水下 Wenzel 模型）、过渡态、低黏附态（水下 Cassie-Baxter 模型）之间可逆切换 [图 8.36（d）]。

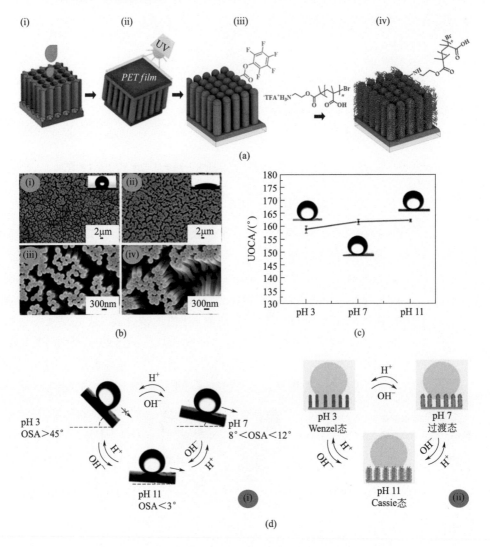

图 8.36　pH 值响应改变水下材料界面对油滴的黏附状态[115]

8.7 其他响应

8.7.1 结构诱导（水下环境）

上文各刺激响应中涉及的"微纳米结构变化导致浸润/黏附状态切换的策略"以空气环境中的研究为主。而当相关领域研究扩展至包含水下环境时，相关研究证明该策略同样适用，且响应机制可与空气环境类比。在水下环境中，油滴及作为环境相的水与固体界面之间的黏附主要受吸引力、排斥力的平衡控制，与接触面积有关；而改变微纳米结构的形状、尺寸等可间接对接触面积造成影响。

为具体研究微纳米结构对浸润性的影响，一系列材料被开发及研究。Sheparovych 等[116]设计了聚合物刷-纳米颗粒复合修饰材料，在空气中和水下环境都可通过结构诱导从而实现黏附性可控（图 8.37）。材料黏附性与粗糙度、弹性模量、表面结构的快速转换有关，而响应的关键在于纳米颗粒的尺寸：当纳米颗粒在水中的尺寸小于柔性聚合物刷可拉伸范围时，可保证聚合物在粒子上延伸，从而降低界面能并增加排斥力。

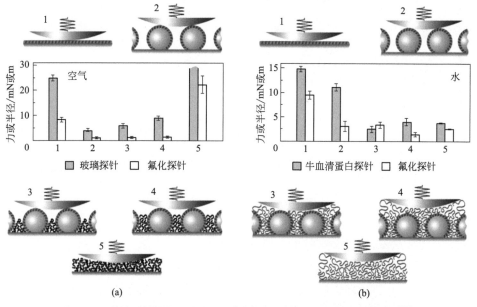

图 8.37 纳米颗粒修饰、聚合物刷修饰及其复合修饰的结构诱导黏附[116]

Liu 等[117]受到蛤壳结构启发，采用化学刻蚀法仿生制备了一种水下超疏油低油黏附的涂层。如图8.38所示，只需通过调整刻蚀时间改变表面微纳米结构（粗糙度），即可逐渐降低水下油的黏附力，使黏附状态切换。

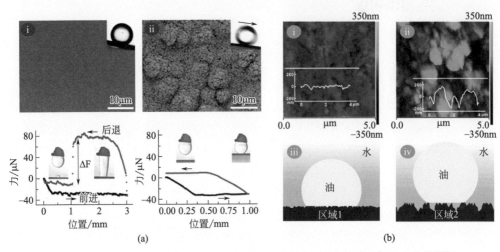

图8.38 调整化学刻蚀时间从而改变粗糙度使材料水下界面的油黏附状态改变[117]

Huang 等[118]开发了一种由非球形乳胶颗粒组装而成的可切换水下油浸润界面。该界面的微纳米结构可在微球形、花菜形、单腔结构之间可控转变[图8.39（a）]，导致界面上液滴接触形态发生仿生转变，水下油滴黏附状态随之改变［图8.39（b）、（c）]。

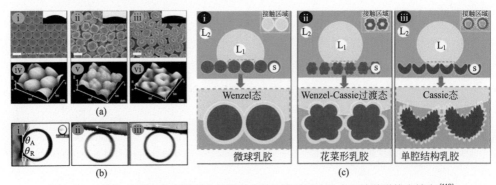

图8.39 球形、花菜形和单腔结构的微纳米结构乳胶界面及水下油黏附状态转变[118]

8.7.2 密度响应（水下环境）

Yong 等[119]基于水下超疏油界面，通过改变水下环境的密度，实现了水下原位油滴传输。图8.40（a）、（b）所示为转移水中油滴的装置：由一个储水容器和两个平行的水下超疏油界面（激光烧蚀处理的硅基板）组成；其中,下层界面是固定的,上层界面可在容器内上下移动。图 8.40(c)展示了整个运输过程:将体积为 15μL、密度为 1.26g/cm³ 的油滴置于下层界面(步骤 1),由于界面的水下超疏油性,水下油滴呈球状;将上层界面缓慢降低,直至它接触到油滴顶端(步骤 2);逐渐增大容器中水溶液的密度(将密度为 1.52g/cm³ 的糖水加入容器中,步骤 3),一段时间后,水溶液的密度将高于油滴密度;将上层界面缓慢抬起,油滴如同被手抓住一样随之向上移动(步骤 4);相反操作可实现可逆传输,即将上层界面向下移动至油滴底部接触下层界面(步骤 5),然后将去离子水加入容器稀释水溶液(步骤 6),最后将上层界面抬起,油滴被释放并留于下层界面(步骤 7)。

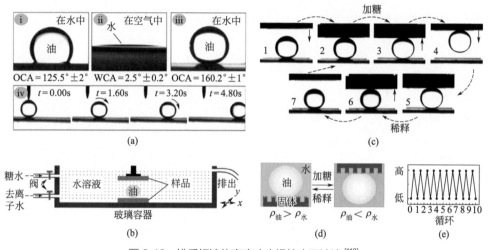

图 8.40 排斥相液体密度响应操控水下油滴[119]

在整个输油过程中,上层的水下超疏油界面可视作液滴操控的"机械手"。通过密度响应操控油滴运输的原理和操作看似简单,但是如果用普通材料作为上下层界面则实践难度较大,而水下超疏油界面可实现油滴的无损、可逆运输并且材料可多次循环使用 [图 8.40(d)、(e)]。

8.7.3 路易斯酸碱作用(水下环境)

路易斯酸和路易斯碱之间的相互作用(即电子受体和电子供体之间的相互作用)在浸润和黏附等界面现象中扮演重要角色 [图 8.41(a)]。Liu 等[120]在实验中将一些卤代烷烃作为路易斯酸油滴,用一些 pH 值范围在 2～13 的水溶液作为酸性至碱性的环境水相,用氟烷基硅烷(FAS)和三甲氧基丙基硅烷(TMS)改性的光滑硅层作为材料固相。通过观察从酸性到碱性水相中极性油滴对固体的浸润过程 [图 8.41(b)],并与非极性油滴的情况对比[图 8.41（c）]，他们发现油水界面处的路易斯酸碱相互作用可改变观测到的水下油浸润状态。研究证实，油水界面处的路易斯酸碱相互作用可显著降低液-液界面张力，推测是路易斯酸性液体与路易斯碱性液体的界面之间的吸引作用所致。

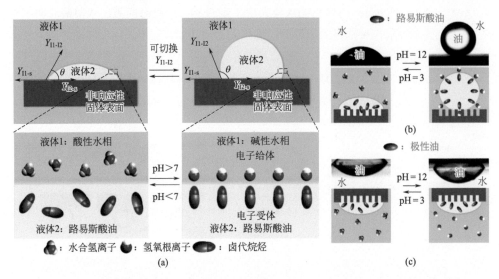

图 8.41　路易斯酸碱作用改变油滴与环境水相的相互作用从而改变水下油接触状态[120]

利用路易斯酸碱作用需借助调节 pH 值手段，但该作用与 8.6 节介绍的 pH 值响应界面的机制截然不同。该路易斯酸碱作用在不改变固相自身结构、化学组成等固相因素的情况下，旨在通过改变液（待研究液滴）-液（环境液相）相互作用实现水下油浸润状态切换。

8.7.4　湿度响应（空气环境）

水下环境的相关研究表明，也可通过改变环境相的相关因素最终实现界面浸润或黏附的操控。事实上，在空气环境中也可利用这种策略，然而早期少有研究探讨气相因素对于液滴浸润、三相接触线的本质影响，因此也少有研究考虑要通过改变环境气相参数从而改变空气环境中固体上液滴的浸润或黏附状态。2010 年以来，水下研究开始迅速发展；水下环境的相关成果也在无形中推动了研究人员对于空气环境下相关理论、研发的反思。

空气环境的湿度是影响液滴行为的因变量之一。在自然界中，许多植物可通过调节吸水量或蒸发量来响应环境湿度变化[121-123]。而在一些特殊的仿生微纳米结构表面上，当材料暴露于不同的湿度条件下时，表面浸润性和黏附力也可能会有所不同。Qu 等[126]受花生叶的启发制备了一种具有湿度响应性能的 MOF。随着环境湿度增大，表面水膜逐渐形成，使材料原本的超疏水、超亲油性转变为超亲水、高度疏油性（图 8.42）。

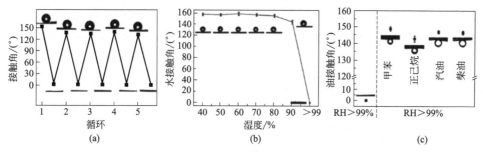

图 8.42　湿度响应仿花生叶 MOF 材料实现界面浸润性切换[124]

水膜的湿度响应可以使表面更加疏油、亲水，并且水膜的破裂也与表面黏附性的转换密切相关。Li 等[125]开发了一种 ZnO 纳米锥装饰的三维多交叉纤维网络［图 8.43（a）］，并发现用于雾水收集时表面黏附力发生了变化。原网材疏水，黏附力约 800μN。亲水性 ZnO 纳米锥修饰后，网材对水的吸引力增强，黏附力显著提高。而当材料被浸润一段时间后，表征显示黏附力从 2090μN 急剧下降至 230μN，甚至比原疏水网材的黏附力表征值还低，有利于液滴传输，可加速集水［图 8.43（b）］。这种看似不符黏附理论的智能切换是基于 Rayleigh 不稳定破裂原理[126-128]。在三维多交叉结构和亲水性纳米锥阵列修饰的组合下，原先黏滞在材料表面形成水膜的液滴其稳定状态被打破［图 8.43（c），水膜破裂］，在结构/修饰的驱动力作用下表现为低黏滞阻力快速传输的水流。

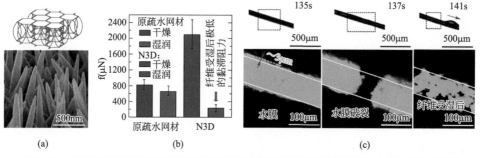

图 8.43　亲水纳米锥修饰三维多交叉网材湿度响应改变液滴运输的黏滞阻力并加速集水[125]

湿度响应引发的表面浸润性、黏附力和液滴行为的改变十分复杂而又有趣：以水控水，即液滴形式的水在界面受到湿气或蒸汽形式的水影响。此外，值得思考的是，水下环境在理论上可被视为一种最极端的潮湿环境，其中湿气的影响达到了最大化。

8.7.5 气流响应（空气环境）

除湿度外，气压也是环境气相可操控参数之一。对多孔材料施加气流，气压差可对液滴产生托举作用，影响表面张力的表现形式。Dang 等[129]在亲水的多孔铜材料表面上实现了气流响应液滴反浸润（图 8.44）：在施加一定气压的气流时，材料对液滴的作用力发生改变，液滴在亲水材料表面也可呈现球状，类似于液滴在普通超疏水表面上呈现的状态。

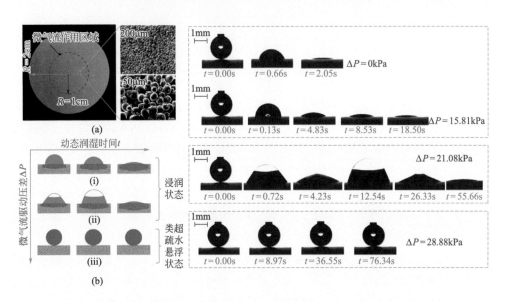

图 8.44 外加气流使液滴在亲水材料上表现为与超疏水材料上类似的状态[129]

8.8 双响应、多响应

双响应或多响应，指在界面上存在两种或者多种可操控状态切换的外界刺激。上文一些响应章节提及的研究也可被归为广义的双响应或多响应界面：①利用一种外界刺激响应切换状态，再通过另一种外界刺激响应复原（如光响应后利用热处理 / 热响应或化学处理 /pH 值响应复原）[130]；②一种刺激仅为易操控的外在控制手段，本质上导致状态转变的为随之转变的另一种刺激因素（如利用热致拉伸、光致发热等效应实现切换）[131]；③除此之外，还可设计更为智能的双响应、多响应，即每一种外界刺激都可实现完整的可逆切换循环，刺激因素间相互独立，不为彼此的因果变量。上文提及的第一种情况，一些研究或许可以实现更为智能的第 3 种情况，但相关报道并未强调响应的多样性或未明确指出独立且可逆的切换循环。

更智能化是材料研发的重要方向之一。理论上，设计双响应、多响应可通过结合不同单响应材料获得，即材料可设计空间很大；而实际上，近年来对于双响应、多响应界面材料的研发已逐渐转为应用导向，即研发目的并非证明材料可实现哪些不同的刺激响应，而是出于实现或优化应用/潜在应用而进行研发，或为开发新应用而进行设计。构建双响应、多响应通常使材料可涉及更智能或更多领域的潜在应用，如更多可控参数的油水分离[130,132]、药物缓释[133]，模拟人体免疫或动植物自我保护机制[133,134]，材料结构或功能的自修复[131,135]，传感/信号传递与表达[134,136]，非可视信息的编码与解码[136]等。

8.8.1 双响应

双响应指界面可响应两种不同类型的外界刺激，更为智能的双响应界面上两种外界刺激可协同操控界面浸润相关性质，也可实现互相独立操控。2019 年至今，在双响应超浸润界面的研究成果中，多为温度、pH 值双响应或两种响应中涉及温度、pH 值其中的一种，这主要是因为其相对容易构建，且在生物医药等领域有潜在应用价值[133,137]。

Liang 等[133]通过氧化处理纤维素纤维（cellulose fibre），获得了具有 pH 值响应的羧酸纤维素纳米纤维（CNF—COOH）；通过表面接枝聚乙烯亚胺-异丙基丙烯酰胺（PEI-NIPAM），使材料同时具有温度响应功能。材料在不同的 pH 值及温度条件下可在亲水至接近超疏水状态之间转变[图 8.45（a）、(b)]，并且两种刺激响应都可独立实现重复可逆切换循环[图 8.45（c）]。该材料具有抗菌功能，抗菌能力可能与响应下的材料浸润性有关[图 8.45（d）]。

Jiang 等[138]将温度响应形状记忆的柔性斜角微纳米阵列结构与具有 pH 值响应的化学组成相结合［图 8.46（a）］，制备了双响应材料。柔性斜角阵列响应刺激在竖直状态和完全坍塌状态之间可逆转变，同时接触角可在 0°～40° 的多数值间转变，可精细操控接触角［图 8.46（b）］；pH 值响应可改变材料化学组成，使接触角在 0°～150° 之间转变，从而扩大接触角变化范围［图 8.46（c）］。分别调节两种外界刺激的参数并协同操控，可使材

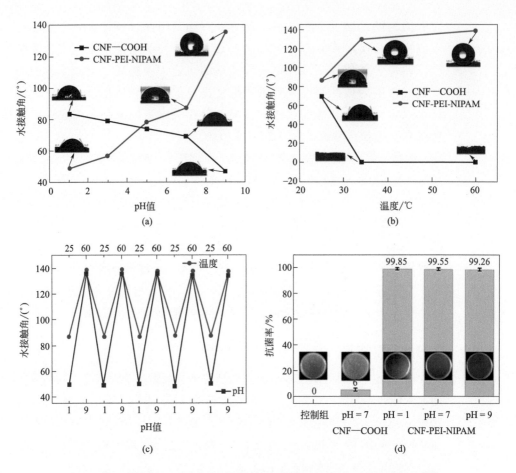

图 8.45 温度、pH 值双响应实现浸润性可逆切换及优化材料抗菌功能[133]

料浸润性在超亲水和超疏水之间多状态可逆转变,并实现接触角数值变化的精密操控[图 8.46(d)],步长小于 15°。

8.8.2 多响应

多响应指界面可响应的外界刺激在三种或三种以上,更为智能的多响应界面上其多种外界刺激既可协同操控界面浸润相关性质,也可实现互相独立操控。Guselnikova 等[139]制备了 PVDF-PMMA 薄膜材料,并在其表面接枝修饰了 PAA-PNIPAAm。其中,PVDF-PMMA 可使材料在电场作用下切换表面形貌,PAA 可实现温度响应及 pH 值响应改变表面化学组成,PNIPAAm 可强化材料的温度敏感性(图 8.47)。多种响应可独立实现状态切换,也可协同驱动材料表面接触角在更大范围、更多数值变化。多响应材料的研发有助于使材料更加智能化,实现更多潜在的多功能应用。

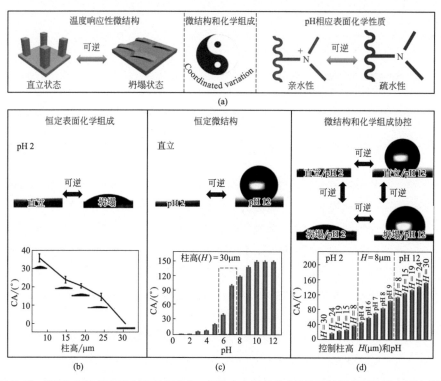

图 8.46 温度、pH 值双响应实现超亲水、超疏水之间多状态转变及接触角数值精密操控[138]

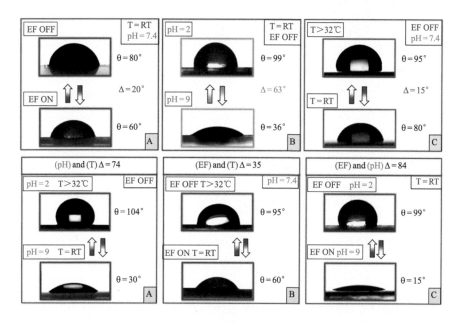

图 8.47 电场（EF）、温度、pH 值多响应实现接触角在多数值间可逆切换[139]

第 8 章 可切换浸润或黏附的智能响应界面

8.9 本章小结

利用刺激响应，可使界面智能化：实现 CA、CAH、SA、黏附力的动态调控；实现浸润/黏附状态的可逆切换；实现液滴行为的操控。相较于其他章节介绍的单一浸润/黏附状态材料，刺激响应智能材料可实现更多复杂的液滴行为，如变形、震荡、分裂、溅射等；对于液滴运动行为的更多参数可进行操控，如位移、速度、加速度等矢量的大小、多维度下的方向。

根据本章介绍内容，刺激响应使界面智能化的策略可分类概括为以下 4 大类：

① 利用外界刺激使材料表面的粗糙度、微纳米结构等发生改变；

② 利用外界刺激使材料表面产生润滑液层/移除润滑液层或使其失效；

③ 利用外界刺激引发理化反应，改变材料表面化学组成或分布，改变化学性质；

④ 不直接作用于固体表面或材料界面，影响环境相或环境相与液滴之间的相互作用。

其中，前 3 种策略主要与材料自身的组成、结构和设计有关，研究涉及材料、化学等领域，对于新型智能材料、多功能材料的研发和应用具有重要价值。而第 4 种策略与材料本身性质几乎无关，如将相关机制研究深入推进，有助于探索更为深奥或本质的浸润机制，进而发现打破常规或更为普适的浸润规律，以弥补现有浸润与黏附相关理论的缺陷。

———— 课后习题

1.（简答题）构建光响应智能界面可使用哪些类型的无机材料、有机材料？请说明材料类型，每种举出至少一例（给出化学物质名称），并指出其响应原理。

2.（论述题）构建电响应智能界面可借助哪些原理或效应？请列举至少四种，简要解释其机理并说明施加电场后的相关浸润指标变化情况。

3.（论述题）针对不同材料，可应用哪些温度响应的调控方法？请列举至少三种方法，并简要说明其可改变浸润或黏附相关性质的原因。

4.（论述题）智能 SLIPS 和柔性斜角微纳米阵列表面是两种典型的结构模型，可设计为刺激响应智能界面。请每种分别列举两例（两例需属于不同刺激类型），简要说明该刺激响应可改变材料浸润或黏附等相关性质的原因。

5.（论述题）通过刺激响应智能转换浸润或黏附相关性质，可以有哪些参数变化形式或状态切换模式？每种请分别举出一例，简要说明其刺激响应机制。

6.（开放讨论）本章小结将智能刺激响应策略概括为 4 大类，请尝试将本章节中详细举例介绍的研究案例按照该标准进行分类。

7.（开放讨论）本章介绍了很多不同类型的功能材料，如金属氧化物半导体材料、柔性高分子材料等；本章也涉及了许多不同的刺激响应类型，涉及机械拉伸、磁、光、电、温度、风等物理因素。请以某种材料类型或刺激类型为主题（选取你最感兴趣或专业、研究方向最相关的材料类型或物理因素），搜索最新的相关研究报道，检索并大致浏览近 3 年来发表的文献，撰写阅读报告。要求 400～500 字之间，简要总结该研究主题下近年来的研究成果，总结并预测研究趋势（如指出优势、挑战或今后发展方向）。

8.（开发讨论）本章介绍的刺激响应超浸润智能界面包含空气环境、水下环境的相关研究。其中，空气环境中的研究到达一定看似成熟的阶段后，研究人员开始考虑将研究拓展至更多环境条件（水下环境等）；而水下环境研究的特色之一是环境相因素相关的参数可调节，这也启发了空气环境中的研究采用类似策略，并引发研究人员反思空气环境中的环境相对三相接触线、材料浸润相关性质的影响。请尝试用辩证唯物主义相关原理（如量变与质变、联系与发展的观点、否定之否定规律等）理解、解释该研究发展规律的哲理。

9.（开放讨论）如何理解本章小结中的最后一段话？

参考文献

[1] Yong J，Chen F，Yang Q，et al. Superoleophobic surfaces [J]. Chemical Society Reviews，2017，46（14）：4168-4217.

[2] Li C，Li M，Ni Z，et al. Stimuli-responsive surfaces for switchable wettability and adhesion [J]. Journal of the Royal Society Interface，2021，18（179）：20210162.

[3] Lou X，Huang Y，Yang X，et al. External stimuli responsive liquid-infused surfaces switching

between slippery and nonslippery states: fabrications and applications [J]. Advanced Functional Materials, 2020, 30 (10): 1901130.1-1901130.21.

[4] Lee S G, Kim H, Choi H H, et al. Evaporation-induced self-alignment and transfer of semiconductor nanowires by wrinkled elastomeric templates [J]. Advanced Materials (Deerfield Beach, Fla), 2013, 25 (15): 2162-2166.

[5] Liu C, Ding H, Wu Z, et al. Tunable structural color surfaces with visually self-reporting wettability [J]. Advanced Functional Materials, 2016, 26 (43): 7937-7942.

[6] Wang Y, Qian B, Lai C, et al. Flexible slippery surface to manipulate droplet coalescence and sliding, and its practicability in wind-resistant water collection [J]. ACS Applied Materials & Interfaces, 2017, 9 (29): 24428-24432.

[7] Feng R, Xu C, Song F, et al. A bioinspired slippery surface with stable lubricant impregnation for efficient water harvesting [J]. ACS Applied Materials & Interfaces, 2020, 12 (10): 12373-12381.

[8] Villegas M, Zhang Y, Jarad N A, et al. Liquid-infused surfaces: A review of theory, design, and applications [J]. ACS Nano, 2019, 13 (8): 8517-8536.

[9] Wong T S, Kang S H, Tang S K Y, et al. Bioinspired self-repairing slippery surfaces with pressure-stable omniphobicity [J]. Nature, 2011, 477 (7365): 443-447.

[10] Yao X, Hu Y, Grinthal A, et al. Adaptive fluid-infused porous films with tunable transparency and wettability [J]. Nature Materials, 2013, 12 (6): 529-534.

[11] Coux M, Clanet C, Quéré D. Soft, elastic, water-repellent materials [J]. Applied Physics Letters, 2017, 110 (25): 251605.

[12] Zhang P, Liu H, Meng J, et al. Grooved organogel surfaces towards anisotropic sliding of water droplets [J]. Advanced Materials (Deerfield Beach, Fla), 2014, 26 (19): 3131-3135.

[13] Wang J N, Liu Y Q, Zhang Y L, et al. Wearable superhydrophobic elastomer skin with switchable wettability [J]. Advanced Functional Materials, 2018, 28 (23): 1800625.

[14] Su Y, Cai S, Wu T, et al. Smart stretchable janus membranes with tunable collection rate for fog harvesting [J]. Advanced Materials Interfaces, 2019, 6 (22): 1901465.

[15] Jiang S, Hu Y, Wu H, et al. Multifunctional janus microplates arrays actuated by magnetic fields for water/light switches and bio-inspired assimilatory coloration [J]. Advanced Materials (Deerfield Beach, Fla), 2019, 31 (15): e1807507.

[16] Timonen J V I, Latikka M, Leibler L, et al. Switchable static and dynamic self-assembly of magnetic droplets on superhydrophobic surfaces [J]. Science, 2013, 341 (6143): 253-257.

[17] Zhou Y, Huang S, Tian X. Magnetoresponsive surfaces for manipulation of nonmagnetic liquids: design and applications [J]. Advanced Functional Materials, 2020, 30 (6): 1906507.

[18] Tian D, Zhang N, Zheng X, et al. Fast responsive and controllable liquid transport on a magnetic fluid/nanoarray composite interface [J]. ACS Nano, 2016, 10 (6): 6220-6226.

[19] Peng Y, He Y, Yang S, et al. Magnetically induced fog harvesting via flexible conical arrays [J]. Advanced Functional Materials, 2015, 25 (37): 5967-5971.

[20] Li D, Feng S, Xing Y, et al. Directional bouncing of droplets on oblique two-tier conical structures [J]. RSC Advances, 2017, 7 (57): 35771-35775.

[21] Lin Y, Hu Z, Zhang M, et al. Magnetically induced low adhesive direction of nano/micropillar arrays for microdroplet transport [J]. Advanced Functional Materials, 2018, 28 (49): 1800163.

[22] Wang W, Timonen J V I, Carlson A, et al. Multifunctional ferrofluid-infused surfaces with reconfigurable multiscale topography [J]. Nature, 2018, 559: 77-82.

[23] Huang Y, Stogin B B, Sun N, et al. A switchable cross-species liquid repellent surface [J]. Advanced Materials (Deerfield Beach, Fla), 2017, 29 (8): 1604641.

[24] Li D, Huang J, Han G, et al. A facile approach to achieve bioinspired PDMS@Fe_3O_4 fabric with switchable wettability for liquid transport and water collection [J]. Journal of Materials Chemistry A, 2018, 6 (45): 22741-22748.

[25] Feng H, Xu X, Hao W, et al. Magnetic field actuated manipulation and transfer of oil droplets on a stable underwater superoleophobic surface [J]. Phys Chem Chem Phys, 2016, 18 (24): 16202-16207.

[26] Liu X, Zhou J, Xue Z, et al. Clam's shell inspired high-energy inorganic coatings with underwater low adhesive superoleophobicity [J]. Advanced Materials (Deerfield Beach, Fla), 2012, 24 (25): 3401-3405.

[27] Liu M, Wang S, Wei Z, et al. Bioinspired design of a superoleophobic and low adhesive water/solid interface [J]. Advanced Materials, 2009, 21 (6): 665-669.

[28] Yao X, Ju J, Yang S, et al. Temperature-driven switching of water adhesion on organogel surface [J]. Advanced Materials (Deerfield Beach, Fla), 2014, 26 (12): 1895-1900.

[29] Xie T. Recent advances in polymer shape memory [J]. Polymer, 2011, 52 (22).

[30] Song Y, Chen X, Dabade V, et al. Enhanced reversibility and unusual microstructure of a phase-transforming material [J]. Nature, 2013, 502 (7469): 85-88.

[31] Davidson E C, Kotikian A, Li S, et al. 3D printable and reconfigurable liquid crystal elastomers with light-induced shape memory via dynamic bond exchange [J]. Advanced Materials (Deerfield Beach, Fla), 2020, 32 (1): 1905682.

[32] Nonoyama T, Lee Y W, Ota K, et al. Instant thermal switching from soft hydrogel to rigid plastics inspired by thermophile proteins [J]. Advanced Materials (Deerfield Beach, Fla), 2020, 32 (4): 1905878.

[33] Li P, Wang L, Tang S, et al. Shape control of lotus leaf induced by surface submillimeter texture [J]. Advanced Materials Interfaces, 2020, 7 (8): 2000040.

[34] Xie T. Tunable polymer multi-shape memory effect [J]. Nature, 2010, 464 (7286): 267-270.

[35] Lin Y, Hu Z, Gao C, et al. Directional droplet spreading transport controlled on tilt-angle pillar arrays [J]. Advanced Materials Interfaces, 2018, 5 (22): 1800962.

[36] Cheng Z, Zhang D, Lv T, et al. Superhydrophobic shape memory polymer arrays with switchable isotropic/anisotropic wetting [J]. Advanced Functional Materials, 2018, 28 (7): 1705002.

[37] Hu Z, Zhang X, Li Y. Synthesis and application of modulated polymer gels [J]. Science, 1995, 269 (5223): 525-527.

[38] Shang J, Theato P. Smart composite hydrogel with pH-, ionic strength-and temperature-induced

actuation [J]. Soft matter, 2018, 14 (41): 8401-8407.

[39] Pastorczak M, Okrasa L, Yoon J A, et al. Kinetics of the temperature-induced volume phase transition in poly [2- (2-methoxyethoxy) ethyl methacrylate] hydrogels of various topologies [J]. Polymer, 2017, 110: 25-35.

[40] Li Y, Dai Y, Zhang X, et al. The tuned-morphology studies of the complexes between poly (N-isopropylacrylamide) -b-poly (vinylpyridine) and poly (N- isopropylacrylamide-co-hydroxylethyl methacrylate) -b-poly (vinylphenol) [J]. Journal of Colloid and Interface Science, 2008, 328 (1): 211-215.

[41] Wang R, Wang M, Wang C, et al. Thermally driven interfacial switch between adhesion and antiadhesion on gas bubbles in aqueous media [J]. ACS Applied Materials & Interfaces, 2019, 11 (40): 37365-37370.

[42] Hou Y, Gao L, Feng S, et al. Temperature-triggered directional motion of tiny water droplets on bioinspired fibers in humidity [J]. Chemical Communications, 2013, 49 (46): 5253-5255.

[43] Li C, Yu C, Hao D, et al. Smart liquid transport on dual biomimetic surface via temperature fluctuation control [J]. Advanced Functional Materials, 2018, 28 (49): 1707490.

[44] Leidenfrost J G. On the fixation of water in diverse fire [J]. International Journal of Heat and Mass Transfer, 1966, 9 (11): 1153-1166.

[45] Zhong L, Guo Z. Effect of surface topography and wettability on the Leidenfrost effect [J]. Nanoscale, 2017, 9 (19): 6219-6236.

[46] Graeber G, Regulagadda K, Hodel P, et al. Leidenfrost droplet trampolining [J]. Nature Communications, 2021, 12 (1): 1727.

[47] Wang J, Huang Y, You K, et al. Temperature-driven precise control of biological droplet's adhesion on slippery surface [J]. ACS Applied Materials & Interfaces, 2019, 11 (7): 7591-7599.

[48] Masum A K M, Chandrapala J, Huppertz T, et al. Effect of storage conditions on the physicochemical properties of infant milk formula powders containing different lactose-to-maltodextrin ratios [J]. Food Chemistry, 2020, 319: 126591.

[49] Miguet J, Pasquet M, Rouyer F, et al. Stability of big surface bubbles: impact of evaporation and bubble size [J]. Soft Matter, 2019, 16 (4): 1082-1090.

[50] Qu J, Escobar L, Li J, et al. Experimental study of evaporation and crystallization of brine droplets under different temperatures and humidity levels [J]. International Communications in Heat and Mass Transfer, 2020, 110: 104427.

[51] Chen L, Liu M, Lin L, et al. Thermal-responsive hydrogel surface: tunable wettability and adhesion to oil at the water/solid interface [J]. Soft Matter, 2010, 6 (12): 2708-2712.

[52] Liu H, Zhang X, Wang S, et al. Underwater thermoresponsive surface with switchable oil-wettability between superoleophobicity and superoleophilicity [J]. Small, 2015, 11 (27): 3338-3342.

[53] Ma Y, Ma S, Yang W, et al. Sundew-inspired simultaneous actuation and adhesion/friction control for reversibly capturing objects underwater [J]. Advanced Materials Technologies, 2019, 4 (2): 1800467.

[54] Heng L, Li J, Li M, et al. Ordered honeycomb structure surface generated by breath figures for liquid reprography [J]. Advanced Functional Materials, 2014, 24 (46): 7241-7248.

[55] Verheijen H J J, Prins M W J. Reversible electrowetting and trapping of charge: model and experiments [J]. Langmuir, 1999, 15 (20): 6616-6620.

[56] Guo T, Che P, Heng L, et al. Anisotropic slippery surfaces: electric-driven smart control of a drop's slide [J]. Advanced Materials (Deerfield Beach, Fla), 2016, 28 (32): 6999-7007.

[57] Wang Z, Heng L, Jiang L. Effect of lubricant viscosity on the self-healing properties and electrically driven sliding of droplets on anisotropic slippery surfaces [J]. Journal of Materials Chemistry A, 2018, 6 (8): 3414-3421.

[58] Li G, Pan J, Zheng H, et al. Directional motion of dielectric droplets on polymer-coated conductor driven by electric corona discharge [J]. Applied Physics Letters, 2019, 114 (14): 143701.

[59] Plog J, Löwe J M, Jiang Y, et al. Control of direct written ink droplets using electrowetting [J]. Langmuir: the ACS Journal of Surfaces and Colloids, 2019, 35 (34): 11023-11036.

[60] Li J, Ha N S, Liu T L, et al. Ionic-surfactant-mediated electro-dewetting for digital microfluidics [J]. Nature, 2019, 572: 507-510.

[61] Liu X, Ye Q, Yu B, et al. Switching water droplet adhesion using responsive polymer brushes [J]. Langmuir: the ACS Journal of Surfaces and Colloids, 2010, 26 (14): 12377-12382.

[62] Liang R, Ding J, Gao S, et al. Mussel-inspired surface-imprinted sensors for potentiometric label-Free detection of biological species [J]. Angewandte Chemie, 2017, 56 (24): 6833-6837.

[63] Liu Y, Zhao L, Lin J, et al. Electrodeposited surfaces with reversibly switching interfacial properties [J]. Science Advances, 2019, 5 (11): eaax0380.

[64] Wang J, Sun L, Zou M, et al. Bioinspired shape-memory graphene film with tunable wettability [J]. Science Advances, 2017, 3 (6): e1700004.

[65] Oh I, Keplinger C, Cui J, et al. Dynamically actuated liquid-infused poroelastic film with precise control over droplet dynamics [J]. Advanced Functional Materials, 2018, 28 (39): 1802632.

[66] Liu J, Kim Y S, Richardson C E, et al. Genetically targeted chemical assembly of functional materials in living cells, tissues, and animals [J]. Science, 2020, 367 (6484): 1372-1376.

[67] Singh V K, Kushwaha C S, Shukla S K. Potentiometric detection of copper ion using chitin grafted polyaniline electrode [J]. International Journal of Biological Macromolecules, 2020, 147: 250-257.

[68] Xiao K, Jiang D, Amal R, et al. A 2D conductive organic-inorganic hybrid with extraordinary volumetric capacitance at minimal swelling [J]. Advanced Materials, 2018, 30 (26): 1800400.

[69] Ugur A Katmis F, Li M, et al. Low-dimensional conduction mechanisms in highly conductive and transparent conjugated polymers [J]. Advanced Materials (Deerfield Beach, Fla), 2015, 27 (31): 4664.

[70] Ding C, Zhu Y, Liu M, et al. PANI nanowire film with underwater superoleophobicity and

potential-modulated tunable adhesion for no loss oil droplet transport [J]. Soft Matter, 2012, 8 (35): 9064-9068.

[71] Liu M, Nie F Q, Wei Z, et al. In situ electrochemical switching of wetting state of oil droplet on conducting polymer films [J]. Langmuir, 2010, 26 (6): 3993-3997.

[72] Tian D, He L, Zhang N, et al. Electric field and gradient microstructure for cooperative driving of directional motion of underwater oil droplets [J]. Adv Funct Mater, 2016, 26 (44): 7986-7992.

[73] Yan Y, Guo Z, Zhang X, et al. Electrowetting-induced stiction switch of a microstructured wire surface for unidirectional droplet and bubble motion [J]. Advanced Functional Materials, 2018, 28 (49): 1800775.

[74] Hu L, Wan Y, Zhang Q, et al. Harnessing the power of stimuli-responsive polymers for actuation [J]. Advanced Functional Materials, 2020, 30 (2): 2070012.

[75] Chen J, Tao X, Li C, et al. Synthesis of bipyridine-based covalent organic frameworks for visible-light-driven photocatalytic water oxidation [J]. Applied Catalysis B: Environmental, 2020, 262: 118271.

[76] Ennaceri H, Wang L, Erfurt D, et al. Water-resistant surfaces using zinc oxide structured nanorod arrays with switchable wetting property [J]. Surface & Coatings Technology, 2016, 299: 169-176.

[77] Djurisic A B, Chen X, Leung Y H. ZnO nanostructures: growth, properties and applications [J]. Journal of Materials Chemistry, 2012, 22: 6526-6535.

[78] Xu L, Hu Y L, Pelligra C. ZnO with different morphologies synthesized by solvothermal methods for enhanced photocatalytic activity [J]. Chemistry of Materials: A Publication of the American Chemistry Society, 2009, 21 (13): 2875-2885.

[79] Liu Y, Lin Z, Lin W, et al. Reversible superhydrophobic-superhydrophilic transition of ZnO nanorod/epoxy composite films [J]. ACS Applied Materials & Interfaces, 2012, 4 (8): 3959-3964.

[80] Sun R D, Nakajima A, Fujishima A, et al. Photoinduced surface wettability conversion of ZnO and TiO_2 thin films [J]. The Journal of Physical Chemistry, B Condensed Matter, Materials, Surfaces, Interfaces & Biophysical, 2001, 105 (10): 1984-1990.

[81] Li W, Guo T, Meng T, et al. Enhanced reversible wettability conversion of micro-nano hierarchical TiO_2/SiO_2 composite films under UV irradiation [J]. Applied Surface Science, 2013, 283: 12-18.

[82] Zhu W, Feng X, Feng L, et al. UV-manipulated wettability between superhydrophobicity and superhydrophilicity on a transparent and conductive SnO_2 nanorod film [J]. Chemical Communications, 2006, 0 (26): 2753-2755.

[83] Feng X, Feng L, Jin M, et al. Reversible super-hydrophobicity to super-hydrophilicity transition of aligned ZnO nanorod films [J]. Journal of the American Chemical Society, 2004, 126 (1): 62-63.

[84] Malm J, Sahramo E, Karppinen M. Photo-controlled wettability switching by conformal coating of nanoscale topographies with ultrathin oxide films [J]. Chemistry of Materials: A Publication

of the American Chemistry Society, 2010, 22 (11): 3349-3352.

[85] Wang Z, Liu Y, Guo P, et al. Photoelectric synergetic responsive slippery surfaces based on tailored anisotropic films generated by interfacial directional freezing [J]. Advanced Functional Materials, 2018, 28 (49): 1801310.

[86] Han K, Heng L, Zhang Y, et al. Slippery surface based on photoelectric responsive nanoporous composites with optimal wettability region for droplets' multifunctional manipulation [J]. Advanced Science, 2019, 6 (1): 1801231.

[87] Li J, Jing Z, Yang Y, et al. Reversible low adhesive to high adhesive superhydrophobicity transition on ZnO nanoparticle surfaces [J]. Applied Surface Science, 2014, 289: 1-5.

[88] Velayi E, Norouzbeigi R. Annealing temperature dependent reversible wettability switching of micro/nano structured ZnO superhydrophobic surfaces [J]. Applied Surface Science, 2018, 441: 156-164.

[89] Zhang Y S, Khademhosseini A. Advances in engineering hydrogels [J]. Science, 2017, 356: 500.

[90] Wei, J, Yu Y, et al. Photodeformable polymer gels and crosslinked liquid-crystalline polymers [J]. Soft Matter, 2012, 8 (31): 8050-8059.

[91] Wang E, Desai M S, Lee S W. Light-controlled graphene-elastin composite hydrogel actuators [J]. Nano Letters, 2013, 13 (6): 2826-2830.

[92] Bijlard A C, Wald S, Crespy D, et al. Functional colloidal stabilization [J]. Advanced Materials Interfaces, 2017, 4 (1): 1600443.

[93] Ding L, Li Y, Cang H, et al. Controlled synthesis of azobenzene-containing block copolymers both in the main- and side-chain from SET-LRP polymers via ADMET polymerization [J]. Polymer, 2020, 190: 122229.

[94] Mohan A, Sasikumar D, Bhat V, et al. Metastable chiral azobenzenes stabilized in a double racemate [J]. Angewandte Chemie, 2020, 59 (8): 3201.

[95] Sutton A, Shirman T, Timonen J V I, et al. Photothermally triggered actuation of hybrid materials as a new platform for in vitro cell manipulation [J]. Nature Communications, 2017, 8 (1): 14700.

[96] Bai J, Shi Z, Yin J, et al. Shape reconfiguration of a biomimetic elastic membrane with a switchable janus structure [J]. Advanced Functional Materials, 2018, 28 (29): 1800939.

[97] Ikejiri S, Takashima Y, Osaki M, et al. Solvent-free photoresponsive artificial muscles rapidly driven by molecular machines [J]. Journal of the American Chemical Society, 2018, 140 (49): 17308-17315.

[98] Zhang Q, Li X, Islam M R, et al. Light switchable optical materials from azobenzene crosslinked poly (AMsopropylacrylamide) -based microgels [J]. Journal of Materials Chemistry, C Materials for Optical and Electronic Devices, 2014, 2 (34): 6961-6965.

[99] Nie J, Liu X, Yan Y, et al. Supramolecular hydrogen-bonded photodriven actuators based on an azobenzene-containing main-chain liquid crystalline poly (ester-amide) [J]. J Mater Chem C, 2017, 5 (39): 10391-10398.

[100] Lv J, Liu Y, Wei J, et al. Photocontrol of fluid slugs in liquid crystal polymer microactuators [J].

Nature, 2016, 537 (7619): 179-184.

[101] Cheng Z, Ma S, Zhang Y, et al. Photomechanical motion of liquid-crystalline fibers bending away from a light source [J]. Macromolecules, 2017, 50 (21): 8317-8324.

[102] Li Y, He Y, Tong X, et al. Photoinduced deformation of amphiphilic azo polymer colloidal spheres [J]. Journal of the American Chemical Society, 2005, 127 (8): 2402-2403.

[103] Gao F, Yao Y, Wang W, et al. Light-driven transformation of bio-inspired superhydrophobic structure via reconfigurable Pazoma microarrays: from lotus leaf to rice leaf [J]. Macromolecules, 2018, 51 (7): 2742-2749.

[104] Ge F, Lu X, Xiang J, et al. An optical actuator based on gold-nanoparticle-containing temperature-memory semicrystalline polymers [J]. Angewandte Chemie (International ed in English), 2017, 56 (22): 6126-6130.

[105] Gao C, Wang L, Lin Y, et al. Droplets manipulated on photothermal organogel surfaces [J]. Advanced Functional Materials, 2018, 28 (35): 1803072.

[106] Yong J, Chen F, Yang Q, et al. Photoinduced switchable underwater superoleophobicity-superoleophilicity on laser modified titanium surfaces [J]. Journal of Materials Chemistry A, 2015, 3 (20): 10703-10709.

[107] Xue C H, Li Y R, Hou J L, et al. Self-roughened superhydrophobic coatings for continuous oil-water separation [J]. Journal of Materials Chemistry A, 2015, 3 (19): 10248-10253.

[108] Wang R, Hashimoto K, Fujishima A, et al. Light-induced amphiphilic surfaces [J]. Nature, 1997, 388 (6641): 431-432.

[109] Liu K, Cao M, Fujishima A, et al. Bio-inspired titanium dioxide materials with special wettability and their applications [J]. Chemical Reviews, 2014, 114 (19): 10044-10094.

[110] Wang H, Guo Z. Design of underwater superoleophobic TiO_2 coatings with additional photo-induced self-cleaning properties by one-step route bio-inspired from fish scales [J]. Applied Physics Letters, 2014, 104 (18): 183703.

[111] Shami Z, Holakooei P. Durable light-driven three-dimensional smart switchable superwetting nanotextile as a green scaled-up oil-water separation technology [J]. ACS Omega, 2020, 5 (10): 4962-4972.

[112] Cheng Z, Lai H, Du Y, et al. pH-induced reversible wetting transition between the underwater superoleophilicity and superoleophobicity [J]. ACS Applied Materials & Interfaces, 2014, 6 (1): 636-641.

[113] Zhang L, Zhang Z, Wang P. Smart surfaces with switchable superoleophilicity and superoleophobicity in aqueous media: toward controllable oil/water separation [J]. NPG Asia Materials, 2012, 4 (2): e8.

[114] Cheng Q, Li M, Yang F, et al. An underwater pH-responsive superoleophobic surface with reversibly switchable oil-adhesion [J]. Soft Matter, 2012, 8 (25): 6740-6743.

[115] Huang X, Mutlu H, Theato P. A bioinspired hierarchical underwater superoleophobic surface with reversible pH response [J]. Adv Mater Interfaces, 2020: 7 (8): 2000101.

[116] Sheparovych R, Motornov M, Minko S. Low adhesive surfaces that adapt to changing environments [J]. Adv Mater, 2009, 21 (18): 1840-1844.

[117] Liu X, Zhou J, Xue Z, et al. Clam's shell inspired high-energy inorganic coatings with underwater low adhesive superoleophobicity [J]. Advanced Materials, 2012, 24 (25): 3401-3405.

[118] Huang Y, Liu M, Wang J, et al. Controllable underwater oil-adhesion-interface films assembled from nonspherical particles [J]. Adv Funct Mater, 2011, 21 (23): 4436-4441.

[119] Yong J, Yang Q, Chen F, et al. Reversible underwater lossless oil droplet transportation [J]. Advanced Materials Interfaces, 2015, 2 (2): 1400388.

[120] Liu M, Xue Z, Liu H, et al. Surface wetting in liquid-liquid-solid triphase systems: solid-phase-independent transition at the liquid-liquid interface by lewis acid-base interactions [J]. Angew Chem Int Ed, 2012, 51 (33): 8348-8351.

[121] Elazab A, Serret M D, Araus J L. Interactive effect of water and nitrogen regimes on plant growth, root traits and water status of old and modern durum wheat genotypes [J]. Planta, 2016, 244 (1): 125-144.

[122] Schwerbrock R, Leuschner C. Air humidity as key determinant of morphogenesis and productivity of the rare temperate woodland fern Polystichum braunii [J]. Plant biology (Stuttgart, Germany), 2016, 18 (4): 649-657.

[123] Prodanovic V, Wang A, Deletic A. Assessing water retention and correlation to climate conditions of five plant species in greywater treating green walls [J]. Water Research, 2019, 167: 115092.

[124] Qu R, Zhang W, Li X, et al. Peanut leaf-inspired hybrid metal-organic framework with humidity-responsive wettability: toward controllable separation of diverse emulsions [J]. ACS Applied Materials & Interfaces, 2020, 12 (5): 6309-6318.

[125] Li C, Liu Y, Gao C, et al. Fog harvesting of a bioinspired nanocone-decorated 3d fiber network [J]. ACS Applied Materials & Interfaces, 2019, 11 (4): 4507-4513.

[126] Jiang W, Upadhyaya P, Zhang W, et al. Blowing magnetic skyrmion bubbles [J]. Science, 2015, 349 (6245): 283-286.

[127] Li P, Han Y, Zhou X, et al. Thermal effect and rayleigh instability of ultrathin 4h hexagonal gold nanoribbons [J]. Matter, 2020, 2 (3): 658-665.

[128] Pham C T, Perrard S, Doudic G L. Surface waves along liquid cylinders. Part 1. Stabilising effect of gravity on the Plateau-Rayleigh instability [J]. Journal of Fluid Mechanics, 2020, 891: A8.

[129] Ding Y, Peng Q, Jia L, et al. Dynamic wetting behavior of droplets on the surface of porous materials with micro-airflow [J]. Chinese Science Bulletin-Chinese, 2021, 66 (1): 128-136.

[130] Zhou C, Li G, Li C, et al. Three-level cobblestone-like TiO_2 micro/nanocones for dual-responsive water/oil reversible wetting without fluorination [J]. Applied Physics Letters, 2017, 111 (14): 141607-141612.

[131] Rao Q, Li A, Zhang J, et al. Multi-functional fluorinated ionic liquid infused slippery surfaces with dual-responsive wettability switching and self-repairing [J]. Journal of Materials Chemistry A, 2019, 7: 2172-2183.

[132] Ma W, Samal S K, Liu Z, et al. Dual pH- and ammonia-vapor-responsive electrospun

nanofibrous membranes for oil-water separations [J]. Journal of Membrane Science, 2017, 537: 128-139.

[133] Liang Y, Zhu H, Wang L, et al. Biocompatible smart cellulose nanofibres for sustained drug release via pH and temperature dual-responsive mechanism [J]. Carbohydrate Polymers, 2020, 249: 116876.

[134] Li D, Liang X, Li S, et al. Bioinspired textile with dual-stimuli responsive wettability for body moisture management and signal expression [J]. New Journal of Chemistry, 2021, 45 (27): 12193-12202.

[135] Ni X, Gao Y, Zhang X, et al. An eco-friendly smart self-healing coating with NIR and pH dual-responsive superhydrophobic properties based on biomimetic stimuli-responsive mesoporous polydopamine microspheres [J]. Chemical Engineering Journal, 2021, 406: 126725.

[136] Qi Y, Niu W, Zhang S, et al. Encoding and decoding of invisible complex information in a dual-response bilayer photonic crystal with tunable wettability [J]. Advanced Functional Materials, 2019, 29 (48): 1906799.

[137] Wu S, Liu L, Zhu S, et al. Smart control for water droplets on temperature and force dual-responsive slippery surfaces [J]. Langmuir, 2021, 37 (1): 578-584.

[138] Zhang D, Xia Q, Lai H, et al. Dual-responsive shape memory polymer arrays with smart and precise multiple-wetting controllability [J]. Science China Materials, 2021, 64:1801-1812.

[139] Guselnikova O, Postnikov P, Elashnikov R, et al. Multiresponsive wettability switching on polymer surface: effect of surface chemistry and/or morphology tuning [J]. Advanced Materials Interfaces, 2019, 6 (7): 1801937.

第 9 章
超浸润相关领域的新发展

9.1 水能收集
9.2 热管理
9.3 量子限域离子超流体
9.4 两亲性超分子
课后习题
参考文献

特殊浸润性在诸多新兴领域的应用得到了人们的广泛关注。随着科技发展，众多跨领域新概念如固-液纳米发电机、量子限域离子超流体等被提出并得到深度研究。本章节将重点介绍一些新概念所涉及的科学研究及相关应用，包括水能收集与纳米发电机、热管理、离子通道与盐差发电、两亲性超分子等。本章内容多基于新兴前沿课题的论文研究，专业度较高，可作为拓展内容浏览、了解。

9.1 水能收集

水能收集借助水动力学实现能量的收集和/或转换，主要表现形式为将水的机械能（动能和/或重力势能）转化为更实用的能量（如电能）。借助超浸润材料，可实现上述能量转换或提升能量转化效率。在超亲水表面，由于表面能高，水会迅速扩散形成薄膜。在超疏水或光滑的表面上，液滴行为如飞溅、弹跳或定向运动等较易控制。如表9.1所列，有研究者将一些介电材料与这两类表面结合，促进机械能的转化以达到收集水能的目的；基于环保、清洁能源考量，相关研究多借助自然界中尚未被开发利用的水（如雨滴、海浪）作为能量来源。

表9.1 基于超浸润界面的水能收集应用总结

能量来源	界面/材料特征	主要优势
雨滴等类似形式的水	①多采用超疏水或超滑界面； ②压电材料，如PVDF、PZT、ZnO等	①利用自然资源； ②具有较高的瞬时功率密度
波浪等类似形式的水	①超亲水增强摩擦效应促进电荷产生，或超疏水减少液滴残留促使电荷转移收集； ②摩擦生电材料，如橡胶等介电弹性体	①利用自然资源； ②较稳定可控输出； ③相对大功率输出
材料自身表面能	具有相反浸润性的两个表面或梯度浸润性表面/异质表面	①多功能、低成本； ②精准可控液滴行为； ③高转化效率

基于超浸润界面与相应介电材料结合用于发电的装置，属于固-液纳米发电机，该概念于2014年左右被提出，自2018年至今相关研究较常见

于国际顶尖期刊报道[1,2]。表 9.1 及下文的介绍主要涉及压电纳米发电机（piezoelectric nanogenerator，PENG）、摩擦生电纳米发电机（triboelectric nanogenerator，TENG），其他常见的纳米发电机还有热释电纳米发电机（pyroelectric nanogenerator，PyNG）等[3,4]。

9.1.1 压电纳米发电机

将雨滴能量转化为电能通常使用压电材料，例如聚偏二氟乙烯（PVDF）、锆钛酸铅（PZT）、氧化锌（ZnO）等，借助在雨滴冲击下的压电悬臂梁或桥梁实现[5]。Hao 等[6]研究表明，超疏水表面有助于在水滴飞溅时收集更多能量；与其他表面相比，它们的发电效率通常更高。如图 9.1 所示，该压电纳米发电机最高输出电压达 6V，可为一些小型电子设备供电。

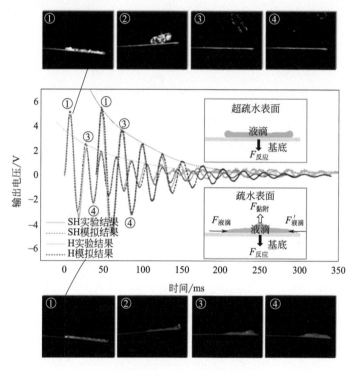

图 9.1　压电材料结合超疏水界面收集雨滴动能发电示例[6]

SH—超疏水；H—疏水

9.1.2 摩擦生电纳米发电机

使用具有较强摩擦作用的弹性电活性材料（介电弹性体）如一些橡胶材料，利用其摩擦生电效应，可将波浪能转化为电能[1]。Zaltariov 等[7]研究了天然或合成橡胶在海水或盐水中浸润的长期稳定性以及基于橡胶材料的波浪能收集设备对海洋环境的影响。研究表明，大多数橡胶收集器在海水环境中稳定耐用，并且对微生物无明显有害影响。Li 等[8]以电极为基底开发了高摩擦性的聚丙烯（PP）薄膜涂层，如图 9.2 所示，提高涂层疏水性可增加电力输出，他们认为这是由于波浪后撤时，疏水性有利于减少液体残留，可促进电荷的分离和收集。

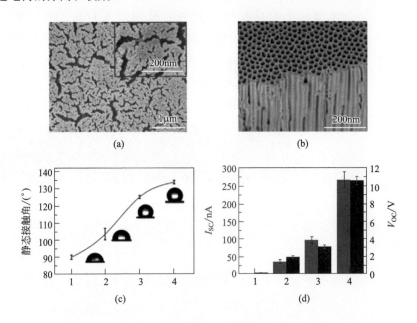

图 9.2　摩擦生电材料结合超疏水界面收集波浪能发电示例[8]

利用摩擦生电效应，理论上超亲水表面可比具有类似形貌的超疏水表面产生更多电荷，这是因为超亲水表面与水具有更大的接触面积，可增强摩擦作用，促进摩擦生电材料的电荷产生[9-11]；然而，超亲水性会导致表面残留一层薄膜或液体，这对随后的发电产生副作用。为规避这一现象，Xu 等[10]使用覆盖氧化铟锡（ITO）的聚四氟乙烯（PTFE）薄膜作为基底，构建了超滑含液界面（slipperyliquid-infusedporoussurface，SLIPS）用于水能收集研究。SLIPS 的可变浸润性不仅可切换亲水的高摩擦以促进电荷产生，还能切换超滑界面在后续过程中减少液体残留以改善电荷积累情况。2020 年，Wang 等[12]将类似材料连接到铝电极，该电极可以在充电过程中收集雨滴、自来水或海水的机械能，并能实现比受界面效应限制的对照电极高数百倍的瞬时功率密度。如图 9.3 所示，该材料体系输出电压可高达 150V 左右，能为一些大功率家用电器供电。

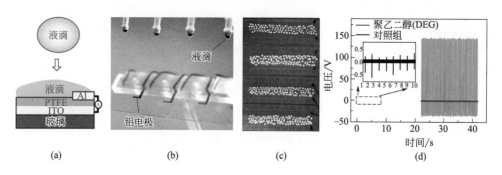

图 9.3　摩擦生电材料结合 SLIPS 界面收集水能发电新突破[12]

9.1.3　基于材料表面能的能量转化

此外，在不借助外部因素的情况下，超浸润材料还可以将自身的表面能转化为液体动能，进而用于发电[13,14]。例如，Milijkovic 等[15]利用带电液滴在超疏水的氧化铜表面和亲水的铜表面之间反复弹跳来发电。Gao 等[16]在具有几何梯度的超疏水铜表面上利用类似液滴弹跳原理发电，对比无梯度浸润结构界面具有更高的能量转换率。能源装置中采用超浸润材料，利用表面能操控液体被认为是一种有前途的、环保的、低成本方法，有待于进一步研究发展。相关能源装置在设计时，基于超浸润界面还可与其他功能结合，例如第 7 章中介绍的防腐蚀、防冰、雾水收集或/和油水分离等。

9.2　热管理

热管理涉及控制温度、热力学等技术。水被认为是一种良好的热载体，因为它具有高比热容和高汽化潜热。如表 9.2 所列，在热管理相关技术中，借助超浸润表面已成为一种新的研究趋势，可将未利用能源转化为液体动能。例如，可借助 Leidenfrost 效应，即液滴在过热表面上可发生弹跳等行为，并可通过温度、压力、表面形貌和浸润性进行控制[17]。

表 9.2 基于超浸润界面的热管理应用总结

主要应用	界面/材料特征	主要优势
Leidenfrost 效应操控液滴	①过热表面，温度远高于液滴沸点或 Leidenfrost 效应所需温度；②Leidenfrost 效应：局部沸腾产生气层使液滴悬浮	①多参数精密控制液滴行为；②界面和液滴无直接物理接触
滴控制冷凝传热（drop-wise condensation heat transfer）	超疏水，低黏附或液滴传输低阻	①容易控制液滴合并；②具有相对较高的传热系数
膜控制冷凝传热（film-wise condensation heat transfer）	超亲水，便于液滴快速捕捉并快速自发扩散成膜	①可快速高效捕获水分子；②对环境湿度要求较低
太阳能蒸汽技术（solar steam/vapor generation）	①多具有高比表面积及高吸光效率的基材，如碳纳米材料（碳纳米管、还原石墨烯等）；②超亲水，液滴快速自发扩展有助于快速蒸发	①利用自然清洁能源；②具有较高的蒸发效率；③可结合蒸汽发电技术实现太阳能蒸汽发电

9.2.1 冷凝传热

冷凝传热是一种重要的热转移技术，根据不同超浸润原理可分为滴控制冷凝传热技术（drop-wise condensation heat transfer）和膜控制冷凝传热技术（film-wise condensation heat transfer）。如表 9.2 介绍，它们分别利用超疏水表面上液滴快速移动实现转移传热，或超亲水表面上液滴扩散形成水膜并借助薄膜传热[18,19]。最新研究主要专注于将两者结合以提高传热效率和操纵液滴行为，即采用 Janus 界面等二元协同纳米界面材料。例如，Lo 等[20]开发了一种具有高传热系数（高达 655kW/m^2）的三维异质微纳结构表面，如图 9.4 所示，其性能优于现有单一的超亲/疏水表面。Preston 等[21]指出，可通过操控液滴弹跳等行为提高冷凝传热效率。

9.2.2 太阳能蒸汽产生技术

使用热释电材料，液滴行为诱导的热力学效应可用于发电[21]。随着超浸润界面的迅速发展，太阳能相关技术再次引发前沿研究人员的关注。太阳能蒸汽产生技术（solar steam/vapor generation）过去主要属于一种水净化技术（如海水淡化[22]），现相关技术可以直接应用于设计基于热释电材料的蒸汽发电系统，如图 9.5 所示。有趣的是，"solar steam/vapor generation" 词组中的 "generation" 原指 "产生"，词组本意为借助太阳能产生蒸汽；而英语单词 "generation" 本也有 "发电" 的释义，据此也可 "误解" 为太阳能蒸汽用于发电。

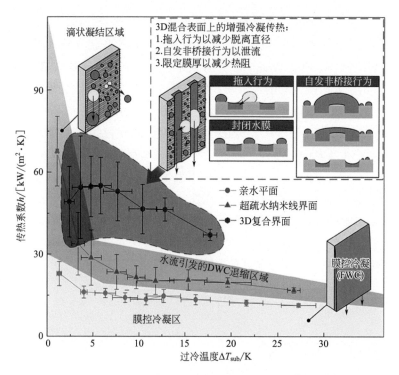

图 9.4 冷凝传热相关技术效果比较示例[20]

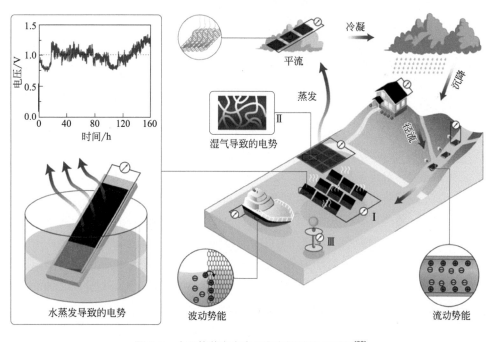

图 9.5 太阳能蒸汽产生及发电相关技术示意[23]

在太阳能相关能量转换应用研究中，碳纳米材料如碳纳米管（CNT）和还原氧化石墨烯（rGO），因具有高比表面积和优异的太阳能/光吸收性能而被广泛应用。Wang 等[24]开发了一种基于光热 rGO-CNT 的纳米复合材料用于太阳能驱动的水蒸发。他们发现亲水的微纳米结构可改善水在界面上的扩散，有助于提高蒸发性能［1 阳光照射单位下效率达 65%，速率为 1.23kg/（$m^2 \cdot h$）］，高于其他材料设计体系的性能指标［类似条件下通常为 0.6～1.2kg/（$m^2 \cdot h$）］。Mu 等[25]开发了具有更高蒸发效率的超亲水碳纳米管气凝胶，即在 1 阳光照射单位下效率高达 87%，速率达 1.44kg/（$m^2 \cdot h$）。他们认为，材料所具有的超亲水性，相较于一般亲水性更有助于水分子的快速传输（例如，液体浸渍过程的持续时间减少了 60% 以上）。在利用太阳能蒸汽发电方面，Zhang 等[23]综述了相关技术并进行了总结，他们指出借助碳纳米材料上的水蒸发可有效提高 PyNG 的输出电压。

9.3 量子限域离子超流体

9.3.1 超流体的概念及发展

利用微纳米界面特殊浸润性的通道（如分子通道、离子通道等），可促进选择性或低能耗的快速传质行为[26]，本书将其归于超浸润界面范畴。2018 年前后，Jiang 等[26-28]引入了"量子限域超流体（quantum-confined superfluid, QSF）"概念，用于描述在生物纳米通道中观察到的具有高通量、超快传输速率和低能量损失的焓驱动的受限有序流体。最早的人工分子/原子超流体可追溯到 20 世纪 30 年代，Kapitsa 和 Allen 观察到，温度低于 2.17K 时，流体 ^{4}He 在流动过程中几乎没有动能损失（接近零黏度）；随着毛细管通道直径的减小，其通过速度会迅速增加[29]。Allen 等进一步指出当毛细管直径小于 100nm 时，^{4}He 的流动速度取决于环境温度，与压力或通道长度无关（图 9.6）[29,30]。这种量子限域分子超流体可在通道大小与分子之间的范德华平衡距离（r_0）相当时实现。

当通道的大小接近离子的德拜长度（Debye length, λ_D；当研究尺度大于德拜长度时，可将整体看作是电中性的，反之则应看作有电荷分布）时，可在生物或人造通道中发现量子限域离子超流体。一个典型的生物学例子是电鳗，其在 20ms 内产生约 600V 的高电位和约 500A/m² 的电流密度（图 9.7）。这主要是因为电鳗产生的离子可以通过细胞表面的钠离子（Na^+）通道和钾离子（K^+）通道以超流体的形式高效快速地传输[31,32]。并且因为离子通道电阻非常小，相应的能量消耗也非常低，电鳗并不会受到该过程中的高电流密度影响[31]。

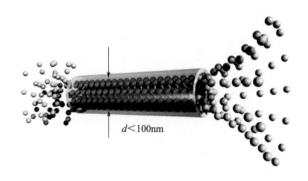

图 9.6　穿过直径小于 100nm 的通道的 ^{4}He 超流体传输示意[30]

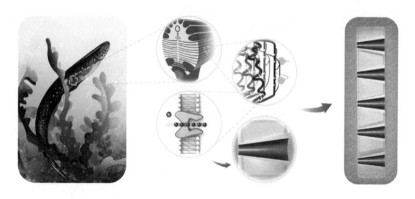

图 9.7　嵌入电鳗电细胞中的 K^+ 通道具有不对称结构[32]

可基于金属有机框架（MOF）材料构造仿生通道，实现超快速离子传输。如图 9.8 所示，具有亚纳米离子传导孔结构的多孔 ZIF-8 [Zn(2-methylimidazolate)$_2$] 膜（孔径约 0.34 nm）可以表现出高离子选择性（LiCl/RbCl ≈ 4.6）和超快离子传输速率（$10^6 \sim 10^8$ 个 /s）[33]。在液相中，反离子（counter-ions，也称为异号离子）和共离子（co-ions）在微通道的传输受到无序熵驱动的离子扩散的控制[34]。然而，如通道直径减小到德拜长度（λ_D）的两倍左右，通道中只有相对有序的反离子，没有共离子[35]。如果通道直径进一步减小到德拜长度（λ_D），通道中的反离子将形成有序链，

第 9 章　超浸润相关领域的新发展　　217

从而可在零能量损失的情况下实现由焓驱动的超快传输[30]。因此，无论是在生物通道还是人工通道中，量子限域离子超流体都表现出高通量和低能耗的特性。

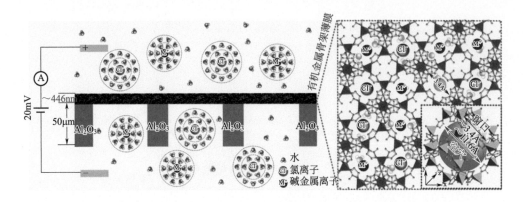

图 9.8　具有亚纳米孔的 MOF 作为人工 K⁺ 通道以高选择性超快传输碱金属离子[33]

9.3.2　在电池领域的应用

随着量子限域离子超流体的发展，其在能源领域的重要地位不断提升。超流体可应用于锂电池，在锂电池的充放电过程中，二维受限层状结构中锂的氧化还原反应具有超密、有序和超流动的特性，可产生高能量密度和实现快速充放电。Kühne 等[36]通过原位透射电子显微镜（transmission electron microscopy，TEM）观察和密度泛函理论（density functional theory，DFT）计算证明，锂电池中双层石墨烯片间锂的可逆超密排布可作为锂电池高存储容量的来源（图 9.9）。此外，在充电或放电过程中，锂离子在二维受限通道（通道直径为锂离子的 λ_D）中将以超流体的形式传输。这种二维受限通道中的 QSF 离子传输是锂电池快速充放电过程的关键因素，其效率显著高于基于离子扩散的充放电过程。

基于上述原理，研究人员相继开发了各类电极材料，通过二维通道结构实现了锂离子的低能耗和超快速传输（图 9.10）。例如，Lin 等[3]通过将熔融锂注入具有纳米级间隙的层状 rGO 薄膜制备了一种复合锂金属阳极/负极。该阳极不仅可以保持高达约 3390mAh/g 的容量，还表现出低过电位（约 80mV，在电流面密度 3mA/cm² 时）和碳酸盐电解质中的平坦电压曲线。具有扩展原子层状结构的二硫化钼（MoS_2）纳米粒子作为一种赝电容电极材料，同样被用于制造锂电池阳极/负极

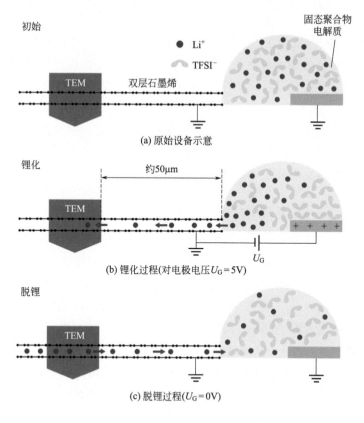

图 9.9 锂电池快速充放电设备示意[36]

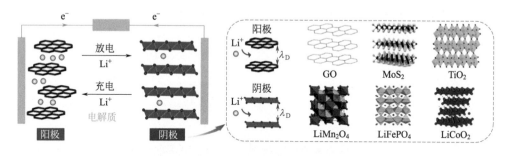

图 9.10 二维层状结构的正负电极材料[30]

材料，并实现了 5.3kW/kg 的最大功率密度（具有 6 W·h/kg 能量密度）和 37/W·h/kg 的最大能量密度（具有 74W/kg 功率密度）[38]。此外，长度为数百纳米、宽度约为 10nm 的板钛矿型二氧化钛（TiO_2-B）纳米线能在锂嵌入过程中具备优异的电子/离子传输特性和反应动力学，因而在作为锂离子电池的负极材料时可以表现出非凡的倍率性能（即快速充放电）[39]。此外，高倍率性能的阴极材料同样也受到关注。例如，Tang 等[40] 发现 100nm 具有珠状结构的锰酸锂（$LiMn_2O_4$）纳米链，其由于独特的亚纳米通道结构，可作为锂离子电池的高倍率阴极材料，有广阔的应用前景。An 等[41] 证明了具有磷酸铁锂（$LiFePO_4$）纳米颗粒（其中包裹有氮、硫共掺杂石墨烯）的锂电池，由于其亚纳米通道中锂离子传输速率的增加，因而可以实现锂离子电池的超高倍率性能和长寿命。除此之外，具有纳米级电池参数的纳米晶钴酸锂（$LiCoO_2$）也被用作阴极以实现高倍率锂离子嵌入[42]。

9.3.3 离子通道盐差发电

上述研究表明，通过控制离子通道的直径和形成高通量及低能量损失的离子超流体，将超浸润界面与定向离子流发电相结合，可以实现高能量转换效率。盐度梯度（简称盐差，salinity gradients；也称作"蓝色能量"，blueenergy）是一种可再生能源，大量存在于海洋和河流之间的界面[32]。通过反向电渗析（reverse electrodialysis，RED）可将盐度梯度（化学能）转化为电能。当两种不同浓度的盐溶液通过选择性离子渗透膜连接时，膜会产生净电流，该电流仅允许反离子通过（图9.11）。这种能量转换器的核心结构是离子渗透膜表面的离子通道[43]。传统的离子通道具有对称结构，在能量转换过程中，反离子会在稀溶液一侧富集，这会抑制共离子的有效传输，降低效率。研究人员发现电鳗在电击过程中不受这种限制的影响。进一步研究表明，这主要是电鳗细胞中 K^+ 通道的不对称结构造成的，膜上的相反电荷可以有效地阻止反离子在其附近的稀溶液中积累。这种结构使细胞膜上的 K^+ 通道能够持续快速地向内整流 K^+，从而产生高电流（图9.11）[31]。

图9.11 异质结构离子选择性交换膜示意[32]

基于不对称结构的离子通道，具有各种尺寸和材料的单向离子传输特性的异质膜被陆续开发出来（图9.12）。例如，Gao等[44]使用介孔碳（孔径约7nm，带负电）和大孔氧化铝（孔径约80 nm，带正电）构建大孔异质膜。这种介孔/大孔膜可以在高浓度或饱和盐溶液中实现离子的连续精馏，分离相对挥发度约为450，当把海水通过膜引入河水中时，功率密度可达3.46 W/m²[44]。为解决离子选择性膜电阻高和离子选择性不良等问题，Zhang等[45]使用两种嵌段共聚物的相分离，制备超薄（约500nm）离子选择性Janus膜，其功率密度约为2.04W/m²[45]。此外，Zhu等[46]通过复合两种离聚物制备了表面电荷密度和孔隙率可调的Janus膜[46]。该膜首次在高盐度环境下实现了离子整流，有效解决了膜的选择性和转换效率会随着盐度梯度的增加而减小这一难题。基于这种膜的发电机，在混合海水和河水环境中实现了2.66W/m²的输出功率密度；而在盐湖流入河水环境中，盐度梯度提升500倍，输出功率密度达到5.10 W/m²[46]。为了降低离子交换膜的成本，Wu等[43]开发了一种使用天然木材制备低成本反渗透（RE）离子交换膜的技术，通过对木质

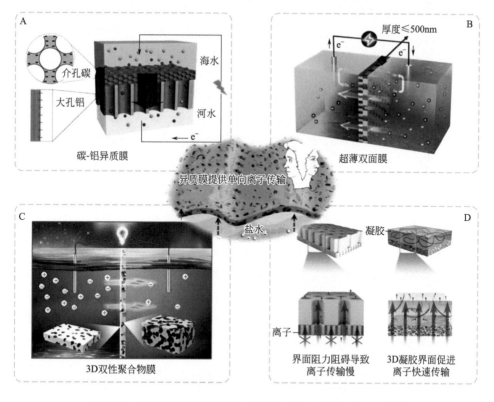

图9.12 用于盐度梯度能量收集的具有智能离子通道的仿生膜[32]

纤维素链上的羟基进行简单修饰，可以实现高达 9.8 V 的输出电压。为了提高离子交换膜的界面传输效率，Zhang 等[47]通过混合聚电解质水凝胶和芳纶纳米纤维膜构筑的异质膜实现了渗透能的高效转换，当用于混合海水和河水中获取渗透能时，其功率密度达到 5.06 W/m^2。

9.4 两亲性超分子

2016 年，诺贝尔化学奖授予超分子化学领域，由 Jean-Pierre Sauvage，J. Fraser Stoddart 和 Bernard L. Feringa 三位科学家共享，以表彰他们在分子机器方面的卓越贡献。作为一门新兴的交叉学科，超分子化学在世界范围内逐渐受到广泛关注。超分子化学主要研究通过非共价键作用的分子聚集体的结构、功能。在超分子化学中，不同类型的分子间相互作用可以根据它们不同的强弱程度、取向以及对距离和角度的依赖程度区分，即可分为金属离子的配位键、氢键、π-π 堆积作用、静电作用、疏水作用等，例如脱氧核糖核酸（DNA）的双螺旋结构、水分子之间的氢键作用等。其中，对于超分子主客体化学的研究非常深入和广泛，包括经典的、不同性质的大环主体分子，如冠醚（crown ether）、环糊精（cyclodextrin）、杯芳烃（calixarene）、葫芦脲（cucurbituril）、柱芳烃（pillararene）。这些大环主体，由于其具有普适性的结构和多样化的功能，在超分子化学乃至整个化学领域的研究中的地位举足轻重。

两亲性超分子化合物同时具有亲水基、亲脂基，在微观尺度可借助非共价作用力实现浸润性调控，在宏观尺度上可通过自组装形成不同浸润性界面结构，符合二元协同纳米界面材料相关思想。在微观尺度上，超分子内部的亲水、疏水作用在一些材料制备过程中（如自组装）起到重要作用。利用相关性质可制备功能材料，如刺激响应纳米材料、MOF 等多孔材料、纳米孔/离子通道、医药用材料等。

9.4.1 自组装刺激响应纳米材料

超分子聚合物材料是高分子科学和超分子化学完美结合的产物，它不仅具有传统高分子材料固有的机械、光、电、热、力学等性能，还具有由非共价键力带来的动态可逆性和外界环境的刺激响应性，是一种具有优越性能的材料。

环糊精分子空腔外部有着亲水性的羟基，然而其空腔内部却是疏水的，这一特性使得它们无论是溶液状态下还是固态条件下都可以通过疏水作用和范德华力与多种客体分子形成包合物。2017 年，Yuan 等[48]报道了用可逆加成-断裂链转移聚合（reversible addition-fragmentation chain transfer polymerization，RAFT）一步合成环糊精/苯乙烯纳米管配合物的方法并研究了其在水中的分散聚合（图 9.13）。所得到的两亲性 PEG-b-PS 二嵌段共聚物原位自组装成不同形貌的纳米粒子，在适当条件下可控地形成球体（spheres）、蠕虫状（rods）、薄片（lamellaes）和纳米管（nanotubes）等组装形态。由于复合作用存在，聚苯乙烯嵌段在自由苯乙烯作用下的溶胀程度受到限制，导致聚苯乙烯链的流动性受到限制，因此得到了动态捕获的薄片和纳米管。在纳米管的形成过程中，小的囊泡首先在带状片层的末端形成，然后生长并融合成具有有限链重排的纳米管。引入基于环糊精的主客体相互作用，可能使水分散从而能够发生非水溶性单体的聚合，并产生动力学捕获的纳米结构，有望成为纳米材料制备的新科技。

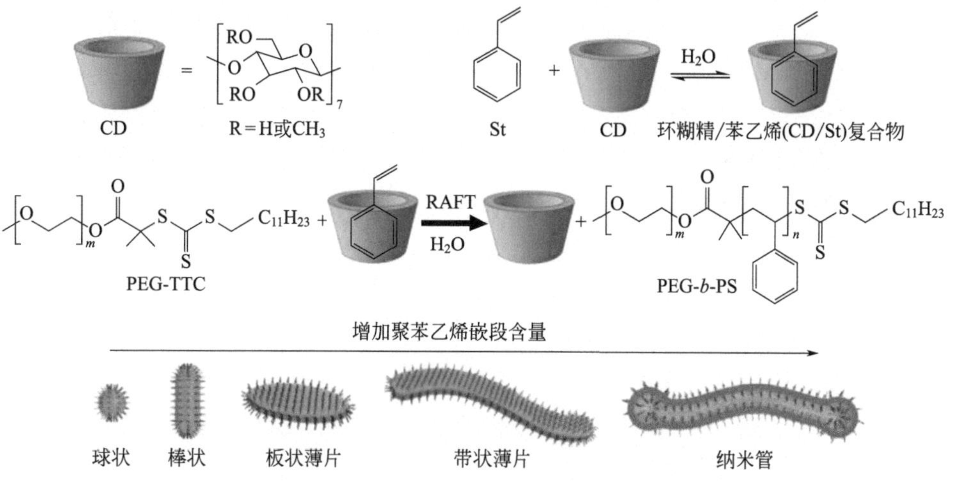

图 9.13 CD/St 复合物在水中 RAFT 聚合分散的示例[48]

2017 年，Liu 等[49]通过金刚烷修饰的二苯丙氨酸与偶氮苯桥联的双（β-环糊精）的超分子组装结构，构建了一个光控、可转换的超分子二维纳米片/一维纳米管体系（图 9.14）。纳米片显示出比纳米管更大的荧光增强效应。值得注意的是，这些纳米片和纳米管可以通过双（β-环糊精）中偶氮苯连接物的光控制顺/反异构化并进一步相互转化，并且这种光控开关的一维/二维形态相互转化是可逆的。这使得通过外部刺激可以方便地获得各种形貌和尺寸的高度有序纳米结构。

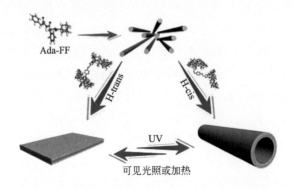

图9.14　超分子二维纳米片/一维纳米管体系示例[49]

在磺化杯芳烃中观察到基于杯芳烃的诱导聚集现象（CIA）[50]，该现象能通过降低两亲性客体的临界聚集浓度，提高聚集稳定性，促进两亲性客体的聚集。2014年，Liu等[51]结合聚集诱导发光（aggregation-induced emission，AIE）和CIA的优点，通过季铵盐修饰的四苯乙烯（QA-TPE）和磺化[4]杯芳烃（SC4A）的自组装，制备了独特的水溶性荧光有机纳米粒子（图9.15）。QA-TPE是一个典型的哑铃状两亲性分子，能在溶液中自组装形成胶束。值得注意的是，游离的QA-TPE聚集体的荧光强度较低，因为聚集体非常松散，而且由于末端QA基团之间的静电排斥，很容易实现苯环的分子内旋转。加入SC4A后，由于主客体络合引起组装体的临界聚集浓度降低，AIE荧光明显增强。QA-TPE与SC4A之间的主客体相互作用和静电相互作用是造成AIE现象的原因。形成主客复合物后，超两亲自组装成多层纳米粒子。由于主客体相互作用、静电作用、π-π堆积以及疏水作用的协同作用，这些紧密聚集体表现出明显的AIE荧光。TPE衍生物可环化成二苯基菲（DPP），因此在紫外线照射下表现出聚集诱导猝灭（ACQ）。利用TPE的光反应性，实现了对游离QA-TPE和自组装纳米粒子的荧光调控。这一研究结果为构建丰富刺激调节的荧光有机纳米颗粒体系提供了一种可能的途径。2021年，Liu等[52]进一步对该体系进行改进。利用四苯乙烯衍生物和SC4A末端亲水基团的相互作用，结合硫化物荧光探针形成的两亲超分子组装体，构建了光捕获体系。该体系在硫化物存在情况下显示出优异的信号输出功能，实现并拓展了其在荧光探针领域的应用。

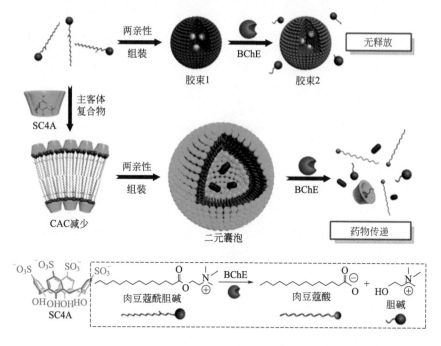

图 9.15 在 SC4A 缺失和存在时,肉豆蔻酰胆碱的两亲性组装示例[51]

9.4.2 制备多孔材料

通过引入有机大环主体到 MOF 材料中可以制备具有活性结构的扩展框架。柱芳烃作为一类新型大环主体,具有空腔结构,通过把它引入 MOF 材料中,与特定的客体相互作用,可实现对某些特定物质的分离。

2020 年,Christoph Janiak 等[53]提出了一种使用葫芦脲大环通过初湿浸渍法将功能性多孔有机笼(porous organic cages,POC)封装到坚固的 MOF 中的简便方法(图 9.16)。具有高 CO_2 亲和力的多孔葫芦[6]脲(CB6)笼被成功封装到基于金属铬的 MIL-101 的纳米空间中,同时保留了 MIL-101 的晶体框架、形态和高稳定性。其中,封装的 CB6 量是可控制的。重要的是,由于具有固有微孔的 CB6 分子小于 MIL-101 的内部中孔,因此在所得的 CB6 @ MIL-101 复合物中产生了更多的 CO_2 亲和力位点,从而提高了在 CO_2、N_2 混合气体中对 CO_2 的吸收能力,以及低压下在 CO_2、CH_4 混合气体中对 CO_2 的分离性能。他们希望通过这种简便的方法获得具有高孔隙率和稳定性的 POC 基杂化材料,而又不牺牲 POC 的固有特性。这种 POC@MOF 封装策略提供了一种简便的途径,可以将功能性 POC 引入稳定的 MOF 中,以用于各种潜在应用。

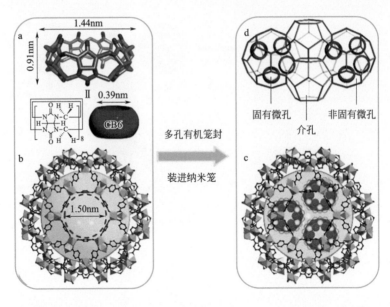

图 9.16　通过将 CB6 结合到基于 Cr 的 MIL-101 中的功能杂化材料[53]

9.4.3　合成纳米孔/离子通道

固态纳米流体孔由于其结构和化学性质与模拟生命系统中生物过程的生物离子通道相似，引起了科学界的广泛关注。与离子通道相比，合成纳米孔具有很高的稳定性，它们可以控制孔尺寸、几何形状，并且可以根据需要调整其表面化学性质。因此，它们被认为是通过在内孔表面引入各种功能部分来设计和开发纳米流体传感装置的理想选择。

2018 年，Ensinger 等[54] 提出了一种在微环境中使用开链聚醚衍生物识别钾离子（K^+）的纳米流体孔（图 9.17），为此合成了胺封端的开链聚醚衍生物（bis-podande-NH_2），并与在聚合物膜中制备的单个圆锥形纳米孔壁上的羧酸基团共价偶联。在存在钾离子的情况下，固定在孔壁上的二元部分形成了对 K^+ 特异性结合的识别域。由于在孔表面上形成带正电的 *bis*-podande-K^+ 复合物，所以仅在侵入氯化钾溶液时才注意到整流离子通量的变化。相反，对于其他碱金属氯化物溶液，仅观察到离子电流整流的微小变化。该装置提供了一种新策略，可以通过简单地改变聚乙二醇单元的长度来开发和小型化不同的基于纳米流体孔的传感器，以便有效地检测其他阳离子或阴离子。

基于柱芳烃的易于修饰和丰富的主客体性质，可以考虑设计和制备两亲的柱芳烃主体和两亲的主客体络合物。这些两亲的主体或者络合物可以在亲水或者疏水的溶剂中形成各种各样的超分子聚集体。如图 9.18 所示，两亲性柱 [5] 芳烃通过化学修饰，使其一侧包含了五个氨基（作为亲水的"头"），另一侧则为五个烷基链（组成疏水的"尾巴"）；一开始在水中自组装成双层的囊泡，接着慢慢转变成项链状和片状的结构。这两个结构进一步组装成微管结构，并可应用于爆炸物三硝基甲苯（TNT）的吸附[55]。

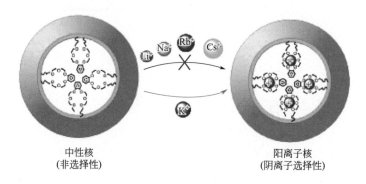

图 9.17　生物识别 K[+] 的纳米流体孔[54]

图 9.18　两亲性柱 [5] 芳烃自组装过程示意[55]

利用柱 [5] 芳烃的柱状结构可发展各种各样的单分子通道[56]。首先，全酯的柱 [5] 芳烃可组装成无限的一维通道，并且在该通道里可发现有序的水线，如图 9.19 所示。其次，可把该全酯柱 [5] 芳烃嵌入磷脂双分子层中，用作水通道[57]。柱 [5] 芳烃在磷脂双分子层中的组装和解组装作为水通道的开关，两分子柱 [5] 芳烃组装形成的水通道的电导率为 44pS，而分散的柱 [5] 芳烃并不能作为水通道。该水通道可取代单分子通道在水净化中的用途，并可保留其选择性快速传输水的能力。2020 年，Zeng 等[58]采用"黏性末端"介导的分子策略构建了非生物单分子水通道，每个水通道每秒能够传输约 3×10^9 个水分子，并具有很高的 NaCl 和 KCl 排斥率。

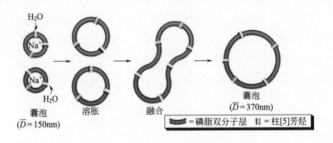

图 9.19　由柱 [5] 芳烃介导的从外到内的水运输引起的囊泡大小增加的示例[56]

9.4.4　在无机材料表面的组装

柱芳烃易于官能团化的特点可以提高它们与无机材料（如：金属纳米粒子、纳米碳和 MOF）的兼容性。柱芳烃修饰上氨基、羧基或者巯基之后，可以在纳米尺度下被用来稳定金属粒子，阻止它们在金属表面通过配位相互作用团聚；并可进一步利用柱芳烃的空腔捕获客体分子，诱导形成的纳米粒子组装成形状多样的多维聚集体[59,60]。

2018 年，Du 等[61] 利用全羟基柱 [5] 芳烃（HP5）在水溶液中还原四氯化金离子（$AuCl_4^-$），而形成的金原子与兼具稳定剂作用的 HP5 形成单分散纳米粒子（HP5@AuNPs）如图 9.20 所示。经研究发现，HP5 上的羟基被氧

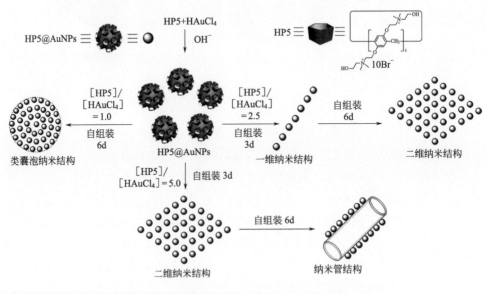

图 9.20　HP5 稳定金纳米粒子及其超分子自组装体示例[61]

化为疏水性的羧基,从而实现与金原子的界面结合。形成的 HP5@AuNPs 由于表面疏水性可在溶液中自组装形成 1D 纳米管、2D 纳米面和囊泡等;此外,该体系基于竞争性主客体相互作用可作为荧光开启传感器的能量受体,在 4-硝基苯酚的还原反应中展示出优异的催化活性。

配体因其独特的物化性质可以保护原子精确纳米簇。2019 年,Khashab 等[62]利用基于柱[5]芳烃的主体配体封装功能化银纳米簇(图 9.21),并可在长达四个月的时间内保持稳定,这主要归功于柱[5]芳烃单官能团化的含硫疏水基团与银表面的结合。进一步研究发现,该体系中柱[5]芳烃的疏水空腔与季铵盐的疏水烷基链可发生相互作用,两者形成主客体络合物后,具有极高的荧光增强效果,这为特定客体的选择性和分子识别研究提供了一种新的研究思路。

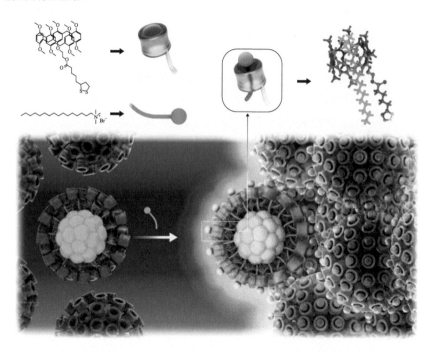

图 9.21　柱[5]芳烃稳定的银纳米簇及其与季铵盐结合后荧光增强的示意[62]

此外,用全羧酸的柱芳烃来作为稳定剂可制备具有狭窄宽度分布的银纳米粒子[63],加入精胺类物质到该体系会导致银纳米粒子的聚集,溶液颜色发生改变。溶液颜色的改变主要是因为精胺可以作为一个交联剂与银纳米粒子上的柱[5]芳烃发生主客体络合去连接单独的银纳米粒子,这个颜色变化的特性可以用于检测水中精胺类物质(图 9.22)。

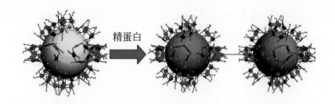

图 9.22 水溶性柱芳烃稳定的银纳米粒子用于检测精胺类物质[63]

9.4.5 两亲超分子的药物释放应用

在刺激响应的药物传输体系中，胶束、囊泡、水凝胶等组装体都可以作为运输工具将药物输送到特定的环境里，并且在光、温度、酸碱、超声以及氧化还原等刺激下组装体结构被破坏，包裹的药物分子就被释放出来。

两亲超分子由于其非共价作用力的动态可逆性，其形貌规则的组装体被广泛用于构筑刺激响应药物传输体系。例如，2014 年 Ji 等[64]基于葫芦脲主客体识别机理研发了一种超分子胶束，它可以包裹抗癌药物阿霉素（DOX），并在刺激下将药物释放（图 9.23）。他们合成了亲水的聚环氧乙烷（PEO）和疏水的聚乳酸（PLA），末端分别修饰两种客体分子，加入葫芦[8]脲大环主客体后，由于三元主客体络合物的形成，两种高分子自组装成超分子两亲性聚合物，并在水中组装成胶束结构。胶束的内核是疏水的，DOX 也是疏水的，因此 DOX 可以被包裹在胶束里面。又由于主客体复合物能被还原剂破坏，所以往体系里加入还原剂连二亚硫酸钠（$Na_2S_2O_4$）后胶束结构被破坏，DOX 可被释放出来。

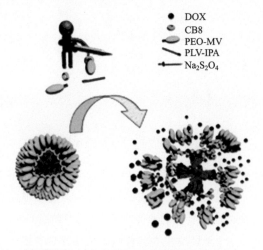

图 9.23 超分子胶束药物控制释放示例[64]

2016 年，Huang 等[65] 开发了一种基于柱 [5] 芳烃的新型主客体分子识别模式，并利用电荷转移相互作用和疏水相互作用，成功制备了基于柱 [5] 芳烃的两亲性超分子刷状共聚物（图 9.24）。核壳结构的纳米粒子可用作药物传送体系来封装 DOX，形成双荧光猝灭的 Förster 共振能量转移（FRET）系统，其中四苯乙烯（TPE）基团充当供体荧光团，而在细胞内还原酶和

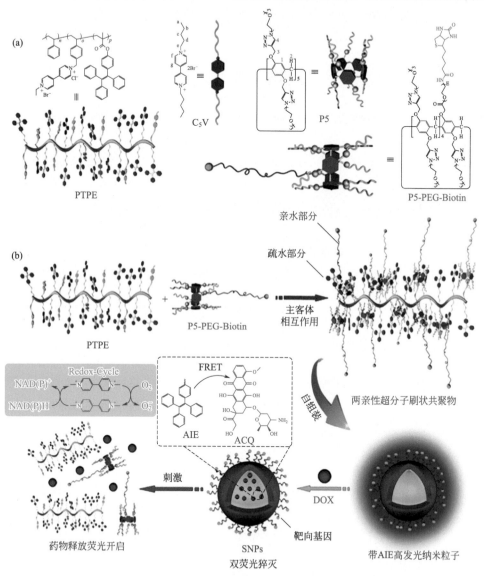

图 9.24　两亲性超分子刷状共聚物[66]

（a）相关物质化学结构；（b）两亲性超分子刷状共聚物自组装超分子纳米粒子的过程及其作为药物传递载体的应用示意

低 pH 值的作用下，负载的药物分子 DOX 则被释放出来。结果，TPE 和 DOX 之间的能量转移中继（ETR）效应被中断[66]，猝灭的荧光恢复，通过观察能量转移的位置和荧光变化幅度实现了药物释放的原位可视化。

由于柱芳烃良好的生物相容性以及易于形成两亲分子而进行自组装，2021 年，Azzazy 等[67] 综述了单一和 / 或多重刺激响应功能化两亲性柱 [n] 芳烃，即在水环境条件下，与疏水药物形成纳米器件组装体，可实现高效癌症治疗等功能。

 —————— 课后习题

1.（不定项选择题）下列有关超浸润界面的新发展中，不恰当的是（　　）。

A. 2014 年左右，固 - 液纳米发电机概念被提出；2018 年以来，采用介电材料结合超浸润界面操控液滴行为发电相关技术研究发展迅速

B. 2018 ～ 2019 年，"量子限域离子超流体"等相关概念被引入，用于描述在特定条件下通道中可实现高通量、超快传输速率、低能量损失的流体传输

C. 超亲水表面有利于液滴自发扩散，快速蒸发，用于太阳能蒸汽技术可显著提高蒸发效率。

D. 电鳗不怕电主要是因为虽然电压较大，但离子主要以超流体的形式高效快速传输，瞬时电流较小

2.（开放讨论）借助自然界一些资源或能源以实现清洁发电是当前能源领域研究的新趋势之一，本章介绍的许多技术涉及这一策略。请列举讨论相关技术，指出借助了自然界中何种资源或能源、将何种形式的能量转化为电能，以及结合了何种超浸润策略 / 材料。

3.（开放讨论）从本章节参考文献列表中选取一篇你感兴趣的研究论文，仔细阅读。制作 4 ～ 5 页 PPT 进行 5min 左右汇报，要求汇报内容包括解释文章中的相关对比实验结果，说明超浸润界面的引入对于文中所研究技术的产生或发展产生了何种积极影响。

4.（开放讨论）超分子化学作为一门新兴的交叉学科，其发展不仅与大环化学（冠醚、环糊精、杯芳烃、葫芦脲、柱芳烃等）的发展密切相连，而且与分子自组装（胶束、囊泡等）、分子器件和新兴有机材料的研究息息相关。本章着重介绍了两亲超分子自组装体在刺激响应纳米材料、MOF 等多孔材料、纳米孔 / 离子通道、医药用材料等的应用。请查阅相关文献，并举

例分析界面浸润性（亲疏水性等）在两亲超分子体系构筑的材料中的重要性。

参考文献

[1] Yu A，Zhu Y，Wang W，et al.Progress in triboelectric materials：toward high performance and widespread applications[J].Advanced Functional Materials，2019，29（41）：1900098.

[2] Li M，Li C，Blackman B R，et al.Energy conversion based on bio-inspired superwetting interfaces[J].Matter，2021，4（11）：3400-3414.

[3] Wang Y，Gao S，Xu W，et al.Nanogenerators with superwetting surfaces for harvesting water/liquid energy[J].Advanced Functional Materials，2020，30（26）：1908252.

[4] Korkmaz S，Karipe I A.Pyroelectric nanogenerators（PyNGs）in converting thermal energy into electrical energy：Fundamentals and current status[J].Nano Energy，2021：105888.

[5] Wong V K，Ho J H，Chai A B.Performance of a piezoelectric energy harvester in actual rain[J].Energy，2017，124：364-371.

[6] Hao G，Dong X，Li Z，et al.Dynamic response of PVDF cantilever due to droplet impact using an electromechanical model[J].Sensors，2020，20（20）：5764.

[7] Zaltariov M F，Bele A，Vasiliu L，et al.Assessment of chemicals released in the marine environment by dielectric elastomers useful as active elements in wave energy harvesters[J].Journal of Hazardous Materials，2018，341：390-403.

[8] Li X，Zhang L，Feng Y，et al.Solid-liquid triboelectrification control and antistatic materials design based on interface wettability control[J].Advanced Functional Materials，2019，29（35）：1903587.

[9] Farahani E，Mohammadpour R.Fabrication of flexible self-powered humidity sensor based on super-hydrophilic titanium oxide nanotube arrays[J].Scientific Reports，2020，10（1）：1-8.

[10] Xu W，Zhou X，Hao C，et al.SLIPS-TENG：robust triboelectric nanogenerator with optical and charge transparency using a slippery interface[J].National Science Review，2019，6（3）：540-550.

[11] Li C，Liu Y，Gao C，et al.Fog harvesting of a bioinspired nanocone-decorated 3D fiber network[J].ACS Applied Materials & Interfaces，2019，11（4）：4507-4513.

[12] Xu W，Zheng H，Liu Y，et al.A droplet-based electricity generator with high instantaneous power density[J].Nature，2020，578（7795）：392-396.

[13] Luo H，Lu Y，Yin S，et al.Robust platform for water harvesting and directional transport[J].Journal of Materials Chemistry A，2018，6（14）：5635-5643.

[14] Chavan S，Gurumukhi Y，Sett S，et al.Dynamic defrosting on superhydrophobic and biphilic surfaces[J].Matter，2020，3（4）:1178-1195.

[15] Miljkovic N，Preston D J，Enright R，et al.Jumping-droplet electrostatic energy harvesting[J].Applied Physics Letters，2014，105（1）：013111.

[16] Gao S，Hu Z，Yuan Z，et al.Flexible and efficient regulation of coalescence-induced droplet jumping on superhydrophobic surfaces with string[J].Applied Physics Letters，2021，118（19）：

191602.

[17] Graeber G, Regulagadda K, Hodel P, et al.Leidenfrost droplet trampolining[J].Nature Communications, 2021, 12 (1): 1-7.

[18] Zhang S, Huang J, Chen Z, et al.Liquid mobility on superwettable surfaces for applications in energy and the environment[J].Journal of Materials Chemistry A, 2019, 7 (1): 38-63.

[19] Edalatpour M, Liu L, Jacobi A, et al.Managing water on heat transfer surfaces: A critical review of techniques to modify surface wettability for applications with condensation or evaporation[J].Applied Energy, 2018, 222: 967-992.

[20] Lo C W, Chu Y C, Yen M H, et al.Enhancing condensation heat transfer on three-dimensional hybrid surfaces[J].Joule, 2019, 3 (11): 2806-2823.

[21] Preston D J, Wang E N.Jumping droplets push the boundaries of condensation heat transfer[J]. Joule, 2018, 2 (2): 205-207.

[22] Song L, Zhang X F, Wang Z, et al.Fe_3O_4/polyvinyl alcohol decorated delignified wood evaporator for continuous solar steam generation[J].Desalination, 2021, 507: 115024.

[23] Zhang Z, Li X, Yin J, et al.Emerging hydrovoltaic technology[J].Nature Nanotechnology, 2018, 13 (12): 1109-1119.

[24] Wang Y, Wang C, Song X, et al.A facile nanocomposite strategy to fabricate a rGO-MWCNT photothermal layer for efficient water evaporation[J].Journal of Materials Chemistry A, 2018, 6 (3): 963-971.

[25] Mu P, Zhang Z, Bai W, et al.Superwetting monolithic hollow-carbon-nanotubes aerogels with hierarchically nanoporous structure for efficient solar steam generation[J].Advanced Energy Materials, 2019, 9 (1): 1802158.

[26] Zhang X, Liu H, Jiang L.Wettability and applications of nanochannels[J].Advanced Materials, 2019, 31 (5): 1804508.

[27] Liu S, Zhang X, Jiang L.1D Nanoconfined Ordered-Assembly Reaction[J].Advanced Materials Interfaces, 2019, 6 (8): 1900104.

[28] Wen L, Zhang X, Tian Y, et al.Quantum-confined superfluid: From nature to artificial[J].Science China Materials, 2018, 61 (8): 1027-1032.

[29] Allen J F, Misener A.The properties of flow of liquid He 11[J].Proceedings of the Royal Society of London. Series A. Mathematical and Physical Sciences, 1939, 172 (951): 467-491.

[30] Hao Y, Pang S, Zhang X, et al.Quantum-confined superfluid reactions[J].Chemical Science, 2020, 11 (37): 10035-10046.

[31] Schroeder T B, Guha A, Lamoureux A, et al.An electric-eel-inspired soft power source from stacked hydrogels[J].Nature, 2017, 552 (7684): 214-218.

[32] Zhou Y, Jiang L.Bioinspired nanoporous membrane for salinity gradient energy harvesting[J]. Joule, 2020, 4 (11): 2244-2248.

[33] Zhang H, Hou J, Hu Y, et al.Ultrafast selective transport of alkali metal ions in metal organic frameworks with subnanometer pores[J].Science advances, 2018, 4 (2): eaaq0066.

[34] Schoch R B, Han J, Renaud P.Transport phenomena in nanofluidics[J].Reviews of Modern Physics, 2008, 80 (3): 839.

[35] Daiguji H.Ion transport in nanofluidic channels[J].Chemical Society Reviews, 2010, 39 (3): 901-911.

[36] Kühne M, Börrnert F, Fecher S, et al.Reversible superdense ordering of lithium between two graphene sheets[J].Nature, 2018, 564 (7735): 234-239.

[37] Lin D, Liu Y, Liang Z, et al.Layered reduced graphene oxide with nanoscale interlayer gaps as a stable host for lithium metal anodes[J].Nature nanotechnology, 2016, 11 (7): 626-632.

[38] Cook J B, Kim H S, Lin T C, et al.Pseudocapacitive charge storage in thick composite MoS_2 nanocrystal-based electrodes[J].Advanced Energy Materials, 2017, 7 (2): 1601283.

[39] Zhang W, Zhang Y, Yu L, et al.TiO_2-B nanowires via topological conversion with enhanced lithium-ion intercalation properties[J].Journal of Materials Chemistry A, 2019, 7 (8): 3842-3847.

[40] Tang W, Wang X, Hou Y, et al.Nano $LiMn_2O_4$ as cathode material of high rate capability for lithium ion batteries[J].Journal of Power Sources, 2012, 198: 308-311.

[41] An C S, Zhang B, Tang L B, et al.Ultrahigh rate and long-life nano-$LiFePO_4$ cathode for Li-ion batteries[J].Electrochimica Acta, 2018, 283: 385-392.

[42] Okubo M, Hosono E, Kim J, et al.Nanosize effect on high-rate Li-ion intercalation in $LiCoO_2$ electrode[J].Journal of the American chemical society, 2007, 129 (23): 7444-7452.

[43] Wu Q Y, Wang C, Wang R, et al.Salinity-gradient power generation with ionized wood membranes[J].Advanced Energy Materials, 2020, 10 (1): 1902590.

[44] Gao J, Guo W, Feng D, et al.High-performance ionic diode membrane for salinity gradient power generation[J].Journal of the American Chemical Society, 2014, 136 (35): 12265-12272.

[45] Zhang Z, Sui X, Li P, et al.Ultrathin and ion-selective Janus membranes for high-performance osmotic energy conversion[J].Journal of the American Chemical Society, 2017, 139 (26): 8905-8914.

[46] Zhu X, Hao J, Bao B, et al.Unique ion rectification in hypersaline environment: A high-performance and sustainable power generator system[J].Science Advances, 2018, 4 (10): eaau1665.

[47] Zhang Z, He L, Zhu C, et al.Improved osmotic energy conversion in heterogeneous membrane boosted by three-dimensional hydrogel interface[J].Nature Communications, 2020, 11 (1): 1-8.

[48] Chen X, Liu L, Huo M, et al.Direct synthesis of polymer nanotubes by aqueous dispersion polymerization of a cyclodextrin/styrene complex[J].Angewandte Chemie International Edition, 2017, 56 (52): 16541-16545.

[49] Sun H L, Chen Y, Han X, et al.Tunable supramolecular assembly and photoswitchable conversion of cyclodextrin/diphenylalanine-based 1D and 2D nanostructures[J].Angewandte Chemie International Edition, 2017, 56 (25): 7062-7065.

[50] Wang K, Guo D S, Wang X, et al.Multistimuli responsive supramolecular vesicles based on the recognition of p-sulfonatocalixarene and its controllable release of doxorubicin[J].Acs Nano, 2011, 5 (4): 2880-2894.

[51] Jiang B P, Guo D S, Liu Y C, et al.Photomodulated fluorescence of supramolecular assemblies

of sulfonatocalixarenes and tetraphenylethene[J].ACS nano, 2014, 8 (2): 1609-1618.

[52] Liu Z, Sun X, Dai X, et al.Sulfonatocalix [4] arene-based light-harvesting amphiphilic supramolecular assemblies for sensing sulfites in cells[J].Journal of Materials Chemistry C, 2021, 9 (6): 1958-1965.

[53] Liang J, Nuhnen A, Millan S, et al.Encapsulation of a porous organic cage into the pores of a metal-organic framework for enhanced CO_2 separation[J].Angewandte Chemie, 2020, 132 (15): 6124-6129.

[54] Ali M, Ahmed I, Nasir S, et al.Potassium-induced ionic conduction through a single nanofluidic pore modified with acyclic polyether derivative[J].Analytica Chimica Acta, 2018, 1039: 132-139.

[55] Yao Y, Xue M, Chen J, et al.An amphiphilic pillar [5] arene: synthesis, controllable self-assembly in water, and application in calcein release and TNT adsorption[J].Journal of the American Chemical Society, 2012, 134 (38): 15712-15715.

[56] Li C.Pillararene-based supramolecular polymers: from molecular recognition to polymeric aggregates[J].Chemical Communications, 2014, 50 (83): 12420-12433.

[57] Hu X B, Chen Z, Tang G, et al.Single-molecular artificial transmembrane water channels[J]. Journal of the American Chemical Society, 2012, 134 (20): 8384-8387.

[58] Shen J, Ye R, Romanies A, et al.Aquafoldmer-based aquaporin-like synthetic water channel[J]. Journal of the American Chemical Society, 2020, 142 (22): 10050-10058.

[59] Li H, Chen D X, Sun Y L, et al.Viologen-mediated assembly of and sensing with carboxylatopillar [5] arene-modified gold nanoparticles[J].Journal of the American Chemical Society, 2013, 135 (4): 1570-1576.

[60] Yao Y, Wang Y, Huang F.Synthesis of various supramolecular hybrid nanostructures based on pillar [6] arene modified gold nanoparticles/nanorods and their application in pH-and NIR-triggered controlled release[J].Chemical Science, 2014, 5 (11): 4312-4316.

[61] Zhao G, Ran X, Zhou X, et al.Green synthesis of hydroxylatopillar [5] arene-modified gold nanoparticles and their self-assembly, sensing, and catalysis applications[J].ACS Sustainable Chemistry & Engineering, 2018, 6 (3): 3938-3947.

[62] Muhammed M A H, Cruz L K, Emwas A H, et al.Pillar [5] arene-Stabilized Silver Nanoclusters: Extraordinary Stability and Luminescence Enhancement Induced by Host-Guest Interactions[J].Angewandte Chemie, 2019, 131 (44): 15812-15817.

[63] Yao Y, Zhou Y, Dai J, et al.Host-guest recognition-induced color change of water-soluble pillar [5] arene modified silver nanoparticles for visual detection of spermine analogues[J]. Chemical Communications, 2014, 50 (7): 869-871.

[64] Zhao J, Chen C, Li D, et al.Biocompatible and biodegradable supramolecular assemblies formed with cucurbit [8] uril as a smart platform for reduction-triggered release of doxorubicin[J]. Polymer Chemistry, 2014, 5 (6): 1843-1847.

[65] Yu G, Zhao R, Wu D, et al.Pillar [5] arene-based amphiphilic supramolecular brush copolymers: fabrication, controllable self-assembly and application in self-imaging targeted drug delivery[J].Polymer chemistry, 2016, 7 (40): 6178-6188.

[66] Xue X, Jin S, Zhang C, et al.Probe-inspired nano-prodrug with dual-color fluorogenic property reveals spatiotemporal drug release in living cells[J].ACS nano, 2015, 9 (3): 2729-2739.

[67] Fahmy S A, Ramzy A, Saleh B M, et al.Stimuli-Responsive Amphiphilic Pillar [n] arene Nanovesicles for Targeted Delivery of Cancer Drugs[J].ACS Omega, 2021, 6 (40): 25876-25883.

第10章
总结与展望

本书系统地总结了仿生超浸润界面的研究进展：从原理概念、基础研究到实际应用，从具有特殊浸润性的生物界面结构到具有动态可调控浸润性的仿生人造界面。在过去的几十年中，科学家们研发了诸多制备策略来构筑超浸润界面材料，通过浸润性/黏附力调控表面液滴行为，探索了材料在水等流体直接相关领域（如微流体芯片、水利工程、海洋工程等）的应用，及在生物医药、能源、环境等有关领域的各种应用。

然而，表面浸润是一个涉及许多变量的复杂问题。现有的传统理论和概念不足以完整解释一些新的表面浸润现象，特别是分子甚至原子水平的浸润与黏附。虽然现有的粗糙表面复合浸润模型可以解释液滴在表面的静态浸润行为，但仍然难以量化液滴的动态行为。例如，可以定性分析与 Wenzel 浸润模型表面相比，Cassie 浸润模型表面往往具有更小的接触角滞后。然而，现有的理论或概念都不能量化不同复合浸润模型与接触角滞后之间的关系。因此，需要研究人员进一步探索以发展新的理论和概念来解释复杂表面的动态浸润现象，并将其扩展到多尺度结构表面上的动态液滴流动性领域。本书介绍中涉及空气中的浸润模型，也涉及水下浸润模型。水下浸润模型相关理论和研究表明，在水下环境中环境水相会对界面浸润/黏附产生影响。同理可知，在空气环境中的浸润，空气也应当会对浸润产生影响，但至今仍未有系统、深入的研究阐明空气在浸润模型中的作用。此外，目前研究多基于界面微纳米尺度的结构表征，对于微纳米结构上的浸润、液滴行为也主要基于宏观观察以推测其微观机理。随着扫描电镜等相关表征技术、仪器的创新与进步，在微纳米尺度下观察界面浸润、液滴与界面的相互作用可能会使研究人员对界面浸润、黏附相关理论有更深入理解。

向自然学习仍然是进行可调控浸润性表面设计、制造的不变原则。与人造材料相比，生物体可以自发地重建其表面，以在受损时恢复其原始结构和浸润性能，即自修复。因此，构建具有自修复功能的人造表面也是一个重要的研究课题，解决这些问题将为超浸润界面的进一步应用铺平道路。此外，如何有效利用超浸润界面来应对重要工业应用中面临的一系列挑战也需要进一步研究，例如避免过量液体在超疏水表面累积使其失去超疏水功能，实现可混溶有机液体的分离，防覆冰表面的耐用性，实现绿色高效的催化反应，提高农药喷洒效率等。同时，超浸润界面相关的新概念、新思路也有待发展。例如，自然界仍存在许多浸润相关的未解之谜，研究人员可以了解这些有趣的浸润现象背后的机制并开发新的材料。除了上述发展空间外，超浸润表面研究面临以下挑战。

对于特殊浸润性、黏附性的表面制备与研究总体而言，可注意以下几点。

① 需要进一步研发其大规模制备方法，多数现有方法仅限于实验室规模，或在工业化时面临巨大挑战，亟待开发出一些简单、高效、低成本、绿色的制造方法。应用研究应着力于进一步优化提升材料的机械强度、化学耐久性与稳定性，以扩大实际可应用范围。

② 为促进超浸润界面的实际应用，也需要更多基础研究。迄今为止，相关研究大多是在常温常压下进行的，对极端环境下的浸润的研究不够全面。而极端环境条件下，超浸润系统往往可产生意想不到的现象。例如，环境压力降低，水滴会从超疏水表面反弹；在过热界面上，液滴局部沸腾可导致液滴悬浮。因此，极端环境下液滴在表面上的动态浸润行为研究将成为界面科学和纳米技术的研究重点，包括超低或超高温度、压力下的动态浸润与黏附。

③ 还需要将复合浸润系统中的液滴研究对象从水滴、油滴等扩展到液氮、液态金属、离子液体等，深入研究复合浸润体系在真空、氢气、甲烷、氧气或二氧化碳等不同气氛中的浸润性，这也有望克服催化、燃料电池等领域面临的困难。

对于可响应外部刺激的智能表面而言，尽管在开发设计方面取得了很大进展，但该技术要实现广泛应用仍存在诸多挑战。

① 在对液滴精确操控的研究和应用方面，要充分了解化学组成或表面结构形貌对表面黏附作用影响的机制，研究人员应确保其他因素不会影响结果。例如，在温度响应表面的研究中，当表面被加热时，表面上的微/纳米结构发生改变。然而，待研究液体的温度在过程中可能发生变化，这可能导致液体性质也发生变化。在评估刺激引起纳米结构变化如何影响液体行为时，研究人员应尽量减少这种变化的影响。

② 关于流体力学、微流控相关研究领域，应研究其他类型液体（如非牛顿流体）在表面上的行为。在目前关于液体行为的大多数研究中，只有水和轻油被系统地研究过，且两者都是牛顿流体。然而，非牛顿流体（如生物流体、一些盐溶液、一些聚合物溶液）在响应外力时表现出不同的行为趋势，尤其是在亲水表面上。广泛研究非牛顿流体的行为有助于推进智能表面的更多潜在应用。

③ 在医疗和制药领域的应用方面，设计柔性可穿戴设备被认为是一项有前途的潜在技术。面临的一大挑战是将界面所呈现的液体响应的能力与界面黏附在人体皮肤上的能力相结合。多数关于智能可穿戴设备的研究都是在皮肤干燥时进行的，少有研究分析汗液或皮肤其他液体分泌物如何影响界面黏附于人体皮肤上的能力。当进行这些研究时，可以采用可控智能响应表

面。此外，为促进智能表面在生物医学领域的进一步应用，研究者在对超浸润系统设计、研究时也应当尝试生物相容性较好的材料或生物材料作为基材。

④ 刺激响应智能界面可与浸润性梯度表面等概念结合，使材料更为"智能"。当前研究设计的刺激响应界面大部分仅在不同的单一浸润状态之间切换（如在超疏水和超亲水之间切换，在低黏附和高黏附之间切换）。新设计刺激响应表面时，可结合浸润性梯度材料作为基材，以实现可逆切换的梯度浸润性，更准确地控制与界面性质和液体行为相关的更多因素，有望发展智能服装等新应用。

基于物质转移，超浸润界面也可实现能量转换，相关研究、应用为最新热门趋势，可为实现"碳达峰""碳中和"目标做出贡献。

① 在利用液滴运动发电方面，一些应用面临的主要挑战是将输出电压或功率密度提高到实际使用所需的值。其中一个原因是一些研究仅使用单一的超疏水或超亲水设计。解决问题可能需要对具有更复杂微纳米结构或化学组成的界面进一步研究，从而更好地操控液体，例如尝试上文提及的具有各向异性或梯度浸润性的表面、刺激响应可切换智能界面。此外，针对膜材料，纳米多孔膜的选择性和渗透性之间的权衡阻碍了其实际应用。膜在常温常压下工作时，若要提高膜的选择性，则其渗透性往往会降低，反之亦然。然而，生物膜通常可在室温下实现高选择性和高渗透性。例如，一条电鳗的细胞可以在20ms内传输10^9个离子。如何通过调控离子通道的结构和化学成分来结合高选择性、超快渗透性以提高膜的效率、功率密度是研究人员亟须解决的问题。

② 相关设备、材料的稳定性或长期耐用性应进一步研究、改进。例如，设备所用介电材料需长期接触雨滴、海水或蒸汽等腐蚀性液体，而实现界面耐腐蚀可参考已应用于防腐相关研究的超浸润界面。具有离子通道的纳米多孔膜，虽然可达到工业输出功率密度标准（5 W/m^2），但有时存在能量输出不稳定、通道堵塞以及增加使用时间也会导致输出能量降低等问题。因此，需进一步研究了解离子通道结构的功能和生物膜中离子传输的机制，从而开发出能够减少污染、稳定耐用的新型纳米多孔膜。解决相关问题可参考低水阻生物表面或防污涂层应用等相关研究，以从中汲取灵感来设计防污纳米多孔膜。

③ 超浸润结构/材料在能源领域的新应用仍有极大探索空间。例如，许多超浸润界面上不仅可操控液滴，还可操控冰滴或结冰/融化过程。因此，相关能量转化应用研究中使用的载体可由水滴换为冰滴，从而可尝试利用太

阳能使冰升华产生蒸汽，利用操控冰滴结合压电、摩擦电等介电材料发电。由于冰山是自然界中最常见的未被开发的水的形式，因此利用冰进行能量转换的相关应用是有发展前景且意义重大的技术。此外，设计新的仿生多功能设备也是新应用的发展方向。例如，生物体中离子的不均匀分布可用于在起搏器等设备中产生自供能量，相似原理可在捕获生物信号（如心跳、体温、血压等）的新材料中得以应用。

总之，仿生超浸润领域的基础研究、应用研究、工业化推进都十分重要且有意义。相关工作不仅推动本领域的发展，还可被诸多相关领域借鉴、推广。仿生超浸润界面材料的研发与制备技术涉及生物、化学、物理、机械工程、材料科学等不同学科领域，应用方面还涉及水利、医药、能源、环境等工业领域。相关科学技术的进步需要各学科领域学者的共同努力。

课后习题参考答案

第 1 章

1. ABCD

2. D

3. AB

4. 略。可通过文献检索或在本章及其他章节参考文献列表中找到相应文献。

5. 言之有理即可。可从正反两方面分析两观点,也可支持某观点并深入分析论证。

6. 言之有理即可。可从固体表面化学性质、固体表面粗糙度、固体表面微纳米结构等因素回答(可预习第 2 章、第 3 章内容进一步了解),也可从环境因素、液体自身性质等因素回答。

第 2 章

1. C

2. AB

3. D

4. 滑动角/滚动角;接触角滞后;黏附力测试、微机电平衡系统、黏附力

5. 早期亲液、疏液的概念是根据杨氏方程得出的,亲疏界限也被定义在接触角 90°;然而,水由于表面张力较大、氢键等原因,经过实验等验证,认为接触角 65° 作为亲疏界限更有实际意义。

6. 近年来固体材料在水介质中的油润湿性等越来越多地被研究,需要对可能适用的相关理论、模型进行拓展。

7. 前者是因为表面被覆盖了排斥相液体;后者是因为超双疏表面具有超低表面能而排斥液体。

8. 见图 2.4 ~ 图 2.6 与图 2.9 及对应小节的文字内容。

9. 言之有理即可。谈进步性可相对于杨氏方程阐明引入粗糙度系数的意义;谈局限性可指出粗糙度指标过于笼统,针对现实界面尤其近代的微纳米

超浸润界面，应进一步将粗糙度细化为不同的微纳米结构形貌具体分析（可预习第 3 章内容进一步了解）。

10. 略。可从书中参考文献列表找到相关参考文献；可直接在文献检索时输入相关英文关键词找到有关文献；可直接在日常使用的搜索引擎中输入中文的关键词找到相关网络报道、科普短文。

第 3 章

1. AD
2. ABCD
3. ADE
4. B
5. 分子间作用力；壁虎；液桥；青蛙、章鱼
6. 化学性质；微纳米结构；三相接触线；具体问题具体分析 / 根据结构具体分析
7. 拉普拉斯压差 / 拉普拉斯压力、表面能梯度
8. 在微纳米沟槽中的液滴在竖直方向受到毛细压作用，根据公式可知，接触角、表面形貌可以影响毛细压作用的大小和方向。因此表面形貌参数或材料化学组成的改变可影响竖直方向上的作用力，从而影响黏附作用，即使固 - 液接触状态发生转变。（也可画出 Cassie-Baxter 态和 Wenzel 态的图，图示表示毛细压作用的影响，进行分析）
9. ①液滴形态不同：超亲水表面上水滴平铺摊开；而在超疏水表面上水滴呈现球形。②黏附状态与运动行为不同：超亲水表面上液滴与表面有着超高的黏附力，液滴虽然可平铺运动，但难以离开表面；而一些超疏水表面上液滴运动低阻且低黏附，液滴不仅可以沿着表面运动，还可离开表面运动。
10. 见 3.4.4 节文字内容及图 3.10。
11. 见 3.3 节文字内容及表 3.1。
12. 言之有理即可。
13. 言之有理即可。

第 4 章

1. ABC
2. CD

3. A

4. 详见图 4.1。

5. 言之有理即可。表述实际的例如：滴液法测试超疏液低黏附性表面时，实际操作有时较难将液滴滴落在材料表面；液滴的重力可能会对实验测量结果造成影响等。可能需要优化调整的例如：水下环境的一些实验和测试可能在实际操作时会遇到意想不到的问题；普通的高速摄像精度可能还不够，需要更精密的设备等。

6. 提示：关于前一条观点，事实上在某些超疏水较低黏附界面上的实验结果确实显示滚动角与前进角、后退角的差值数值近似。但这很大可能是由于在这些材料上滚动角数值本身较小，而这些界面上前进角和后退角数值也大都介于 150°～180° 范围之间，一般两者差值也很小，数值近似是巧合。上述实验结果只能说明滚动角有实际意义，可表现一些超疏水界面上的接触角滞后效应，但并不能用于证明滚动角数值一定等于前进角和后退角的差值。第 2 章给出了 $mg\sin\alpha=\gamma_{LG}w(\cos\theta_{Rec}-\cos\theta_{Adv})$ 的公式，该公式完整表示了相关物理量的关系。该公式说明 $\sin\alpha$ 与 $\cos\theta_{Rec}-\cos\theta_{Adv}$ 具有相关性。根据该公式可运用三角函数等数学知识，进一步导出 α 与 $\theta_{Rec}-\theta_{Adv}$ 之间的关系式，进行分析。在超疏水界面上，可近似认定 θ_{Rec} 和 θ_{Adv} 的取值范围在 150°～180° 之间，进一步讨论。

7. 提示：建议理性分析，先分别站在教学、科研、应用的立场进行讨论，最后综合考虑各立场给出看法。此外，题目涉及两点，即数学计算方法、相关理化理论知识，也可认为两者的意义有区别，分开讨论。

第 5 章

1. ABC

2. ABD

3. AC

4. ABCD

5. 提示：条件苛刻。

6. 提示：乙醇和水在其上运动方向不同。

7. 荷叶结构无序，展现各向同性；蝴蝶翅膀的微纳米结构有取向，液滴运动有方向性。

8. 提示：水稻叶的沟槽结构主要使其在二维平面内选择了一维运动路线，可为一维双向；蝴蝶翅膀上液滴趋向于往远离自身的方向移动，一维尺度的运动路线上表现为单向性。

9. 提示：都有各向异性，其上液滴运动有方向性；黑麦草上液滴的方向性运动主要由倒刺结构导致。

10. 提示：都有刺状结构，液滴运动具有方向性；黑麦草表面呈现超疏水，而仙人掌亲水，使液滴运动方向和方式不同。

11. 提示：表面都具有有取向的粗糙锥度结构（仙人掌的锥形结构可看作半个蜘蛛丝的纺锤结）；主要驱动力都包括该结构导致的表面能梯度和拉普拉斯压差。

12. 提示：驱动力都包括表面能梯度。沙漠甲虫的表面能梯度主要由异质化学组成的不同浸润性导致，蜘蛛丝上的表面能梯度主要是由粗糙度差异导致的。

13. 提示：微纳米结构不同区域包含不同的化学组成。

14. 提示：槐叶萍借助气垫，鱼鳞借助水垫。

15. 提示：分别见本章中介绍上表面和下表面的小节。

16. 提示：至少需要提及唇部、滑移区、消化区（拓展：叶笼全部区域还包括最上的叶盖部分；滑移区与消化区之间有一较窄的过渡区作为连接）。功能和性质详见本章对应小节。

17. 提示：见本章介绍对应生物界面的小节。

18. 略。言之有理即可。可参考：相似结构不同功能，相似功能不同结构；高度功能化。

19. 提示：仿结构，仿功能，仿策略都可属于仿生。本章介绍的生物界面都启发了相关材料研究，有仿生材料研究报道，大多数相关仿生材料都有非常多的研究报道。可在本书参考文献中找寻，也可自行检索。

20. 提示：有关蜘蛛丝在其他领域的仿生研究，本章已给出参考文献；有关海藻、贝壳等，可自行搜索文献或网络报道。

21. 提示：本章提及白杨树叶和青杨树叶，红玫瑰花瓣和其他颜色玫瑰花瓣。但所测数据如接触角等主要来自不同文献，且无深入对比研究。感兴趣且有条件者可自行研究是否有一定联系。或可关注其他有关具有结构色的生物界面，了解是否有相关深入推测甚至研究报道。

第 6 章

1. C
2. B

3. B

4. chemical vapo（u）r deposition/CVD；气相或气相 - 基材，激光沉积法、磁控溅射法、分子束外延法（三选二）

5. 高度亲水 / 超亲水；超疏水；超疏水；接触角

6. 三维打点、钻孔

7. 提示：从 6.3.1 节相关知识可知适用的方法步骤，进行简要概括。

8. 提示：从 6.3.2 节相关知识可知适用的方法步骤，进行简要概括。

9. 言之有理即可。提示：需对 6.4 节进行深刻理解。回答可参考：两种说法各有合理之处（可根据书本知识、查阅相关参考文献具体分析讨论说法的合理之处）。等离子体处理包含多种情况，针对不同材料、不同工艺气体，处理时具体在材料表面发生的反应机理可能不一，无必要过于拘泥于分类方式；非基础研究或非等离子体专业的应用研究时，有时也不必对于技术本身的机理过于在意，重在处理后的相关表面性能的改变，对处理后的材料进行表征即可。

10. 言之有理即可。例如，化学方法：水热、化学气相沉积、原子转移自由基聚合等利用化学反应；电化学：电化学腐蚀、电化学沉积等方法；物理：相关物理气相沉积、相分离技术等可具体举例。

11. 略。提示：注意审题，符合题目要求。

第 7 章

1. A

2. A

3. 高强度冲洗、材料形变、界面摩擦、强腐蚀性环境、温度大幅变化等。

4. 超疏水且（超）亲油、水下超疏油等。理论上超疏油材料比超疏水材料对于低表面能的要求更严格，空气中的超疏油材料通常也超疏水，难以用于油水分离。

5. 提示：详见本章对应内容。可列举延长结冰所需时间、降低结冰温度、操纵冰滴等策略；也可分别回答超亲水、超疏水材料的防覆冰机理。

6. 强酸强碱、高浓度盐溶液、高湿度环境等。原理：表面能低，不会为腐蚀反应提供额外能量；液滴在表面呈现近似球形，大大减少了接触面积，阻碍了腐蚀的发生或进一步扩大。

7. 提示：可从对应小节中找到原理介绍，归纳总结出区别。

8. 提示：详见防堵应用小节内容，可从中得出答案。

9. 提示：根据题意，该言论对于集水了解不够深入，将低湿度环境集水、高湿度环境集水两种情况混为一谈。回答时应提及沙漠甲虫、仙人掌生存在干旱环境，而清晨研究蜘蛛丝上的露珠为较高湿度环境，生物本身就处于不同环境；类蜘蛛丝材料集水本质在于液滴快速移动合并，优势在于高湿度环境下集水，因为高湿度环境下提高集水效率的关键在于液滴的传输汇聚。而低湿度环境下，集水效率主要受液滴捕获、吸附、凝结等影响，其他材料加速了这些过程，因此低湿度环境下存在优势。如果能花小代价实现优点兼容固然好，但特定材料就是在特定环境下应用有优势，没必要过于强调弱点。

10. 提示：审题，内容提及非对称美学、非对称有机催化、对称强迫症、非对称浸润性与液滴行为等关键词，可选择其中一项查阅相关资料（较推荐选前三项以拓宽视野，了解其他领域有关知识）。

11. 提示：要求新，最好是近3年发表的综述，尽量选择SCI高水平期刊或相关领域国内有代表性的期刊。

第8章

1. 提示：见光响应小节的表格及相应段落文字。
2. 提示：见电响应小节的表格。
3. 提示：见温度响应小节的表格。
4. 提示：很多响应都可找到案例。注意审题，每种的两例需要来自不同响应。
5. 提示：光响应小节的表格列举出了全部的参数变化形式或状态切换模式。每种都可列举光响应的例子（记忆难度较大），也可举其他响应的例子。推荐举例多样化。
6. 提示：根据文中给出的图片及对应有关机理的叙述，很容易进行归类。
7. 提示：如为材料相关专业学生，建议根据具体专业或研究方向选择对应材料类型为主题检索；如为其他理工类专业学生，建议根据研究涉及的材料或专业涉及的物理因素选取主题。
8. 略。
9. 根据该段观点相关专业研究人员可深入思考。提示：前3种策略主要涉及材料表/界面，更偏向材料领域的研究和应用；与本书主题、理论体系密切相关，也是重点介绍的范畴。第4种策略及本段相关观点，暗示了一条基础研究的潜在方向：当研究条件满足时（如相关领域的表征等技术进一步完善或有其他途径解决问题时），有关浸润/黏附的基础研究应当推进并深入本质，进一步构建更完善的理论体系，以探索自然界浸润/黏附相关的未解之谜。

第9章

1. D

2. 提示：从各小节尤其是9.1节、9.2节的表格中可获取相关信息。

3. 略。可从本章内容中大致了解相关参考文献研究内容，然后选取参考文献检索，下载并仔细阅读。

4. 略。可检索相关文献或网络报道。